ཕོ་བྲང་པོ་ཏ་ལ། ཅང་ཇེ་བོད་ཁ།

西藏布达拉宫管理处 / 编

格　勒 / 主编

布达拉宫·姜氏古茶

文物出版社

图书在版编目（CIP）数据

布达拉宫·姜氏古茶/西藏布达拉宫管理处编；格勒主编. -- 北京：文物出版社，2025.5. -- ISBN 978-7-5010-8784-6

Ⅰ.TS971.21

中国国家版本馆CIP数据核字第2025J0F222号

布达拉宫·姜氏古茶

编　　者：　西藏布达拉宫管理处
主　　编：　格　勒

责任编辑：　孙　霞
责任印制：　王　芳
封面设计：　奇文云海·设计顾问
封面摄影：　杨立泉

出版发行：　文物出版社
社　　址：　北京市东城区东直门内北小街2号楼
邮　　编：　100007
网　　址：　http://www.wenwu.com
邮　　箱：　wenwu1957@126.com
经　　销：　新华书店
印　　刷：　北京荣宝艺品印刷有限公司
开　　本：　710mm×1000mm　1/16
印　　张：　21
版　　次：　2025年5月第1版
印　　次：　2025年5月第1次印刷
书　　号：　ISBN 978-7-5010-8784-6
定　　价：　198.00元

目录

布达拉宫文物茶重现人间

一格勒一

　　夏日炎炎似火烧的季节终于踏着匆匆的脚步离我们远去，凉爽而阵阵清风扑面的秋季顷刻而至。但我总是忘不了2023年6月底7月初的夏天，灼热的阳光晒得我不敢出门去完成每天六千步的锻炼任务。毕竟古稀之年，不得不小心兑现朋友们"保重"两字的经常问候。本想面对年龄的现实在家颐养天年，下定决心不去任何地方，但想起从2022年多次去雅安荥经的所见所闻，尤其想起"姜氏古茶——仁真杜吉"的特殊历史，想起我们六七个人组成的民间小课题组成员正在努力整理、研究、撰写《布达拉宫·姜氏古茶》一书，想起课题组全体成员的期待和姜氏家族的厚望，作为课题组的发起人和首席专家，我迫使自己下决心，砥砺前行，老骥伏枥，安心伏案，完成我应承担的一部分编撰任务。

　　说起这个课题仿佛是一种缘分从天而降，那是几年前我作为四川农业大学中国藏茶文化研究中心的顾问应邀参加在雅安荥经召开的第三届藏茶与茶马古道的学术

在"荥经藏茶重走茶马古道，仁真杜吉重回布达拉宫出发仪式"上致辞。
（姜氏古茶供图）

讨论课题（左一万姜红、左二普智、中格勒，姜氏古茶供图）

研讨会。就是在这次会上我意外听到一个令我震惊的消息，荥经姜家几百年来生产一种特殊的藏茶叫"仁真杜吉"（ རིག་འཛིན་རྡོ་རྗེ ）。我听到这个消息激动不已，本想留下来继续与同仁们深入探讨这款古藏茶的来龙去脉，可惜当天我的主旨发言刚结束，一位重要的朋友从成都来电说成都也有个重要的学术研讨会因我未到而已经推迟一天了，我想我何德何能为我推迟一天的重要学术会议呢。于是，我把朋友的电话当作无声的命令，完成了主旨发言后就准备匆匆离开荥经会议室，不料这时门口围过来一群人纷纷与我握手道别，他们特别向我介绍了一位颇有气质的女士，当我走过去与她紧紧握手时，旁边有人介绍说："她就是姜氏古茶第十五代传承人万姜红，万总。"原来我在会议发言中顺便提到有关布达拉宫发现古藏茶"仁真杜吉"的新闻报道的意义，他们兴奋不已。但时间不容许我们多言，于是我们当时就相互加了微信便于以后联系。我做梦也没想到从此我们的微信鸿雁来往传递不止，而且我们建了一个热爱姜氏古茶的微信群，从此姜氏家族、姜家大院、藏茶"仁真杜吉"的信息也在我脑海中日积月累。之后，我多次应邀前往荥经与姜氏古茶的员工接触交流，仿佛那里有一颗耀眼的天珠宝石"伏藏"[①]吸引着我去发掘。于是我自

---

① 伏藏：藏传宗教词语，即藏文 གཏེར་མ 。意谓从地下掘出的佛教经文。佛学家莲花生等人因时机未到不宜宣示，而留待后世有缘者获取，特将密宗秘诀埋藏于山岩、水边、森林等处，嘱托空行暂为守护，以待未来成就者发掘而后转述为文字的极密经文。

告奋勇地提出建立一个由本地专家和外地专家联合组成的民间课题组，以便专门研究《茶马古道与姜家大院》（后改为《布达拉宫·姜氏古茶》）。

我从事藏学研究已有四十五年，过去我们经常走318国道经过雅安进康藏地区进行田野调查，但从未在荥经停留过。自2019年起，情况发生了意想不到的变化，我几乎年年去荥经，甚至有时一年去两次。究其原因主要有以下几个：

一

2022年11月19日，在万姜红董事长的主持下，雅安荥经县姜氏古茶旗舰店暨中华地理标志优秀传统文化国际交流中心在姜家大院盛大开幕，由此我才得知姜家大院占地面积约1800平方米，据90多岁的姜家第十四代传承老人介绍，过去他们最繁荣时期有8个这样的大院，仅从这点我们不难理解历史上姜氏茶业曾经的辉煌和繁荣。如今虽然只剩下这座列为全国重点文物保护单位的姜家大院，但毫无疑问它是茶马古道上迄今唯一保留得最完整、规模最大的明清建筑风格的古茶店（裕兴茶店）。

这时我自然而然地回想起2002年6月我与上百个学者和记者从雅安名山到拉萨沿着几千公里的"茶马古道"进行实地考察的情景。[1]记得当时我唯一遗憾的是，一路上没有见过一个完整保留下来的明清时期生产藏茶的古茶大院或茶店建筑。

---

① 2002年6月1－16日，我有幸参加了由西藏昌都地委、行署，四川省甘孜藏族自治州州委，以及云南迪庆藏族自治州州委，联合举办的藏、川、滇茶马古道考察研究开发活动。参加这次活动的有来自中国科学院、中国社会科学院、四川大学、中山大学、中国藏学研究中心等科研院所的专家学者与来自全国各地的一大批作家，以及多家电视台、报纸杂志、出版社的记者编辑，大家分别从云南迪庆藏族自治州和四川雅安出发，分两路对举世瞩目的"茶马古道"进行考察。

这次考察从成都到拉萨行程2000多公里，参加人数有上百人，被称为是首次对"茶马古道"进行的大规模的重大考察活动。我作为这次考察活动的组织者和总领队，对藏茶和"茶马古道"有了一个初步的全面认识。

康定的四十八家锅庄就是典型的茶马古道上汉藏茶马互市的门户，历史上承担着"茶马古道"中转站的重任，但遗憾的是如今康定未保留一个锅庄建筑的遗迹。岭卡·洛绒泽仁在《康定锅庄的由来、发展和衰落》中认为："公认的有四十八家锅庄，这些锅庄曾在汉藏文化交流中产生过重大作用，是康定地区特有的一种文化。"[①]最近偶然读到木雅·土登曲达的藏文著作《康·木雅甲拉土司传记》（即《明正土司传记》）[②]，书中用表格形式比较系统地列出了康定四十七家锅庄的名称（实际公认有四十八锅庄）、所在街巷、门牌号码、客房间数、成立时间等。其中许多锅庄成立时间未能确考，在具有比较确切的成立时间的锅庄中，姜家锅庄成立于明洪武年间，孙家锅庄成立于明末清初，王家锅庄始于明正土司受封时，包家锅庄成立于约500年前。这四家锅庄成立时间较早，历史悠久。康定锅庄虽然均为藏族商人经营，但在汉藏杂居的康定，藏商多数使用汉人姓名，并用其汉姓名为其锅庄命名。众所周知，康定古称"打箭炉"。汉藏民族通过锅庄这个平台交往、交流、交融，在这座多民族杂居的熔炉里，你中有我，我中有你，融为一体，亲上加亲，在茶马互市中互为依存，不仅为中国藏茶事业和汉藏贸易搭建了经贸之桥，还为汉藏民族铸牢中华民族共同体意识缔结了血脉情谊。可惜由于种种原因四十八家锅庄早已成为历史烟云，今天路过康定再也看不见一个完整的锅庄遗址了。

康定锅庄的形成与历史上汉藏茶马互市有着千丝万缕的联系，自元代开始汉商源源不断地进入康藏地区，学藏语，利用"茶马古道"交通之便利，与藏人联姻合作经商，汉藏的合作贸易加强了康藏民族团结和共同意识，经济上互相依存，政治上互相依靠，促进了康藏社会稳定和商贸繁荣和发展。其中雅安市荥经的姜家进入康定后与木家锅庄联姻经商，可谓成功的案例之一。其成功表现在两个方面：一是姜家有人任康定商会会长持续二十年；二是遵循姜家祖训"裕国兴家"精神。1928年，永寿公次子姜郁文（字青垣），执掌康定店铺，当年甘孜大金寺与白利寺发生冲突而引起战乱，借助藏茶"仁真杜吉"在西藏的声誉和影响，西康省主席刘文辉委派姜氏家族的青垣公和邓骧为和谈代表及交涉专员与西藏地方所派遣的代表进行谈判，签署了著名的"岗拖停战协定"。这次和谈成功平

---

①　岭卡·洛绒泽仁：《康定锅庄的由来、发展和衰落》。摘自《甘孜藏族自治州文史资料选集》第3辑，发布时间 2003年10月25。网络搜索自藏文网站"藏地阳光"。
②　木雅·土登曲达：《明正土司传记》（藏文版）民族出版社，2015年，第111－134页。

姜家大院前的"裕兴茶店"匾额（姜氏古茶供图）

息了这场战乱。因此，刘文辉主席委任青垣公做了德格县的县长，保当地平安。[①]
姜家为和平解决藏族近代史上的"大白事件"，为汉藏民族的团结做出了载入史册
的突出贡献。

荥经姜家大院作为千里茶马古道上保留下来的独一无二的藏茶古店文化遗址，
谁见了都会为它的遗存感到庆幸和骄傲。最近，中共中央和国务院提出2025年前全
面复兴传统文化，对继承和弘扬中华优秀传统文化提出二十字要求，即研究阐发、
教育普及、保护传承、创新发展、传播交流。姜氏古藏茶"仁真杜吉"和"姜家大
院"毫无疑问是中国汉藏历史演进中，汉藏两族人民共同创造的具有鲜明民族特色
和时代价值的优秀文化遗产。研究、保护、继承、弘扬它的任务就必然落在我们这
些研究茶马古道多年的学者肩上。这是我们这代人不可推卸的责任，也是我们建立
民间课题组对"布达拉宫·姜氏古茶"，以及生产和经营"仁真杜吉"藏茶的传奇
故事进行调查研究的宗旨。

---

① 　参见刘瑾：《认真杜吉——藏茶与雅安荥经姜氏家族的渊源》，内部资料，2022年。

二

据姜氏族谱记载，姜氏家族起源于现在的甘肃天水。后有一部分人迁徙到四川的洪雅。1745年，姜氏家族开银铺积累了大量财富后，清乾隆年间开始在荥经经营茶业，并传承至今已有十五代人。

我认识的万姜红已经是第十五代姜氏古藏茶"仁真杜吉"的传承人，以此推算姜氏家族为藏族人民生产藏茶已至少有二百多年了。据《姜氏族谱》记载：清乾隆中期，姜家姜琦（第八代先祖）姜荣华叔侄从四川眉山洪雅止戈街莲花村迁居荥经，开始以铸银为业积累资金。入籍荥经后，发现这里地处丘陵地带，雨水丰富，独特的地理和气候条件最适宜生产茶叶，加上古老的茶马古道经过这里，当地居民经营茶叶历史悠久，于是姜氏也决定生产和经营藏茶。姜家秉持勤奋兴家、诚信经营的优良传统，于清嘉庆年间创立"华兴号"老茶院。从此，姜家开始正式生产藏茶，行销康藏，甚至远销南亚。俗话说"有志者事竟成"，姜家用不到几代人的时间，砥砺奋进，相继开办了"全安号""全顺号""上、下义顺号""裕兴号"等七八个茶号，生意日益兴隆，"姜氏古茶"从此红红火火，姜氏茶业逐渐成为雅安境内藏茶行业的龙头企业。雅安荥经姜家保存至今的木制"全安号"商标上雕刻的藏文记载曰："甲拉王接待的大管家是昌都人、神、法之主仁真杜吉所持永恒不变的金茶商标。"虽然，我们对这个一百多年前的木制商标的来龙去脉知之不多，在理解古藏文和翻译方面有分歧，比如，有的人认为"仁真杜吉"就是涉藏地区具有很高地位的某位人或某寺院赐给为生产和经营高级名茶做出突出贡献的姜郁文的藏文名字。姜氏家族对这个名字如获至宝，把它作为"全安号"的令牌雕刻在木板上，保存至今。但无论如何，这段藏文对姜氏古茶有如此高的评价实属少见。有这样一个木制商标作为特别通行证，加上姜家与藏族贵族、头人、土司、锅庄等构建的联姻和友好关系，姜氏古茶——仁真杜吉，从此在千里茶马古道上畅通无阻，财源滚滚。

姜氏家族经营藏茶为什么如此一帆风顺，畅销无阻，他们靠的是什么？靠的就是"勤奋兴家""诚信经营""裕国兴家"的传统家训，其中"裕国兴家"四个大字牌匾迄今仍悬挂在姜家大院正堂上方，格外醒目，前来参观的人一目了然。这四个大字既是姜氏家族经商的文化精髓，又是姜家大院数百年来的立身之本。我们今天从姜家第十四代和第十五代传承人身上也可以清楚地看到这种百年传承下来的优秀的营商品格和优良的家族传统依然在延续，代代相传，万世流芳。真可谓"茶源续传承，情亲千里近"。我相信他们前仆后继，继承传统，弘扬祖辈优秀经商精神，不久的将来一定会开花结果。2024年初传来好消息，姜氏藏茶被邀请参加卡塔尔亚洲杯的中国茶叶品牌国际展销会。古道明珠，再次复兴，走向世界，再创辉煌。

三

更令我兴奋不已的是，今天的布达拉宫地宫中还保存着姜氏裕兴茶店二百多年前生产的"仁真杜吉"古茶砖。万姜红董事长前几年应邀前往拉萨，与布达拉宫的负责人共同见证了那个历史的重要时刻。由于姜家藏茶质量上乘，口感醇厚，色味俱佳，清香扑鼻，历史上获得过西藏布达拉宫、哲蚌寺、扎什伦布寺联合特制颁发的"姜氏古茶仁真杜吉"铜板商标。从此，姜氏藏茶誉满西藏。藏族贵族、僧人纷纷前来抢购。这使我想起很多年前阅读过的一本藏学专著《西康图经》，这是我国著名藏学前辈任乃强先生的代表作。书中论"边茶"（即藏茶）时说："番人嗜茶如命，无贫富贵贱僧俗，食必熬茶。其茶产于四川之雅安（雅州）、荥经、天全等县。"就一般而言，"每年采叶三次，初采芽尖，为上品；次采嫩叶为中品；最后采者为丛枝老叶，与修剪之蘖条，为下品""大抵荥经茶商，专办上中品茶。天全，专办下品茶（古称乌茶者是也）。雅州，各品皆备，其名目殊繁，雅茶最上者曰'毛子'，其次曰'芽子'，专销西藏贵族；其次为'金尖'，销康藏各大寺院与土司家；其次为'金昌'，叶少梗多，销康藏平民"。[1] 如此看来，姜氏古茶"仁真杜吉"无疑是专销西藏布达拉宫、二大寺，大贵族和各寺院高僧大德及朵康土司头人的名茶。

姜氏古茶是采自春天雨后从茶树枝生出的第一芽和第二芽嫩叶，经过阳光和雨露自然发酵后制茶，讲究产品精益求精，其结果生产出的藏茶独一无二，"口感醇厚、色味俱佳，清香扑鼻"，受到西藏各地消费者的格外青睐，其产品从此名声鹊起，闻名高原。姜家大院也随着生意兴隆从一个扩大到8个，最终成为茶马古道上知名的藏茶巨商。难怪万姜红董事长在北京辞去稳定的工作回乡创业，而且她对藏

---

① 任乃强：《西康图经》，西藏古籍出版社，2000年。

族和藏文化有着特殊的感情。她说她最喜欢去的地方就是圣地拉萨。我们几次聚会，她都邀请了来自拉萨的重要客人。这次庆典会还特意请来了一位来自阿坝马尔康的活佛参加。她还说历史上他们姜家与康定的藏族锅庄有几次联姻，迄今保持着亲密来往。可以说姜家这个具有几百年历史的巨商大家族，为了扩大藏茶的运销，在千年形成的茶马古道奔波多年，建立了血浓于水的汉藏亲密关系。进入新时代，作为全国重点文物保护单位的姜家大院，又成为全国首个中华地理标志文化交流示范基地。汉藏友谊继续在这座大院里开花结果。

四

记得好像是我第三次去荥经，我们课题组和顾问群里的朋友们相聚荥经姜家大院。我们在古宅院里慢饮万总亲自烹煮的姜氏古藏茶"仁真多吉"，又静静地漫步于荥经县颛顼博物馆和云峰寺，我满脑子吸纳了数不胜数的姜家大院周围满载的历史和动人的故事。到了夜晚，我们被带到一个僻静的巷子吃荥经的非遗晚饭。席间，来自西藏"月亮西沉的地方"[①]、国家一级歌唱家桑姆以布谷鸟般的悠扬歌声演唱了当天由她作曲、刘萱作词的一首迄今仍在我耳边回响的嘹亮悦耳的歌曲《古道茶韵》，歌中唱道：

山间日出的红晕

千年翠绿的雨滴

三百年的路途啊

不停流淌在心里

啊！

仁真杜吉

又闻久远的清香

穿越茶马古道的足迹

向着雪山的远方

---

① 格勒：《月亮西沉的地方——对西藏阿里人类学田野考察侧记》，四川民族出版社，2004年。这里用书名象征阿里地区。

走过高原的四季

共饮一杯金茶啊

是阳光不息的记忆

啊!

仁真杜吉

又闻久远的清香

飘满你我永远的深情

毫无疑问，此歌曲是词曲作者和演唱者制作者怀着对千年茶马古道上二百多年传承的姜氏古茶"仁真杜吉"的感恩和真情的倾力呈现，是对姜氏古茶"裕国兴家"精神坚守的深情礼赞，是对中华茶叶"仁真杜吉"艰辛历史的响亮回声，是对姜氏家族在茶马古道上为促进汉藏民族交流交往交融，铸牢中华民族共同体意识贡献的赞歌。

五

汉藏之间茶马贸易持续时间之长、涉及地区之广、贸易规模之巨，世所罕见。也正因为如此，西南茶马古道才能够与丝绸之路、海上丝绸之路、中俄万里茶道等著名商道并称，成为古代和近代中国连通外部世界的强劲动脉之一。历史上，姜家生产的藏茶"仁真杜吉"作为川藏茶马古道上的知名品牌，沿着"一带一路"走向世界；现如今，姜氏古藏茶"仁真杜吉"再次崛起，并被列入西藏自治区政府招待茶，已经入驻外交部外交人员免税店，走向世界，担当起中华传统文化推广大使，继续为铸牢中华民族共同体意识及汉藏文化交流贡献力量！我非常荣幸多次走进荥经明清古宅姜家大院，见到姜氏古茶第十四代和第十五代传承人。我们在阳光明媚的姜家大院里促膝长谈，畅所欲言，其乐融融。我们一边饮茶，一边畅谈姜家历史、姜家茶史，每次都满载而归。

今天，我们面对这座古老的建筑，千万不可小看了它，正是在这其貌不扬的大院里诞生了"人神共饮金茶"的誉满康藏的"仁真杜吉"古藏茶品牌，它曾经是茶马古道上一颗耀眼明珠。这座姜家大院为我们留下了川藏茶马古道上唯一的一座保存完好的清代1800平方米豪宅的古茶店。最近，中共中央、国务院发布了重大国策，要求从实现中华民族伟大复兴的高度，切实把中华优秀传统文化传承发展的工作摆上重要日程，为中华民族的崛起做好文化准备。因此，保护好、发展好姜氏古茶和姜家大院是我们的职责。

每当离别这座大院时，我都要情不自禁地回头凝视着我们合影的大门上的匾额"裕国兴家"四个醒目的大字。国与家的关系在此一目了然。正如我们课题组成员周安勇所写姜氏家族的新一代正在"裕国兴家"中续写新的辉煌人生。最近我接到万总从意大利打来的电话，我隐隐约约感到姜氏传人正在着手准备打造具有国际声誉的中华藏茶品牌，我为此欢欣鼓舞。

第一章

藏茶的历史与文化背景

汉家饭饱肚，藏家茶饱肚。

——藏族谚语

姜氏藏茶"仁真杜吉"不仅是高等级藏茶的一种，也是藏茶历史发展一定阶段的产物。要了解姜氏藏茶，首先必须了解藏茶起源和发展的历史大背景。

　　藏族谚语说："汉家饭饱肚，藏家茶饱肚。"这说明藏茶是藏族同胞每日离不开的生活必需品，正如许多文章引用藏族谚语云："宁可三日无粮，不可一日无茶。"那么如此重要的生活必需品究竟从何而来？究竟什么是藏茶？这些问题在学术界多少年来总是众说纷纭，莫衷一是。我们平时遇到一个陌生人首先要问姓什么，名什么，现在我们研究藏茶也不可避免地要从什么是藏茶说起。

十世班禅视察雅安茶厂（郭凤武供图）

　　　　　　　　　　　　　　　　　　　　第一章　藏茶的历史与文化背景

十一世班禅视察雅安茶厂（郭凤武供图）

第一节　什么是藏茶

当我们讨论藏茶的历史与文化时，脑海里首先不可避免地冒出一个每个人必然想知道的问题，究竟什么是藏茶？

一、藏茶的定义

加拿大贝剑铭的《茶在中国》说：茶的基本涵义是"作为饮品的茶叶沏茶而

川商办藏茶公司筹办处章程

赵尔巽奏筹办边茶公司情形折

部议推销藏茶办法　　　　　　　　　　　电商改订藏茶税章

成"。[1]不同的是，藏茶是作为藏族普遍饮品的茶树嫩叶和粗叶经过发酵等一系列特定工艺所生产的砖茶经过煮熬而成的饮料。好的藏茶要有熬头、带有新茶香气、色纯澈而红亮、味醇和。雅安荥经的姜氏藏茶——仁真杜吉具备了藏茶的这些特点，获得西藏布达拉宫、哲蚌寺、扎什伦布寺联合制作并颁发的铜板商标"仁真杜吉"而闻名青藏高原。因其"熬头好、味醇和、汤色红亮，且带新茶香气"而深得藏族高僧大德和上层社会人士的青睐。

新中国成立前，大部分老百姓喝的藏茶是所谓大茶或粗叶制成的茶，或叫"马茶"，就不一定具备这些特点。多少年来，所谓"边茶"，或"南路边茶"，或"马茶"，或"大茶"，大部分品质较为粗劣，而且经过现代科学检验，这些大茶含氟量普遍超标，因之造成的大骨节病在高原上较为常见。[2]据四川农业大学茶学系的专家研究，"近年来发现传统砖茶含氟量过高，长期过量饮用易产生氟斑牙、氟骨症等氟中毒症状"。[3]唯有雅安荥经姜氏古藏茶——仁真杜吉经过现代科学的检验证明含氟量低于国家标准的18%。经中国医药集团总公司四川抗菌素工业研究所鉴定："姜氏古茶富含丰富的茶多酚和茶多糖，其水提物通

① [加]贝剑铭著，朱慧颖译：《茶在中国》，中国工人出版社，2019年，第6页。
② 大骨节病有哪些诱发因素？我国大骨节病分布范围较大，主要分布在自东北向西南的一个带状区，多是山区或半山区地貌，平原地区少见。如大小兴安岭、长白山系、燕山、吕梁山、太行山、秦岭、巴山、青康藏高原、陕北黄土高原、毛乌素沙漠及内蒙古高原都有大骨节病的分布区域，松辽、松嫩平原也有分布。国外主要分布于西伯利亚东部和朝鲜北部。
③ 何春雷、罗学平、魏晓慧、李建华、杜晓：《低氟砖茶与传统砖茶品质的比较分析》，陈书谦：《雅安藏茶的传承与发展》，四川师范大学出版社，2010年，第213－222页。

过有效改善肠道微生物菌群结构，有效降低血脂、血糖指标，从而达到减肥降脂降糖效果。"

藏茶的基本含义，就是藏族人民普遍并经常饮用的生活饮品。藏茶与其他茶比较，是一种特殊的深度发酵的黑茶，也可以说是属于全发酵茶，特别是好的藏茶要使用特殊工艺精制而成。藏茶的加工经过堆、揉捻、杀青、晒制、拼配等工序，形成了特殊的风味。而且，这种茶喜欢生长在气候温和、雨量充足的丘陵地带，一般产自海拔1000米以上的山区。从迄今为止了解的情况看，藏茶主要产于青藏高原东部边缘地带的四川西部和云南等地。其中四川雅安是全国著名的产茶区，名山的蒙山以夏禹足迹所至而有"禹贡蒙山"之称，以入贡"仙茶"久负盛名并列诸经史。早在蜀国望帝以前，四川先民就发现了茶叶，经过药用、食用，发展成为重要饮料，至今已有2000多年的历史。四川雅安是藏茶的主要生产基地。云南的普洱茶也是藏茶，但其供应量和藏族消费人群比雅安藏茶少得多。

据李朝贵和李耕冬研究："藏茶，应该有两个层面上的含义。一个是广义的，一个是狭义的。广义的藏茶，是指西藏民众历史上曾经饮用过的茶。藏茶是藏民族从早到晚不能离开的饮料。狭义的藏茶，是指藏地民众自吐蕃时代以来传承至今、一直饮用的、以雅安为制造中心的、原料中含有雅安本山茶（小叶种茶）的砖茶。" [①] "狭义的藏茶是我们所要讨论和研究的。因为它至今仍在藏地流行，且仍在雅安茶厂生产。其基本制作工艺、包装形式、熬煮习惯，都基本保持了吐蕃时代以来的特征。" [②]

严格地讲，藏茶除雅安茶厂生产的茶，还应该包括云南生产的普洱茶和拉萨居民普遍饮用的用红茶调制而成的甜茶，还有众人皆知的酥油茶、奶茶（有加盐不加盐之分，藏族牧民大多喜欢喝无盐奶茶）、骨油茶，以及甘孜县用碱熬制成的一种特殊的黑茶等都是藏茶。至于拉萨大街小巷的甜茶馆，供应的是用红茶加牛奶和砂糖调制的甜茶。这与历史上英帝国主义殖民印度进而入侵西藏带来的奶茶有密切的关系。

藏茶的种类繁多，常见的有康砖、金尖茶、康尖茶等。按照制造工艺，可以分为青茶、白茶、熟茶和红茶等。

---

① ② 李朝贵、李耕冬：《藏茶》，四川民族出版社，2007年，第33页。

二、藏茶的名称

藏族自称茶为"甲"（ɛ），这个名称1000多年来没有发生任何变化。这里值得我们考证的是藏族为什么称茶为"甲"。迄今为止，比较可信的考证来自任乃强的《西康图经》。他说："番（历史上藏族的汉语称呼的一种，有时称'西番'）语呼茶为'甲'（ja），与汉文'檟'字同音。《尔雅》：檟苦茶。陆羽《茶经》：其名一曰茶，二曰檟。三曰蔎，四曰茗……盖我国古昔，固称茶为檟，番人称呼之'甲'，实系'檟'字译音也。"① 唐以前，我国称茶为茶。正如《说文》："茶，苦茶也。"据郭璞《尔雅注》云："檟树小似栀子，冬生叶，可煮羹饮。"因此，笔者也认为今天藏族呼茶为"甲"，实际是汉文"檟"的译音。茶在古时出产于汉地而不产于西藏，藏族对来自汉地的物产完全有可能借用汉语的称谓。正如过去从汉地传入藏族地区的萝卜、白菜等菜类，就是借用汉语名称，只是略有变音而已。同样，今天藏语口语中许多现代设备也是借用外来名称，如"电视机""KTV""VCD"等。这是汉藏民族政治、经济文化交流的必然结果。况且茶叶输入西藏之始，藏族还没有文字，正如《新唐书·吐蕃传》所说："其吏治，无文字，结绳齿木为约。"到了松赞干布赞普之时，吞米·桑布扎根据印度古代梵文而创藏文，而在古梵语中没有茶和指茶的文字。因此，藏文在唐代初创时，对于唐朝输进的茶叶没有现成的词汇，借用汉文古时称茶为"檟"的音译也就成了必然。

藏茶的他称多而复杂，藏茶属于黑茶的一种，而且很多人说藏茶是黑茶的鼻祖。藏族作为中国西南民族的成员，他们饮用的茶又叫边茶。据吕重九介绍："按历史时期和各地风俗的不同，藏茶又被称为大茶、马茶、黑茶、粗茶、南路边茶、砖茶、条茶、紧压茶、团茶、边茶等。"② 其中砖、条、紧压等是根据制造工艺而得名。此外，还有乌茶、四川南路边茶等不同时期的不同名称。

有趣的是，任乃强认为："藏语称茶为甲（Ja），华人（实际指汉人）为甲米（rgya–mi）。米，人也。……藏文藏语（其中藏语应该说远早于唐），创始于唐世。茶之入藏，亦始于唐世。藏人以茶为命，于域外物。茶之入藏，茶为中华特

---

① 任乃强：《西康图经》，西藏古籍出版社，2000年，第276－277页。
② 李朝贵、李耕冬：《藏茶》"序（三）"，四川民族出版社，2007年，第20页。

产，故藏人以茶代表华人华地（实际指汉人汉地）。"[1] 这一段主要想说明藏茶产于汉地，藏族称茶为"甲"（Ja），故生产茶的汉人叫"甲米"（rgya－mi）。可见以某种具有标志性的物产命名一个民族名称也是屡见不鲜。这里需要说明的是任先生的文章是20世纪30年代的作品，当时所谓华人实际指向汉族或汉人。这一点从括弧中的藏文rgya－mi即指汉族或汉人可以得到佐证。

非常感谢长期从事雅安藏茶研究的陈书谦专门整理《雅安藏茶名称的由来及演变》发给我。据他介绍"藏茶"二字最早见于清光绪三十三年（1907年）《秦中官报》十二月第二期第38页："部议推销藏茶办法：（北京）农工商部为扩充入藏华茶销路起见，昨已电饬产茶各省大吏，务将制造装包各法切实改良，并电告川督将入藏茶税酌量减轻，以期切实提倡挽回利权。"根本原因是英国企图通过印度茶叶入藏，从而入侵、控制西藏。接着1909年3月，《四川官报》第九册65页刊登专件《四川商办藏茶公司筹办处章程》。雅安藏茶之名从此诞生。

陈书谦整理的《雅安藏茶名称的由来及演变》中还列举了许多不同时代不同的藏茶他称，如火番饼、边茶、西番茶、乌茶、四川边茶、南路边茶、西路边茶、入藏华茶、蒙茶、雅茶、边销茶等。新中国成立以后，雅安的藏茶还有砖茶、大茶、条茶等俗称。直到1997年，四川雅安藏雅加碘速溶茶厂成功研制"速溶藏茶"，是第一款以"藏茶"为名称的产品。

其实规定统一使用藏茶这个名称的时间并不长。笔者记得我们参观雅安茶厂博物馆时看见有文件专门说明统一使用藏茶这个称谓的规定。总之我们可以把藏族普遍饮用的茶简称藏茶。

第二节 藏茶的历史

一、西藏考古惊现1800年前的茶叶

据四川大学霍巍撰文介绍：我国考古工作者新近在西藏西部地区开展田野考古调查与发掘工作，取得了一系列新的考古收获。其中最为重要的发现，是一批古墓葬的发掘出土。其年代上限可早到公元前3－前2世纪；下限可晚到公元2－3世纪，延续的时间较长，但都要早于吐蕃成立之前，相当于中原地区秦汉至魏晋时期。就

---

[1] 任乃强：《西康图经》，西藏古籍出版社，2000年，第276－277页。

大约 3 世纪传入西藏阿里地区的茶叶

阿里地区故如甲木墓地出土的带有
茶叶遗存的铜釜、盘口铜瓮

阿里地区曲踏墓地出土的带有茶叶
残渣的高足木案

　　　　　　　　　第一章　藏茶的历史与文化背景

是在这批西藏西部的古墓葬中，发现了迄今为止最早的茶叶遗物。据中国科学院地质与环境研究室古生态学组研究员吕厚远与国内外同行专家合作研究，观察到从故如甲木古墓葬中发现的这些"疑似茶叶"的植物出土时已呈黑色团状，经测定内含只有茶叶才具有的茶叶植钙体和丰富的茶氨、咖啡因等成分，因而可以确定"这些植物遗存都是茶叶"。据碳−14测年，其年代为距今约1800年。吕厚远认为，高寒环境下的青藏高原不生长茶树，印度也仅有二百多年的种茶历史，所以"故如甲木出土的茶叶表明，至少在1800年前，茶叶已经通过古丝绸之路的一个分支，被输送到海拔4500米的西藏阿里地区"。[1]值得我们注意的是，考古发现的地方正是被藏族称为古象雄的核心区域，因此墓葬出土的茶叶，可以佐证在古象雄时期，西藏阿里地区通过古丝绸之路与内地省份有着千丝万缕的联系。考古发掘表明故如甲木墓

携茶包和制酥油茶工具的藏民（[美]路德·那爱德摄，王玉龙供图）

---

[1]　霍巍：《西藏西部考古新发现的茶叶与茶具》，《西藏大学学报（社会科学版）》2016年第1期。

葬是一处分布相当密集的象雄时期古墓群，而且与传说中的象雄都城"穹隆银城"有着不可分割的关系。从墓葬中出土带有汉字的丝绸、黄金面具、陶器、木器、铜器、铁器，以及大量动物骨骼，显示出墓葬的等级较高，或如有人认为的那样"高等级的墓葬"，实际上很可能是象雄部落联盟豪酋的墓葬。这里所谓"豪酋"，就是最富裕的部落酋长。这说明象雄王公贵族早在被吐蕃灭亡之前，即距今1800年前就有了饮茶的习俗。这次考古发现的文物后来在首都博物馆展览，取名"天路文化——西藏历史文化展"，展出的文物包括黄金面具、丝绸、茶叶、蚀花玛瑙珠等。用霍巍的话说：这些出土的文物充分显示出墓主人不一般的身份地位。由此我们可以推断，距今约1800年西藏至少在部落联盟时期，一些部落酋长有饮茶或吃茶的习惯。"这些茶叶当时已经较为普遍地作为死者生前的饮食品种，所以死后才随之入葬墓中，表明这种习俗在当地具有一定身份等级的人群中已成为生活方式的一部分。而要保持这种生活方式，茶叶的输入也需要有稳定的来源渠道。这一发现证实，早在距今1800年前，这条茶叶进入到西藏西部的通道便已经存在。"[1]我们知道早在西汉时期饮茶已成为社会风尚，后来逐渐开始向四周传播，西藏阿里墓葬中发现的茶叶的残留物再一次证明，丝绸之路早在秦汉至魏晋时代就有可能已经有一支穿越今日平均海拔4500米的阿里高原，把茶叶输送到青藏高原的最西部，其意义在于突破了传统史籍有关唐代开始茶叶入藏的记载，将茶叶传入西藏的时间大大提前了五百年。但当时的饮茶之风是否普及于广大的劳苦大众，迄今并无考古和文献佐证。

二、唐代：救命的树叶变成了藏茶

据藏文文献《汉藏史集》记载："在吐蕃国王都松芒布杰赞普亦称龙朗楚吉杰波的时期，出现了以前未曾有过的裕如天界甘露的茶叶和茶碗，其故事已记入叙述吐蕃王统治的内容中。"这个故事可以叫作"藏王寻茶说"。此说也许出自藏族民间传说：据说吐蕃王朝都松芒布杰赞普时期（676－704年），体弱多病的赞普偶然捡到小鸟衔来的一枝树枝，随手扯了几片绿叶放入口中咀嚼，顿觉神清气爽，身体轻快，于是命大臣寻找这种树叶。后来，大臣在汉地找到这种树

---

[1] 霍巍：《西藏西部考古新发现的茶叶与茶具》，来源："考古汇"微信公众号。原文刊载于《西藏大学学报（社会科学版）》2016年第1期。

叶，才知是茶，带回献给赞普。赞普经常食用，身体逐渐好了起来，于是茶便成为吐蕃宫廷中一种珍贵的保健药物。由于这种特殊的绿叶救了赞普的命，所以，藏文史籍称其为"天界享用的甘露，偶然滴落到人间，国王宫中烹茶叶，众生亦能获吉祥"。①

根据以上故事或传说推测，藏族最早把藏茶作为重要的治病救人的草药或保健食品来饮用或食用的。这一点在藏文文献记载中得到进一步佐证，《汉藏史集》记载曰：

生长在山谷深处的茶树，叶小，枝干粗圆，颜色灰白，气味如当归，味涩，烧煮后饮用，能治疗涎分之病，这种茶称为札那普达茶。

生长在山谷谷口处的茶树，叶片大而柔软，树干粗圆，颜色深黑，汁味大苦，适作饮料，对风病有大疗效，被称为乌苏南达茶。

生长在旱地的茶树，叶片大，枝干粗，颜色红褐，气味难闻，汁黑色，味涩，适烧煮，去胆热，若加封藏，其汁红黄，被称为郭乌玛底茶。

生长在水浇地之茶树，被称为阿米巴罗茶。叶片厚而光滑，颜色青绿，多次浸泡汁色不变，气味甜，味柔和，适研细浸泡，平寒热。

生长在农田中的茶树，被称为哈拉札茶。颜色黄，叶片大而粗，枝干粗，汁如血色，味道大苦，气味如甲明树之气味，适速煎，饮之去痴愚。

生长在熟田中的茶树，被称为阿古达玛茶。颜色灰黑，叶片小而厚，枝干细，其汁如乳浆树之汁，气味芳香，味道清甜，以研为细末者佳，饮之去风病。

生长在施大粪的田地中的茶树，被称为哈鲁巴达茶。颜色黄，叶片小而薄，枝干细，茶汁黄绿色，味香甜，气味如多罗树，适于研为细末，饮之去胆热。

生长于施用小便肥料之田地中的茶树，被称为朱古巴拉茶。叶片众多，茶树倾倒，茶汁黄色，味大涩，气味如曼殊夏迦树，以研为细末者为佳，饮之疗血病。

生长于施用肥料的田地中的茶树，被称为萨日巴利茶。颜色黄，叶片大而柔滑，茶汁如胡麻油，其气味香淡，煮煮后饮用，能去各种魔病。

生长于不施肥料的田地中的茶树，被称为阿梨跋孔茶。颜色红，叶片大而

① 达仓宗巴·班觉桑布：《汉藏史集》（藏文版），四川民族出版社，1985年，第176－176页。达仓宗巴·班觉桑布著，陈庆英译：《汉藏史集》（中文版），西藏人民出版社，1986年。

硬，枝干粗，茶汁黑红，味道大苦，气刺鼻，适烧煮，饮之疗风病与胆病。[1]

以上所述生长在不同环境中的茶叶具有治疗不同疾病的功能，包括"疗风病与胆病""去各种魔病""去胆热""去痴愚""平寒热"等，这与当代科学家研究认为藏茶具有一定的药效作用的结论具有异曲同工之妙。

以上藏文文献中所讲故事，或传说，或记载，虽然带有浓厚的神话色彩，但其文献记载说明茶叶在唐代由中原地区传入西藏无疑是历史事实。藏文文献《汉藏史集》成书于1434年，距今近六百年前藏族对茶叶就如此了如指掌，其原因除了"宁可三日无粮，不可一日无茶"的习俗之外，更重要的是藏茶所具有的治病功能，甚至因救了赞普的命而被记入史册。由于藏族以牛羊肉和奶制品为常用食品，很少有蔬菜和水果类食品，而茶叶恰恰具有解油腻助消化的特殊功能，使得长期饮乳食肉的藏族人民，尤其是藏族牧民自然饮茶成风。

过去我们常引用传统史籍中有关唐代开始茶叶入藏的记载，引用得最多的就是唐建中二年（781年）李肇的《唐国史补》记载："常鲁公使西蕃，烹茶帐中，赞普问曰：'此为何物？'鲁公曰：'涤烦疗渴，所谓茶也。'赞普曰：'我此亦有。'遂命出之。以指曰：'此寿州者，此舒州者，此顾渚者，此蕲门者，此昌明者，此渭湖者。'"[2]常鲁公为唐德宗建中二年，奉使入吐蕃议盟的监察御史，当时赞普已拥有汉区各地名茶。寿州、舒州者，指安徽的小围、六安茶；顾渚者，指浙江的紫笋茶；蕲门者，指湖北的黄芽茶；渭湖者，指湖南的银毫茶；昌明者，指蜀中绿昌明茶。由此可见，唐代吐蕃贵族阶层饮茶之风盛行是可以确定的。但平民百姓是否都饮茶？饮用什么茶？没有直接证据。唐代时，茶叶已传入西藏地区是史学界的普遍共识。

在古代，马匹对于中原王朝来说是不可缺少的军事装备和运输工具。而"茶之为物，西戎吐蕃，古今皆仰给之，以其腥肉之食，非茶不消，青稞之热，非茶不解，故不能不赖于此"。[3]这样的评论被认为是符合吐蕃时期情况的。因为唐朝与吐蕃之间的互市贸易中，茶马互市是不可缺少的内容之一。在《新唐书》中可以看

①　达仓宗巴·班觉桑布：《汉藏史集》（藏文版），四川民族出版社，1985年，第240-244页。达仓宗巴·班觉桑布著，陈庆英译：《汉藏史集》（中文版），西藏人民出版社，1986年。
②　中国大百科全书总编辑委员会经济学编辑委员会：《中国大百科全书·经济学1》"茶马互市"条，中国大百科全书出版社，1988年，第52页。
③　魏明孔：《西北民族贸易研究——以茶马互市为中心》，中国藏学出版社，2003年，第9页。

到："吐蕃又请交马于赤岭（今青海湖东岸日月山），互市于甘松岭（今四川松潘县境内）。"吐蕃以马匹及其畜牧业加工品输出为主，唐朝以输出丝绸、茶叶等农业产品为主的贸易。茶马互市应运而生。

对此，《通鉴》是这样记载的：开元十九年（731年）九月，"吐蕃遣其相论尚它建入见，请于赤岭为互市。许之"。这一次是吐蕃主动要求与唐朝划界互市的，吐蕃提出于赤岭交马，互市于甘松岭。唐朝则批准交马和互市的地点均在赤岭。这一时期的互市内容也更加丰富，其中包括吐蕃需要的而在唐朝境内生产的茶叶在内，当时运往西北地区的茶叶主要来自今四川和陕西汉中地区，这标志着吐蕃与唐朝的茶马互市由此正式开始。但互市的地点以今天的甘青等西北地区为主，茶马等商品运输的路线也以"唐蕃古道"为主。总之，唐代汉地的茶叶传入吐蕃是一个不争的事实。史学家翦伯赞曾说："在安史之乱后的三十年里……汉族地区的茶叶传入吐蕃。"[1]至于茶叶随文成公主入藏的说法更是屡见不鲜。

三、宋代茶马互市崛起

宋代我国内地茶叶生产有了飞跃的发展，其中一部分茶叶"用于博马，实行官营"，在四川名山等地设置了专门管理茶马贸易的政府机构"茶马司"。"茶马互市"也成为一种经常性的贸易。政府明文规定以茶易马。

"茶马互市"除为朝廷提供一笔巨额的茶利收入解决军费之需外，更重要的是通过茶马贸易，既维护了宋朝在西南地区的安全，又满足了国家对战马的需要。藏族为什么重视"茶马互市"呢？有人形容藏族人民爱茶"倚为性命"，这种说法一点也不过分。对于长期以来过着自给自足的自然经济生活的藏族人民来说，并不需要外界供给很多的东西，但是茶却是绝对不可缺少的。正如南宋人阎苍舒所说："夷人不可一日无茶以生。"[2]对于这一点，历代的中原统治者最清楚不过了。因此自宋以来，茶叶不但成为中原王朝与西北和西南地区的藏族之间的大宗经贸产品，而且也成为与藏族之间保持友好关系的物质力量和进行政治控制的经济手段。两宋政权对四川少数民族在政治上实行羁縻统治，在经济上则茶禁

---

① 翦伯赞：《中国史纲要》，北京大学出版社，2007年。
② （明）王圻：《续文献通考》卷二二，明万历十四年刻本，现代出版社，1986年。

康定北关外庞大的牦牛运茶队（孙明经摄，1939 年）

极严，"使蕃夷仰我之重"。①对愿意服从并臣属宋朝的民族则赠茶、出售茶叶和购买马匹，因此"茶马互市"便成了中央王朝与少数民族联系的纽带。汉藏民族的商务贸易往来，促进了汉藏之间政治、经济和文化方面的交流，也加快了康藏地区社会封建化的进程。西藏的马匹和珠玉等土产从打箭炉输出，经雅安输入内地省份，汉族人民生产的茶叶、布帛等物资又大量地从雅安、汉源等地输出，经打箭炉远销西藏各地。

① （宋）吴泳：《鹤林集》卷三七。

第一章　藏茶的历史与文化背景

驮茶的牦牛
（［美］路德·那爱德摄，
王玉龙供图）

四、元、明、清茶马互市延续

唐宋以来，汉藏人民之间通过"茶马互市"或"茶马古道"建立起来的交流和友谊，一直延续到元、明、清。

元代，中央王朝为了加强对西藏的治理，在"茶马古道"沿线建立了历史上著名的"土官治土民"的土司制度。自此"茶马互市"和"茶马古道"的管理、经营均发生了重要变化，元朝为了加强对康藏地区的治理，十分重视前往西藏的交通畅通，把以"茶马互市"为主干线的进藏交通线路，定为正式驿路，并一路设置驿站进行管理。从此"茶马古道"既是经贸之道、文化之道，又是国防之道、治藏之道、安藏之道。"茶马古道"的战略意义更加突出。

明代茶马交易有了进一步发展。据文献记载：明嘉靖年间，雅安、邛崃、天全、荥经、名山等地随着茶马贸易的发展，茶号商人达80余家。与此同时，边茶的主要销售地打箭炉，明以前这里几乎是一片荒凉的牧场，仅有元代留下的碉房和红教寺院；而明代以后随着边茶在此集散，四十八家锅庄先后形成，日渐繁荣起来。

到了清代，尤其是乾隆以后，出现了"边茶贸易"制度。由于交通和经济的发展，以及汉藏交流为中心的各民族之间的来往增加，进入茶马古道沿线的商品种类大幅增加。虽然藏族对茶叶的需求有增无减，但同时对其他产品如丝绸、布料、铁器以及生产和生活资料等商品的需求增加。而中原对西藏马匹的需求明显减少，对西藏皮革、黄金及虫草、贝母等珍贵药材的需求大幅增加，汉藏之间的贸易范围更加广泛。在这种情况下，清朝把"榷茶"制度改为"引岸"制度。在经营上改官茶为商茶，更加促进了"茶马古道"沿线的各民族之间的民间贸易的繁荣和发展。从此，从东部的康定开始，经甘孜、德格到昌都，或经理塘、巴塘、芒康到昌都，再从昌都到拉萨，由康藏地区大寺院、大土司、大商人组织的商队马帮络绎不绝。骡铃声声，马蹄阵阵，"茶马古道"翻开了新的一页。虽然，英帝国主义曾经拉拢汉族茶工到锡金种植茶树，发展茶业，企图争夺对西藏的贸易市场，进而达到削弱和打破汉藏关系之目的。然而，藏族人民宁愿千里迢迢来内地省份换购他们喜爱的"边茶"。1941年统计，仅康定出关的茶叶就达50万包，其中运到拉萨一带的有20万包。茶马古道作为一条连接内地省份与西藏地区的古代交通大动脉，历经唐、宋、元、明、清，虽然最后逐渐湮没，但其历史作用和现实意义不可低估，主要体现在：

第一，"茶马互市"的发展和"茶马古道"的繁荣，促进了川藏和滇藏沿线高

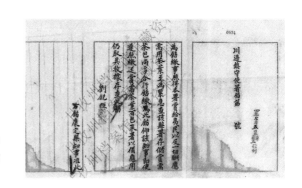

川边镇守使署刘锐恒给康定县知事关于调取边茶的公函（来源：甘孜州档案馆资料）

原城镇化的发展。如泸定、康定、德格、甘孜、巴塘、中甸、昌都等比较著名的高原城镇，就是随着茶马古道的开通、繁荣而相继出现的。其中康定作为茶马古道上的交通咽喉，在唐、宋时只是一个架设帐篷的临时露天市场。随着茶马贸易之盛，以"锅庄"形式的固定货栈纷纷兴起，于是市场勃兴，人口递增，成了康藏地区的商业重镇。其最兴盛之时："炉城严如国都，各方土酋纳贡之使，应差之役，与部落茶商，四时幡凑，骡马络绎，珍宝荟萃，凡其大臣所居，即为驮商集息之所，称为锅庄，共有四十八家，最大有十 家，称八大锅庄。有瓦斯碉者，锅庄之巨擘也。碉在水会流处，建筑之丽，积蓄之富，并推炉城第一。康藏巨商咸集于此，此则番夷团结之中心也……全市基础，建于商业，市民十分之八九为商贾。"[1]由此可见一斑。

---

[1]　任乃强：《西康图经·西域篇》，西藏古籍出版社，2000年。

　　　　　　　　　　　　　　　　　　　　　第一章　藏茶的历史与文化背景

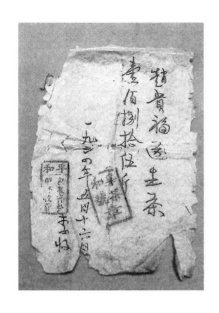

第二，茶马古道也是各民族交往和融合之道。近千年来，随着茶马互市的发展和茶马古道的开通，汉、藏等各民族常年往来其间，尤其元代以后，汉族居民一批接着一批源源不断地流进康藏地区，形成了一首山歌中所唱的"山上住的是藏人，山下住的是汉人。虽然住处各是各，每天生活在一起"（《甘孜藏族自治州史话》）。汉族居民沿着茶马古道移居康藏高原，带来了先进的生产技术，他们和藏族人民一道从事各种生产，促进了康藏地区的经济发展、市场繁荣、民族团结和社会进步。

第三，茶马古道和茶马互市除为汉藏经济和文化交流做出贡献之外，更重要的是，历代中央王朝通过茶马互市和茶马古道，实现了"羁縻"政策，从而更加巩固了西藏边疆，维护了国家的统一。因此，茶马古道与中国历史上著名的丝绸之路和唐蕃古道一样，在促进西南地区，尤其是西藏和其他涉藏地区各民族之间的经济、文化交流方面产生了重要的影响。可以说，"茶马古道"不仅是经贸之道、文化之道，也是重要的政治之道，在治藏安康方面起到不可替代的历史作用。

五、民国军阀混战，藏茶走向衰落

1911年，辛亥革命的风暴迅猛地推翻了清王朝的腐朽统治。民主革命的先驱孙中山对中国茶业前途十分重视，他在《实业计划》中提出："中国所以失去茶叶商业者，因其生产费过高之故。在厘金与出口税，又在种植与制造方法太旧。若除厘金与出口税，采用新法，则中国茶叶之商业仍易复旧。在国际发展计划中，吾意当于产茶区域设立制造茶叶之新工场，以机器代手工，而生产费可大减，品质亦可改良。"孙中山科学种茶、采用机器的规划不失为振兴华茶的良图。然而，辛亥革命的胜利果实很快被军阀、官僚政客所窃取，国内陷入割据混战之中，川省的情况亦无例外，无论农村和城市均遭到严重的破坏，川茶业亦因之受到严重的影响。如果说清末印茶侵藏之际，在政府的统筹下，尚能有效地加以抵制，使川茶业出现整顿的气象，那么到军阀及国民党统治时期，政府四分五裂，忙于内战，所有抵制印茶侵藏之术已完全搁置，加之英帝国主义对西藏地方上层百般挑拨，施以小惠，诱以"独立"，以致藩篱自撤，印茶源源不断地倾销西藏，逐渐流注于西康及松潘等地，川茶的西藏市场日渐萎缩。在茶园生产上也很不景气，军阀、国民党的反动统治造成乡村凋敝、茶农破产，树老山空，导致川茶业衰落。

虽然"茶马互市"从此成为历史的陈迹，一去不复返，但作为一种历史上曾有过的辉煌，更重要的是作为汉藏团结友谊的文化纽带、民族团结的象征铭刻在后人心中。近代英国在连续入侵西藏时，看到茶是汉藏离不开的因素之一，茶在西藏是个摇钱树，也是笼络人心的食饵，就策划了印茶入藏的阴谋。他们以探险家的名义组织了马队，把印茶从印度的大吉岭运到拉萨，途经锡金、亚东，只有十多天的路程，企图用印茶垄断西藏市场。印茶性热苦涩，色泽又黑又浓，制作松软易碎。就在茶贵如银的年代，藏族宁愿舍近求远，再累再苦也要赶着马帮到普洱、雅安、丽江，驮回汉茶，用行动有力地抗击了英帝国主义，谱写了一曲汉藏团结一心、英勇抵御外来侵略的爱国赞歌。

1917年，南路边茶产区雅安、荥经、天全、名山划归川边镇守使管理，后来并为西康省。由于行政区划的变更和军阀统治的更迭，构成四川省并无统一茶法的特点。所谓"茶法"，或因地而异，或朝令夕改，所有茶业的政策措施，亦随政权的更迭而变换。他们对民间工商业多行摧残、掠夺之术，直到新中国成立前夕，川茶业已处于奄奄一息、一蹶不振的状态。同样，姜氏古茶的贸易到民国时期遭受了前所未有的损害。根据史料记载，民国二十八年（1939年）西康省政府成立后，主席刘文辉为了通过操控边茶贸易应对捉襟见肘的地方财政，主持成立了西康最大的康藏茶叶股份有限公司，强令所有茶商必须统一到康藏茶叶公司旗下，严禁私自卖茶入藏。其中就包括拥有"仁真杜吉"品牌的姜家

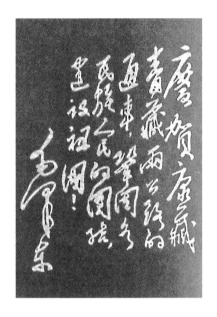

"公兴号"。至此，"仁真杜吉"品牌被迫无奈转让。而姜家的"裕兴号"等金字招牌，也逐渐淡出康藏茶业。"全安隆号""蔚兴生""又兴号""鸿兴号""德兴号"等因不愿加入康藏茶叶公司，也遭到排挤和打压，1945年被迫停止运茶进藏。由于姜家藏茶在西藏上层社会有较大影响力，西藏高僧喝不到"仁真杜吉"很着急，为此寺庙还专门派人来到荥经，找到姜家询问原因。这次见面后寺庙还购买了姜家的砖茶2000包，但是如何运回去是颇费周折的。当时由于从雅安经康定入藏的道路为刘文辉把持，因此这次运茶选择了"荥经－雅安－乐山－武汉－广州－印度－西藏"的迂回路线。虽然最终把"仁真杜吉"运回了西藏，但是运输成本实在太高，从此西藏寺庙只能放弃采购"仁真杜吉"。姜氏家族在边茶贸易上的辉煌历史受困于时代环境而不得不告一段落。值得一提的是，当西藏地方少数上层在英帝国主义的煽动下，企图实现所谓"独立"的时候，川康两省与西藏地方在政治、军事上的联系已十分微弱，国民政府的军政人员已很难越过金沙江，唯茶叶尚依旧运行于川藏之间，成为川藏联系的唯一媒介。因此，川茶在当时的汉藏关系中，尤为引人注目。"我国政府向以茶羁縻边民，乃至近年，茶于康藏更具有重大的政治意义。因康藏两地，无论政治、军事均不能有所联系。如康方军队不能踏入西藏，而中央政治人员且不能过昌都以西，故康藏隔阂殊甚。唯茶则为联络康藏唯一之媒介。彼能联系康藏，使之发生密切的作用。故茶非但为局部通常商品，且与国家社

1954 年 12 月 25 日，康藏公路和青藏公路正式通车。这是通车典礼上，西南公路工程局的文工队在演出采茶舞。

（来源：雅安市档案馆）

会有整个联系。尤其在建省以后，本省已由边防前线之责任进而负起国防线之责任，于是边茶进而为国防商品"。在当时特定的历史条件下，川茶为内地省份与西藏地方仅存的经济联系，虽"一息尚存"，尚可借此增进双方联系、促进了解，并扩大而为政治、经济的联系。因此，把它称为"国防商品"，并非惊人之论。1936 年，西藏地方电告蒙藏委员会要求供应川茶，以解决西藏市场急需时，国民政府当局均积极支持，正反映出双方增强联系的意图。

国民政府当局虽然有若干振兴川茶业的宏论，但是在贿赂盛行、贪污腐败的政治集团的把持下，所有"整顿"方案都是纸上谈兵，藏茶业无可奈何地衰落下去。

六、"把茶叶给藏民运进去"

走进古色古香的雅安茶厂的博物馆，一张图片说明中，有一句话引人注目，即"把茶叶给藏民运进去"。这句话是当时中共西南局书记邓小平说的，点明了茶叶在解放西藏过程中的地位和作用。

第一章　藏茶的历史与文化背景

1954年康藏公路通车，中国自己生产的解放牌汽车第一次大批进入西藏拉萨（来源：雅安市档案馆）

当时茶马古道盗匪横行，茶叶运输受阻，西藏各地老百姓严重缺茶。虽然一些茶商和马帮队冒着生命危险直接来到雅安采购藏茶，但天有不测之风云，正当这些茶商和马帮整装待发之际，雅安却突然发生土匪暴乱，运茶古道再次不通。茶叶成为当时极其匮乏的必需品。

1950年2月27日，雅安军管会主任廖志高在雅安各界人士座谈会上传达当时中共西南局书记邓小平的讲话："藏族要吃茶，在藏族人民生活中，最要紧的是茶叶。"

解放西藏离不开老百姓的理解和支持，为此西康省委多次开会研究如何解决为西藏百姓供应茶叶的问题，把生产藏茶和供应藏茶提高到国家统一、民族团结的高度来抓。正如西康省委书记廖志高在《南路边茶史料》的代序中指出的那样："在民族贸易中，彝族没有多大问题，他们主要是背点柴到汉区卖了，买点米回去。藏族呢，他们就不同，藏族要吃茶，在藏族生活中，最要紧的是茶叶。这就是说要把茶叶发展起来，把茶叶给藏民送进去，使他们能买到茶叶，这样就争取了群众，实现了团结，当然还有盐和粮食。"[1]当时藏茶作为西康的主要特产之一，又是藏族人民每天离不开的生活特需产品，因此有的藏商用大量银圆套购藏茶囤积起来不卖，其结果是广大藏族百姓因买不到藏茶而心急如焚。在这种情况下，只有中国共产党领导的革命队伍一心为藏族人民着想，为了使广大藏族人民能够买到藏茶，喝到藏茶，一方面对藏商实行限购，另一方面组织雅安茶农恢复生产藏茶，以满足藏族同胞对茶叶的需要。

第三节　藏茶与文化

茶对普通人而言只是一种饮料，但对藏族人民而言则是一种刻骨铭心的文化标志、文化象征，且以茶为中心形成了一个文化网络。而这种文化的形成从开始就与中华文化有着千丝万缕的联系。

一、不可一日无茶以生

在笔者童年的记忆里，家乡吃饭就叫"喝茶"（ཇ་འཐུང་）。由此可见，茶在藏族人民生活中是多么重要。翻开历史，不难发现，千百年来，生活在雪域高原的藏民族与茶结下了不解之缘。有人形容藏族人民爱茶"倚为性命"，他们确实把茶融入了生命，融入了生活，融入了文化，还积累了丰富的煮茶和饮茶经验，创造了独具特色的茶文化。

无论何时，藏族人民招待客人首先端出来的就是茶，送的礼物第一项就是茶叶加哈达，购买东西首先要买的就是茶，出外旅行必带的也是茶，家务繁多，最重要的是煮茶。总之，藏族人民的生活中一时一刻也不能离开饮茶。他们渴了喝一点茶比什么都甜蜜；累了饮几口热茶能立即消除疲劳，提起精神；冷了喝一碗油茶（碎骨熬的茶）立刻暖遍全身；病了饮一口浓茶，能解毒去病。难怪唐代皮日休在为陆羽《茶经》写的序中说："命其煮饮者，除瘠而疠去，虽疾医之不若也。"藏族用茶，就是煮饮。有些地方，也如古代汉族人民

---

[1]　何仲杰：《南路边茶史料》，四川大学出版社，1991年，第3页。

那样把茶当药物服用。在藏族牧区，经过多次熬煮和饮用过的茶渣也舍不得抛弃，大多留下来喂牲畜，马吃茶长膘快，牛吃茶增加奶量。藏族民谣有"茶是命，茶是血""人人离不开茶，天天离不开茶"，道出了生息在高原上的藏族对茶的需求。

对藏族人民而言，茶绝不仅仅是饮品解渴，而是一种生存之道，生活方式，是满足生活、心理、礼仪等需求的文化。正如藏族民谚所说："吃了肥肉靠茶叶消化，身体疲倦靠茶叶解除，得了感冒靠茶叶治疗，缺了氧气靠茶叶补充，脑子糊涂靠茶叶清醒。"

藏族人除了白天骑在马上、夜里睡在床上之外，其余时间都和茶在一起。记得小时候，妈妈躺在床上，床边从早到晚离不开一个精致的陶制茶壶，而且茶壶放在一个保持恒温的陶制火盆上，妈妈手上一个破旧的瓷碗里放一点糌粑，一边舔糌粑，一边喝茶。对她而言，茶就是命。因此，来家的客人送给她最好的礼物就是茶。

任何到西藏旅行的人，无论在农村、牧区或城镇，随处都能看到茶的身影、闻到茶的飘香。任何一个陌生人走进藏家，首先被敬一杯色泽淡黄、香气扑鼻的酥油茶；如果是重要的客人，还要献上一条洁白的哈达。客人要懂得茶礼：吹开碗里的浮油慢慢喝，让主人不断添加，不能一饮而尽，不然会被取笑为毛驴饮水；不能只饮一碗，不然会被认为断交成仇；一般都保持着碗常满、茶常温，茶满心满。但重要的是，喝第一口茶之前，用手指蘸点碗里的茶，对天弹洒三次，象征敬天地之神。

二、茶与佛教文化

贝剑铭的《茶在中国》一书，主要研究传统中国作为宗教和文化商品的茶。他认为："资料显示，经常饮茶的习惯似乎始于中古中国的佛教僧侣，后来传播到文人，然后可能又非常迅速地传至更广泛的人群。"藏茶早于佛教传入西藏，但从历史资料可知，藏茶在青藏高原的传播与佛教的发展有着极为密切的关系。因为佛家把酒视为万恶之根，十戒有酒，缩减到五戒，即"杀盗淫妄酒"，仍然有酒，但从未有戒茶之说。僧人们饮茶不离口，无论个人修行还是聚众念经，茶是藏族僧人离不开的最亲密的生活伴侣，也是千年的健康之友。西藏色拉寺、哲蚌寺、甘丹寺三大寺成千上万的僧人聚集在寺院大殿里，其煮茶、送茶、饮茶构成一幅美妙绝伦的茶文化图。笔者见过供应几千僧人饮茶的大炉灶和大铜锅，也见过僧人们桌上各种形状、美轮美奂的木茶碗。还有年轻僧人从厨房到大殿手提装满十多斤重茶水的木桶来回奔忙的宏大场面。僧人一年四季打坐念经，念的经又是不断地重复，让人昏昏欲睡也是难以避免。茶与咖啡一样有提神的作用，所以僧人喝茶不但飘飘欲仙，而且不昏不睡。毫无疑问，藏族茶叶的消费和饮茶的习俗与佛教寺院的发展是齐头并进的。虽然迄今没有统计数据，但藏族僧人和寺院无疑是藏茶的最大购买者和消费者。

据《西康图经》记载：藏茶分上品、中品和下品三种。最上品的藏茶"专销西藏贵族"，在过去政教合一的西藏，最大的贵族就是僧侣贵族，他们购买和消费的茶不仅量大，而且茶的治理做得最好。以"金尖"为代表的中品藏茶销往"康藏各大寺院和土司家"，实际情况是各大寺院几乎垄断了来自雅安的好茶。其中来自雅安荥经的"仁真杜吉"藏茶专销西藏三大寺和布达拉宫。难怪西藏四大"呼图克图"之一的热振活佛来荥经姜家大院做客时，对姜氏古茶第十四代和十五代传承人说："我们爷爷一辈喝的茶都是'仁真杜吉'藏茶。"由此可见，饮茶对佛教僧侣而言，不仅仅是解渴驱寒，而且是一门高雅纯净的学问，也是修行养身之道。无论春夏秋冬，无论丽日烟雨，聆听着悠扬美妙的鼓声铃声，摆弄着桌上小巧玲珑的铝茶壶，木茶杯，浸泡着醇香袭人，明亮醇和的藏茶，凝视着杯中飘浮一层金黄色酥油的茶汤，一种清静、淡雅，超然物外，仙风道骨的感受油然而生。

众所周知，喝茶一为止渴，二为赏鉴其色、香、味，三为领略茶文化的乐趣和内涵。茶文化贯穿着藏族僧侣的茶之饮、茶之敬、茶之器之中。仅就茶具而言，分门别类，种类繁多。《汉藏史集》中专门记载了"茶叶和碗在吐蕃出现的故事"：工匠问赞普："碗的种类很多，不知要造什么样的？"赞普说："我想要造的碗，应是以前汉地也没有兴盛过的。对形状的要求是，碗口宽敞、碗壁很薄、腿短、颜色洁白，具有光泽。这种碗的名字因为是以前吐蕃没有时兴的东西，依靠它又可以长寿富足，所以就叫作兴寿碗。碗上的图案，第一应是鸟类，因为是鸟将茶树枝带来的。上等的碗上应绘鸟类口衔树枝的图案，中等的碗上应绘鱼在湖中游，下等的碗上应绘鹿在草山之上。比这三种再差一些的碗，其图案和形状由工匠自己随意决定。"①于是，工匠分别根据原料的好坏、清浊，制成兴寿等六种碗。

这些喝茶用的瓷碗、木碗等一般都用精美的具有一定佛教信仰含义的图案进行装饰，最常见的图案包括吉祥八宝、龙凤呈祥等。但大多数僧人用的茶碗是精雕细琢的木碗，这种碗不易破碎，便于携带。每当热腾腾的清茶端来时，才从怀里取出木碗，用双手举碗接茶慢饮，无不洋溢着淡泊清心、雅致喜乐的感恩情怀。每次大型宗教聚会时，僧人们喜气洋洋的饮茶情境早已镌刻在笔者的人文记忆中，难以磨灭。

僧人选择茶也是很讲究的，一问茶叶的产地，荥经的姜氏古茶是头选；二赏茶具的精巧，玉碗和瓷碗是高级僧人的选项；三闻茶的清香；四是品茶的甘醇。

据丹增讲："元代，学识渊博、精通医术的藏族高僧塔巴杰中，三十岁时，怀着一颗慈悲之心，以惊人的求知欲望，离开西藏前往巴蜀、滇南，一边游览名山大川、朝拜佛教名寺，一边学习考察与藏民族息息相关的茶叶。他目光注视，心灵感知，亲身体验，掌握了大量有关茶叶的第一手资料。四十岁后返回西藏，撰写了藏族第一部茶经《甘露之海》。书中详尽巧妙地介绍了茶之类、茶之具、茶之烹、茶之礼、茶之益，是古代藏族传播和发展茶文化的权威著作。"②

三、黑色黄金的运输

被称为"黑色黄金"的茶叶，从川滇源源不断地进入青藏高原。历史上，中央王朝最初派往拉萨的官员馈赠当地上层的礼品多数都包含茶叶，茶成了不可多得的稀世珍品。随着中原地区对马匹需求的增大，出现了"茶马互市"。藏民赶着大批马群，到康定、到青海的日月山和云南的丽江，交换茶叶。川藏的马匹只能到康定，通过四十八个锅庄交换茶叶。对茶马价比、交易数量，政府实行统一管制。毫无疑问，川茶是最早进入西藏各地的藏茶，当时茶马交易中心的茶基本是川西蜀茶。随着川茶不断运往高原，储备茶的锅庄仓库需要不断扩建，茶马交换的规模不断扩大，茶叶从最早的西藏王公贵族的独享饮品，扩展成为普通大众的

---

① 达仓宗巴·班觉桑布：《汉藏史集》（藏文版），四川民族出版社，1985年。达仓宗巴·班觉桑布著，陈庆英译：《汉藏史集》（汉文版），西藏人民出版社，1986年，第105-106页。
② 《人民日报》2017年4月27日刊载，转载于《藏人文化网》。

喜爱饮品。随着中央政府对西藏地区管理的加强，西藏的宗教领袖、土司头人，纷纷入朝觐见，获授官职封爵位。他们除进贡马匹之外，还有红花、麝香、氆氇等土特产品，得到的赏赐品有锦缎、丝绸、瓷器和珍贵的茶叶，朝贡互市变为茶马互市的另一种形式，巩固了西藏地方与中央政府的臣属关系，促进了汉藏文化的交流和交融。

后来，西藏的大寺院、贵族、商户和各地土司，为了适应大宗茶马的交易需要，纷纷各自组织起庞大的骡马运输队，少则百人千匹骡马，多则千人万匹骡马，浩浩荡荡，在世界最艰难的横断山区，越过积雪的高山、湍急的江河，长途跋涉，餐风露宿，把茶叶运回西藏、康藏。藏族最有名的大商人邦达昌的骡马队，用庞大的马队加武装护送，一路上骡马头上的彩旗和脖子上悬挂的铃铛声，构成"茶马古道"上一道亮丽的风景。擅长经商的川西人和陕西人跟着马帮把茶、糖、铜器运到拉萨，换回西藏的药材、皮毛、马匹等特产。他们为了贸易顺利，学藏语、与藏族联姻，租商铺、建客栈，与上层社会的贵族、土司头人、巨商交上朋友，建立友谊，为中华民族文化的传播和汉藏民族的友谊做出了迄今被人颂扬的贡献。

四、茶与茶具

"能行千里的好马，必须配上金鞍；来自汉地的好茶，必须盛在宝碗。"藏族人除了住房，最讲究的是茶具。茶锅、茶桶、茶壶、茶碗，号称四大茶具。造型美观的铜锅，轻巧方便的铝锅，精致光亮的陶锅，熬出醇香的清茶。最小的铝锅能装一升水，煮出的茶够两个人喝。最大的铜锅口径2米宽，深度1.8米，熊熊火焰烧开滚烫的开水，十多斤的砖茶放入水中，熬成琥珀色的茶汤，可供上千僧侣饮用。据估计，这样的茶锅在西藏的哲蚌寺、色拉寺、甘丹寺和青海的塔尔寺，有数十个。涮锅都得搭上梯子，人才能下到锅底。茶桶是酥油茶的加工工具，茶汤、酥油在桶内搅拌而成酥油茶。红桦木、青栗木、核桃木是制作茶桶的首选材料，不易开裂，适合当地干燥的气候。藏北普通牧民家使用的常常是简易的竹筒，粗壮的主干，打通竹节便能成为酥油茶桶。笔者曾在色拉寺看到一个最大的酥油茶桶，高近2米，粗近两人合抱。打酥油茶时，茶桶靠在粗大的柱子上，还要用牛皮绳捆上。木桶边垒起稳固的站台，身材魁梧、光着臂膀的喇嘛站在台上，双手紧握带有活塞的木柄，拉开架势，上下提拉，使劲捣舂，极具舞台效果。这是世界上绝无仅有的景观。

至于茶壶茶碗，最高档的是金杯银壶、银杯金壶，普通的是铜壶铝壶、玉碗瓷杯，五花八门，琳琅满目。说到喝茶的瓷碗，《甲帕伊仓》中有记载：当初茶叶不但治好了藏王都松芒布杰的病，而且成了上流社会的时尚饮品。既然茶叶来自汉地，那里必有盛茶的宝器。藏王派出使者到中原朝觐皇上。得知藏族如此敬重茶叶，皇帝便派出最好的工匠，帮助西藏生产陶瓷茶具。西藏最普通的茶具是木碗。藏族人喝茶，最讲究的是夫妻不共碗，子女不共碗，每人一个木碗，人走碗揣在怀里，形影不离。藏族情歌中就有这样的句子："我的情人，丢也丢不下，带也带不走。情人是木碗多好，可以揣在怀里。"百年前，上至官界要人，下至街头乞丐，都随身带着喝茶的木碗。藏族腰上离不开两样东西，即腰上挂着两样物品：一边是木碗，用来喝茶的；一边是小刀，用来吃肉的。缎制的碗套从七品到三品式样不同、做工不同，从碗套可以识别人的等级。每次野外聚会、聚餐，每个人首先不慌不忙地从怀里拿出木碗，从从容容地喝上三碗酥油茶或清茶。伴随着西藏饮茶的历史进程，饮用不烫嘴、盛茶不变味的木碗，成为外出时的必备之物。现在木碗的制作越来越精美，式样越来越华丽，推动了西藏工艺品的发展。一些藏族说唱艺人，也有自己专用的木制茶碗，小的如羊头般大，大的几乎和牛头相等，一个五磅热水瓶的酥油茶全倒进去还装不满，这不是因为他贪，而是一种文化现象。近代西藏最好的木碗来自藏南措那达旺镇，那里制作的木碗薄如瓷碗，轻如纸杯，是用硕大的树瘤抛光打磨做出来的。小孩起名之后，老人就送一个木碗喝茶用；老人凌晨起床，主妇把盛满酥油茶的木碗端到床前；老人离开人世，家人把他盛满茶叶和食品的木碗抛进江河。

据说宗喀巴年轻时进藏拜师学习，身上只带了木碗和背架，途中求食受到女人的嘲笑。宗喀巴说："这是圣物，你们应该戴在头上。"后来人们崇拜他，果真将用布扎成的三角形和碗形饰物戴在了头上。在西藏，茶与茶具已超越实用价值，还蕴含着人们对美的追求和莫大的精神享受。

五、以茶会友

中国佛教协会会长赵朴初喜欢品茶论道，甚至在对外交流中更是看重茶研究茶，他的诗词《八方园夜宴口占》即是去日本交流时的杰作。不过，笔者更欣赏他在《忆江南十四首·访缅杂咏》中的"清味嚼茶姜"，这里姜和茶融合，别有一番滋味，这就是对外交流中的茶文化特色。

记得童年家里穷，但小朋友们喜欢定期聚会，穷则无油无肉，只好每人以糌粑和茶会友。虽食物短缺，但其乐融融。藏族爱饮茶，更爱以茶会友。记得小时候，妈妈只要有一点清闲时间就用羊毛毡子包着一陶罐熬了整整一夜的茶和一个木碗去朋友家一夜不归，这就是老人们的以茶会友。据云南松秀清的《话说"茶会"》介绍，"茶会是流行于中甸县大、小中甸的男女青年中的一种集体社交活动，颇受藏族男女青年的欢迎。茶会的程序是这样的，由男方或女方邀请别个村寨的客人到本村赴会。邀约时，首先要抢一样对方的信物，如果同意赴约，就把信物留给对方，到茶会上即可取回；如果不同意，就要把不能赴约的理由陈述清楚，取回信物，或挽留对方到本村赴会。如果坚持不去就一定得把信物要回，双方不伤感情；假若表示愿意赴会，违背诺言，欺骗对方，就意味着今后不再往来，失信者的信物就会被剁碎，从此'一刀两断'。茶会的时间在双方约定的当天傍晚开始。直到第二天黎明结束，唱歌、对歌，通宵达旦。农历七月十五夏游节间，在大宝寺附近举行茶会一般在夜晚，有的在白天。茶会节日期间较多，平时农闲期间，或男女双方相遇时，只要由一方提出，另一方同意就可举行"。一般涉藏地区都有这种类似的茶会或以茶会友的情况。在过去，无非就是感情真挚的青年朋友，利用这种茶会，唱歌跳舞，自娱自乐，排遣不满和郁闷，解除重体力劳动后的疲劳。但无论如何，不失为一种以茶会友的社交娱乐活动。

新中国成立前，迪庆藏族地区是政教合一的农奴制社会，大寺对于男女青年的这种以茶会友的社交娱乐活动十分反感，并三令五申禁止唱情歌，禁止举办茶会，甚至棒打鞭抽。但情歌还是照样唱，茶会也还是照样举行。男女青年向往自由，通过以茶会友、交友、交往的追求自由之举动，前仆后继，遏制无果。他们高唱茶叶的山歌或民歌，以表达对茶的热爱，以茶凝聚中华民族的认同感。有一首茶歌唱道：

高山牧场上产黄酥油，
北地草原上产红砂盐，
内地汉人地方产黑茶叶。

姜氏家族是制售藏茶的大家族，他们的经营方式之一就是带着有香味的"仁真杜吉"藏茶，走遍青藏高原客户的家，一家一家地以极品藏茶交朋友，会客户，实际上这是最成功的以茶会友。从上层贵族、寺院活佛到普通百姓，不仅仅把姜家当作一个茶商，而且把他们当作值得信赖，有诚信的汉族朋友。所以，在藏茶界人们把"仁真杜吉"与姜家融为一体地联系起来。

第二章

茶马古道与
沿途重镇

蜀茶总入诸蕃市，胡马常从万里来。

——（宋）黄庭坚《叔父给事挽词》

"蜀茶总入诸蕃市，胡马常从万里来。"描绘了北宋时期一幅波澜壮阔的茶马互市的热闹场景。那么，蜀茶从哪里来？茶马古道的源头在哪里呢？

蜀茶早有记载。唐懿宗大中十年（856年），安徽巢县的县令杨晔在《膳夫经手录》中写道："蜀茶得名蒙顶也。于元和以前，束帛不能易一斤先春蒙顶。是以蒙顶前后之人，竞裁茶以窥厚利。不数十年间，遂新安草市，岁出千万斤。"

蒙顶，是古人对蒙山茶的代称。今人顺势而为，山名就改为蒙顶山了。蒙顶山在四川省雅安市境内，横跨名山、雨城两区，这里是茶马古道的源头。该区域早在秦惠文王时（前312年）就设置为严道县，归蜀郡管辖。唐武德三年（620年）改严道县为荥经县，治所在今荥经县城西古城坪，"严道古城遗址"是全国重点文物保护单位。

"茶马古道"的名称，自20世纪90年代问世以来，很快就成为茶产业、茶文化、茶旅游、影视和文学创作等相关领域颇为热门的话题，不同体裁的文章、各种版本的书籍、不同规模的活动、各种题材的炒作，把茶马古道推向民众的视野。中央电视台热播《茶马古道》《康定情歌》，更把茶乡神韵、高原风光、民族风情进一步推向全国，推向海内外，吸引了很多人的目光。

第一节 茶马古道的主要路线

一、茶马古道的起源

早在唐代睿宗垂拱元年（685年），吐蕃王朝时期著名的赞蒙（王妃）赤玛伦辅佐朝政，向唐王朝提议在益州（今四川一带）及安西四镇（今西北地区）开通互市，进行茶丝换马贸易。唐中宗神龙二年（706年），唐蕃双方约定，以赤岭（今青海日月山）为界，开市贸易，恢复经济交流。开元十六年（728年），吐蕃又请"交马于赤岭，互市甘松岭……"甘松岭在今四川省松潘县境内，是四川、青海两地之间很大的集市，当年就易马4.8万匹。[①]从此，从四川运茶到西北易马的道路网络迅速延伸发展。

唐《封氏闻见记》云："饮茶始自中地，流于塞外，往年回纥入朝，大驱名马，市茶而归。"《明史·茶法》记载："设茶马司于秦（今甘肃天水）、洮（今甘肃省临潭）、河（今甘肃临夏）、雅（今雅安）诸州，自碉门（今天全）、黎（今汉源）、雅抵朵甘、乌思藏（康、藏都司），行茶之地五千余里，山后……西方诸部落无不以马售者。"明末汤显祖感叹："黑茶一何美，羌马一何殊。"茶马交易盛况空前。

冷兵器时代，马是中原王朝最缺乏的战略物资。茶叶、马匹资源互补，茶马互市应运而生。茶马贸易的迅速发展，促进茶马古道从南向北、从东往西快速延伸。

所以，茶马古道是我国古代因茶马互市、以茶易马而兴起并发展形成的庞大的道路交通网络，在不同的历史时期具有不同的使命和明显的走向。茶马古道起于唐，盛于宋，续于明清，一直沿袭到20世纪50年代，有的至今还在发挥积极作用。

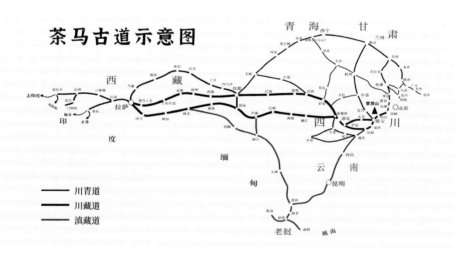

茶马古道示意图

---

① 陈崇凯：《吐蕃女政治家赤玛伦事迹考略》，青海民族大学学报（社会科学版）1999年第1期。

茶马古道是我国古代贯穿西南腹地，跨越横断山脉的崇山峻岭、大江大河，连接不丹、锡金、尼泊尔、缅甸、印度的交通大动脉；是大西南地区多民族交往交流交融的重要纽带；是川、滇、藏、甘、青各省、区之间相互沟通的"生命"大动脉，也是中国和外部世界物质、经济、文化交流的大通道。

茶马古道是西南茶区和西北边陲各族同胞，在漫长的岁月中用双脚踏出的一条条崎岖道路，有的与难于上青天的蜀身毒道、蜀道交叉重叠，有的与唐蕃古道、南方丝绸之路重合，蜿蜒于横断山脉之间。主要有川青道（川陕甘青道）、川藏道、滇藏道等主线，还有连通产销地区的众多支线，一直延伸进入南亚、中亚各国。

茶马古道被学术界称为"世界上地势最高的文明文化传播古道之一"，与古代中国对外交流的唐蕃古道、丝绸之路、海上丝绸之路、南方丝绸之路一样，具有极其重要的历史地位和经济文化交流意义。

新中国成立以后，随着川藏、青藏、滇藏公路的开通，高速、铁路、航空，以及四通八达的省道、县道的日新月异，快速发展，茶马古道的繁荣逐渐消逝。但蕴藏在横断山脉之间奇特的自然风光，如高山峡谷、冰川雪峰、高原湿地、森林草甸、湖泊瀑布、地热温泉等奇异景观亘古不变，丰富的人文景观，各民族的交往交流亘古不变。

二、茶马古道的主要路线

1. 最早的茶马古道——川青道

川青道是川、陕、甘、青茶马古道的简称。范文澜在《中国通史》中说："武都（今甘肃武都）地方，羌氏杂居，是一个对外的商市，巴蜀茶叶集中到成都，再运到武都卖给西北游牧民族。"这是早期的民间茶叶贸易。

唐蕃首开茶马互市先河后，川北、川东北茶叶主要通过褒斜道、子午道、傥骆道，以及金牛道、米仓道等，运送到西北易马，是连接川、陕、甘、青最早的茶马古道，途经日月山、玛多、玉树、杂多抵达西藏安多，然后经那曲、当雄进入拉萨。

川西雅州最早通往西北的茶马古道是灵关道，又称夏阳道。《竹书纪年》（前316年）有"瑕阳人自秦道岷山青衣而归"的记载。灵关是古蜀历史重镇，唐武德元年（618年）置灵关县，是古代北上的必经之路。宋代称灵官寨，唐宋均设关隘，驻兵，是汉番分界线之一。从灵关北上经汶川、松潘可达甘肃、青海诸地。

还有从名山、崇州、大邑、邛崃、灌县（今都江堰）、安县（今绵阳安州）、

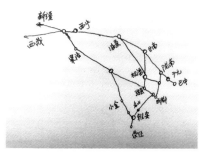

川青道示意图

什邡等地到茂县、松潘、理县、金川等地，到达陇右都护府（今河西走廊）的松茂古道。

2. 最重要的茶马古道——川藏道

川藏道以雅安为制造中心的蒙顶山茶叶产区为起点，经康定、理塘、巴塘、昌都，到达拉萨，是川茶主要产区，连接西藏及四川甘孜、阿坝、凉山等主要茶叶销售区，通往印度、尼泊尔、不丹等南亚、中亚各国的茶马古道。这是道路网络最遥远复杂、运输量最大、持续时间最长、历史作用最重要的茶马古道。

川藏道连接亚洲大陆板块最险峻奇峭的高山峡谷，长期维系并推动沿途多民族政治、经济、文化、宗教的融合发展，是维护历代中央朝廷和西藏地方政权关系的重要通道，是连接内地省份和边疆物质交流的重要桥梁，是维系民族融合发展的重要纽带。为民族团结、社会进步、经济发展、国家统一做出了巨大贡献。

川藏道由东往西，直至拉萨以远。有"大路"，又称"官道"，唐代贯通，明代拓宽。《明史》曰："初制，长河西等番商以马入雅州易茶，由四川严州卫入黎州始达……"有"小路"，明礼部侍郎高惟善上疏云："天全六番招讨司八乡之民，宜悉免其徭役，专令蒸造乌茶，以易番马……碉门至岩州道路，宜令缮修开拓，以便往来人马。"

川藏茶马古道，在从唐宋至清末的漫长历史时期内，先后西北易马、保障军需、输入西藏、茶土贸易、以茶治边、羁縻赏番、高额课税、改土归流，在不同的历史时期担负了重要的历史使命。

3. 最先成名的茶马古道——滇藏道

1990年7－10月，木霁弘、陈保亚、徐涌涛、王晓松、李旭、李林等六位志同道合的学者经过徒步考察，并在随后的专著《滇藏川"大三角"文化探秘》中首先使用"茶马古道"这个名称。他们当年从云南中甸－德钦－碧土－左贡到达西藏昌

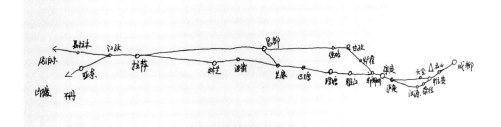

川藏道示意图

都，又从左贡经芒康－巴塘－理塘到达康定，再从理塘南下乡城返回中甸，历经一百余天进行了"史无前例"的田野考察，"茶马古道"的名称得到业界高度认同，很快传遍中国，乃至世界。

滇藏茶马古道主线从云南西双版纳、普洱出发，经临沧－保山－大理－丽江－迪庆到四川的甘孜或西藏的昌都－察隅－波密－林芝，与川藏道会合后西去拉萨。

尽管云南茶叶进入西藏的年代相对较晚，但由于其特殊的地理位置和丰富的茶叶资源，很快成为中外交流的天然通道和集散中心，后来更成为连接缅甸、老挝、越南等邻国，以及印度和相关阿拉伯国家的重要纽带。

第二节　茶马古道上的名人轶事

一、孙明经用镜头记录茶马古道

孙明经是中国电影高等教育的开山宗师，也是一位实证科学考察者。八十多年前，28岁的孙明经首次参加西康社会调查。五年后又来西康，行程万里，用电影胶片和照片胶卷拍摄了大量茶马古道照片：背着茶包的背夫、制造茶具的窑炉、围木成炉炼铁的场景。

1939年，广州、长沙、武汉、太原、归绥（今呼和浩特）以东大片国土被日军占领，中国抗战的大后方，仅存经济十分落后的西部辽阔地区。抗战要继续，哪里能为抗战提供经济与物资的保障？孙明经肩负众托，承担起用电影和照片进行科学考察的重任，在进行西康社会调查前，他已经独立拍摄了30多部"国情调查电影"。

当时正是中国现代历史上物资条件最为艰难的时期，中国人连一英尺电影胶片和一卷照相胶卷也不能制造。时任四川省教育厅厅长的郭有守等学界前辈，深谙

"救亡与税源之道"，他们千方百计地一次性配备了16毫米电影胶片12000英尺，120照相胶卷200个。孙明经不负重望，在考察团半途遭遇"兵灾"，全团折返时，毅然不顾个人安危，独自坚持深入前行。从6月初到12月底，他风餐露宿、翻山涉水，带着考察课题，用电影摄像机和照相机进行科学考察，行程超过万里。最终，他完成8部考察电影，拍摄2200多张照片。

从雅安到康定的考察路上，他看到了成群结队背运边茶的背夫，多角度地详细记录了川藏茶马古道的厚重、悲壮、辉煌与沧桑。

茶马古道山高路远，崎岖难行。孙明经所在的考察团地理组，边走边用坡度仪测量坡度，最陡的路段居然高达65°，一般也在20°－30°。地理组一位武汉大学老师自备马匹，到了坡陡路险处，不仅不敢骑马，还要费很大力气，才能艰难地拉马上坡，这就是为什么这条路千百年来不用马匹运输边茶的原因。

孙明经拍摄留下了很多珍贵的影像资料，人文风俗电影有《西康一瞥》《雅安

《1939年：走进西康》及《中国百年影像档案：孙明经纪实摄影研究——1939：茶马贾道》（全四册）书影

边茶》《川康道上》《省会康定》《铁矿金矿》等，真实地展现了当时雅安及其周边地区的民风民俗、物产资源。他还拍摄了地理风光纪录片，有《成都到兰州》《灌县水利》《峨眉山》《川江一瞥》等。

1944年6月，时任西康省主席刘文辉在金陵大学教育电影部看了孙明经五年前拍摄的《西康》，当场邀请孙明经再次访问西康，拍摄西康。两个月后，孙明经带领电影部师生10人上路，重新进行科学考察。可惜的是，此次拍摄的影片全部失

踪，仅留下了300多张照片，更加难能可贵。

孙明经先生的儿子孙健三先生是北京电影学院退休摄影师，1940年出生于四川成都。他在父亲的亲自指导下，多年从事我国电影、电视、广播及摄影等高等教育历史史料的收集、梳理与研究工作。2020年8月和2023年2月，他精心整理编著的《中国百年影像档案：孙明经纪实摄影研究——1939：茶马贾道》（全四册）、《中国百年影像档案：孙明经纪实摄影研究——1944：重返茶马贾道》先后公开出版发行。这两本书以数百幅珍贵的老照片和大量文字展示了孙明经先生1939年6－12月西康考察和1944年6月重返茶马古道，出生入死获得的考察成果。详细记录了雅安到康定古道沿途的自然景观，以及民众生活和民情风俗等。

2024年初，万姜红女士专程拜访了孙健三先生，孙先生明确表态把收集珍藏的老照片提供给她使用。他说："我希望父亲留下的照片和电影资料，能为今天的历史研究和文化遗产保护提供帮助，真正发挥它们存在的价值。"

二、吴作人《藏茶传》的传奇故事

1943－1945年初，吴作人深入西部地区进行非常艰苦的考察调研。他与藏族群众同宿一顶帐篷，同饮一壶酥油茶，对当地文化艺术进行了深入考察研究。考察结束后，他创作了一幅长卷。这幅长卷上有艺术大师傅抱石的题签和印章："吴作人藏茶传乙酉冬抱石署。"

长卷内容包括引首92.5厘米，画面299.7厘米，总长392.7厘米，堪称巨幅。

引首有"北大书法两巨匠"之一的沈尹默题写的画名《藏茶传》和题签、印章；接着是吴作人自题，他写道："茶产汉地制成茶砖后，以竹篾为包，苦力背负入山登西藏高原，输送至打箭炉各锅庄。锅庄乃汉藏贸易商贾之宿栈，茶商复雇茶包缝工改犛皮包，出关期届茶商乃集本地女工复背负至犛队。乌拉娃（乌拉，即徭役）以茶包上驮，茶帮犛队出关，运茶入草地，草地无市集。喇嘛寺僧众兼管商业以物易物，茶既为藏民生活所必需，以亦可代币。"

卷尾有吴作人自题"卅四年夏吴作人写藏茶传"和印章。《藏茶传》集三位大师级艺术家创作、鉴赏、题名、题签、印章于一体，是非常难得的艺术珍品。

《藏茶传》从右到左由"藏茶入藏""藏茶改包""乌拉娃背茶""牦牛队运茶""藏茶交易""牧民煮茶"等六部分组成。作品生动地、极具特色地描绘了20世纪40年代康藏高原茶马古道上藏族群众的生活，以及藏茶改包、运输、贸易、煮

《藏茶传》局部

饮等各种场景。

遗憾的是，《藏茶传》完成，流浪之旅也开始了。吴作人先生为了表达两次"西行"都给予帮助的四川省教育厅郭有守厅长的感激之情，将这幅画送给了他。

1946年，法国赛努奇博物馆在巴黎举办"现代中国绘画展览"，郭有守将《藏茶传》带到法国首次参展，1946－1953年期间定期展出。

1953年，郭有守把《藏茶传》捐赠给了欧洲首屈一指的中国艺术品藏馆——法国赛努奇博物馆，至今仍是该馆的珍贵藏品。1984年，法国政府文化部授予吴作人先生"艺术与文学最高勋章"。1985年，比利时王国也授予他王冠级荣誉勋章。

改革开放以后，吴作人仍不遗余力地推动西藏文化艺术的发展，专门为班禅大师创作了《九牦图》，挂在大师办公室里。吴先生在年迈重病期间，仍欣然接受西藏美协邀请，担任油画《金瓶掣签》的艺术顾问，表现出对西藏人民和西藏艺术的极大热情和特殊情感。

吴作人先生的绘画与孙明经先生在康藏考察的影像资料有异曲同工之妙，既可相互印证，也可互为补充，两位大师都为我们留下了无比珍贵的文献资料。

三、官绘《自打箭炉至前后藏途程图》

收藏于国家图书馆，绘制较精、现存较早的官绘入藏道路图《自打箭炉至前后藏途程图》，是一幅详细反映从打箭炉（今康定）到西藏北、中、南三条路线的实用地图。

清光绪二十七年（1901年），英帝国主义筹划第二次武装侵略西藏，形势紧张，朝野震动，驻藏帮办大臣安成临危受命，手绘《自打箭炉至前后藏途程图》，以备不时之需。

该图是绢底彩绘，长 316.3厘米，宽41.4厘米，卷轴装。以虚线分别表示自打箭炉经前藏赴后藏的北、中、南三条路线。打箭炉地踞大雪山高处，是自蜀入藏第一要道。此图用虚线标注各站路途走向，没有比例，也没有标出路程距离。但金沙

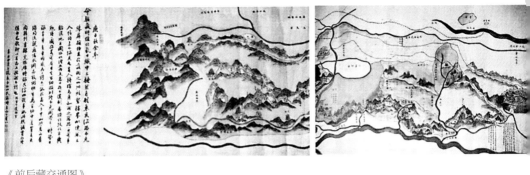

《前后藏交通图》

江、雅砻江、澜沧江、雅鲁藏布江则分别注出流向，而且标注了西藏的疆界毗连与四川、云南、新疆的分界，以及同缅甸、越南、俄罗斯、尼泊尔等边界。作者采用形象画法，详细绘出了昌都、拉萨、日喀则等城郭，以及土司寨、寺庙、村落、山脉等地形，并作题记分别说明三条路线的情况和利弊得失。

作者在图尾跋语中说，对西藏山川形势、疆界毗连和风土人情等均不熟悉，遂"到处咨访，考核方舆，勉绘一图"，由此可以看出南线是作者进藏途中亲自经过的各处要地，北线和中线及其他内容应是他"到处咨访，考核方舆"所得。图后有题跋，附安成诗二首：

> 一纸新图入手中，山川差与旧游同。
>
> 流观藉惕冰渊志，敢诩班生万里功。
>
> 中夏岂真鱼肉弱，列邦尽肆虎狼雄。
>
> 时艰共缩非难事，只此肫诚贯始终。

字里行间尽显安成防御外敌、巩固防务、爱国尽责的赤子之心。

此外，还有清光绪年间的《前后藏交通图》《炉察（察土多）间南北两路形势图》《打箭炉至西藏全图》《炉关以外形势图》等，都是茶马古道路线研究的重要依据。

四、外国人眼中的茶马古道

《中英烟台条约》之前，是不允许外国人进入西藏的。但是，他们出于各种目的千方百计地要去西藏。这些外国人看到了什么？知名记者高富华对此进行了专题研究。

1846年，法国人古伯察乔装打扮从内蒙古进入拉萨，不久被发现"礼送"离境。他在《中华帝国行》写到打箭炉到雅安：尽管山路很难行走，危险重重，但旅行者常常在这里行走，因为没有其他的道路通向打箭炉，这是中国内地省份与西藏地区之间进行贸易的地方。在这些狭窄的山路上，你随时遇到一长队一长队的脚夫，背着雅州的茶砖，送往西藏各地。

英印政府也把目光盯向西藏。1867年，英国人唐古柏接受商团委托，从上海出发，经重庆、成都、雅州，翻大相岭，经打箭炉前往巴塘，伺机前往西藏察隅和印度阿萨姆，寻找到达印度更短更直接的茶叶贸易通道，受到抵制，原路返回。

他在《从中国陆地到印度旅行》中说，在通往打箭炉的峡口处超过了一队将近200人的从雅州运茶到打箭炉的队伍。路上发现过有数百人的长长的运输茶叶的背夫……在陡峭的二郎山脚下大渡河岸边的羊肠小道上，长长的运输队伍的侧影犹如一道风景线。这些来自雅安、名山、荥经、天全、邛崃的南路边茶，源源不断地运到打箭炉，在锅庄交易后再转运到西藏、青海等地。

唐古柏向英印政府建议：如果能用印度茶叶替代中国茶叶，这是一个巨大的市场。八年后签订的《中英烟台条约》，专门加了"另议专条"，为印度茶叶入藏打开了方便之门。

1872年，"丝绸之路"命名者李希霍芬来到雅安，他看到当地大量生产茶叶，加工成砖茶，运往打箭炉，以供西藏之需。

1891年，奥地利学者洛色恩从重庆出发，从乐山、洪雅、雅州、荥经、清溪、泸定去打箭炉，又从天全、芦山、雅州、名山、邛崃、崇州回成都，写了《四川西部的茶树种植以及经由打箭炉与西藏的茶叶贸易》一书，说：四川当地的茶树、种子的培育，以及种植的技术，是名山、雅安的秘密，是他们独有的技艺。因此，我们也可认为这两个地区是茶叶种植的起始之地。在名山县内，或其至在四川西部地区所生产出的最好的茶生长于蒙顶山上……茶叶被送到工厂之中加工制作成砖茶，所有茶叶都是卖往打箭炉的。

1905年，英国人哈奇森出现在雅安，他从茶树的栽培到茶叶加工，从茶叶运输到销售，进行了详细考察。他到了蒙顶山，称吴理真是"雅州茶行业的守护神"，走过荥经的"大路"和天全的"小路"，到了打箭炉，看了莲花山会等。哈奇森《供应西藏的印度砖茶：四川任务报告》，为印度茶叶入藏提供了茶树栽培及砖茶生产加工的技术依据。

1899－1904年期间，法国驻云南府名誉总领事方苏雅（奥古斯特·弗朗索

行走在泸定咱里山
道上的运茶背夫
([法]方苏雅摄，
1903年，
殷晓俊提供)

瓦），从昆明经楚雄到元谋，沿金沙江而上进入大小凉山，走进险峻难行的茶马古道，跨过泸定桥到达康定，又到了川藏交界处。他以其独特的视角，拍摄了数百张沿途见闻、彝族和藏族，以及人背马驮茶叶的照片。

1908年夏，英国皇家地理学会会员、前陆军中尉布鲁克·唐古柏来到打箭炉，连续几天站在通往折多山的路上观察，发现每天有200多头驮茶的马从康定走向遥远的西藏。他记载：雅州是一座繁荣的小镇，三面环山，是青衣江边的一颗明珠。雅州又是西藏茶叶加工的大中心，茶叶就生长在附近的山上，脚夫把它带进雅州城。在这里被烘干、揉制，然后包装在竹筐里，运到西藏市场上去。

20世纪30年代，美国人施勉志来到雅安，他在大兴仅几百人口的小乡村里，看到年过70的老人多达几十位，并惊喜地发现：雅安人使用魅力独具的天然原料烧制的荥经黑砂茶具，泡饮品质最佳的藏茶，养成不急不躁的雅趣、雅兴，形成了雅安人独特的长寿基因。他把这种已经固化为民风民俗的煮茶、泡茶、品茶、敬茶的方式提炼总结成为独具巴蜀韵味的黑砂茶艺，被雅安人称为"洋茶痴"。1939年，施勉志不经意地为远道而来的孙明经演绎这出品茶过程，孙明经用镜头记录下了这段奇妙、难得的一幕。1941年，施勉志离开雅安明德中学回到美国。据说20世纪70年代，他撒手人寰时，最后一句话竟是"How I wish I could go back to Yaan again!"（我多么希望能够再次回到雅安呀）！

第三节　川藏茶马古道及主要文化遗产

一、川藏茶马古道主要线路

四川有"天府之国"的美称，是中国茶饮文明的发源地。早在两千多年前的西汉时期，蜀郡的商人们就以茶叶与大渡河南边的牦（旄）牛夷、邛、筰等部交换牦牛、筰马等物。

川藏茶马古道在我国茶马古道网络中具有最悠久的历史，最遥远复杂的道路，最早的茶叶种植加工创始，最艰苦卓绝的人文精神，最重要独特的社会政治地位。它是中国多民族交流发展的重要桥梁，是民族团结、国家统一的纽带，是由四川通往西藏、甘肃、青海等地的重要通道。川藏茶马古道以悲壮的古道背夫，繁华的康定锅庄，以及关外的牦牛和马帮驮队等显著特点闻名于世。

以雅安蒙顶山（又名蒙山）为代表的四川西部茶叶产区，是茶马古道的源头。这不仅是川藏茶马古道的源头，同样是川陕甘青茶马古道的源头。古代蒙山的范围很宽，有"天下大蒙山"之说，地跨雅州、名山、芦山、邛崃、大邑等州县，《尚书·禹贡》有"蔡蒙旅平"的记载，还有"禹贡蒙山"的传说。

蒙顶山是我国乃至世界有文字记载最早人工植茶的地方，早在西汉甘露年间，也就是公元前53－前50年，"邑人"即当地人吴理真就在蒙山五峰之间的地方种植了8株茶树，由于雨多、雾厚、日照短，茶叶品质优良。因此后人尊奉吴理真为植茶始祖。

川藏茶马古道的主线从东往西，走向明显。

从成都出老南门，经邛崃、名山（蒙顶山）到雅安后，沿着南方丝绸之路，走"大路"，又称"官道"，经荥经翻大相岭，过黎州、宜东、泸定到打箭炉。"大路"唐代前就已贯通，明代拓宽增加驿站，是进入西藏的主要通道。这条"官道"上有一处至今保存完好的全国重点文物保护单位——荥经姜家大院，是川藏茶马古道历史上久负盛名的裕兴茶店旧址。

走"小路"，即古代称为"夔松道""碉门道""始阳道"的古道。从雅安、碉门（今天全）、紫石关（今属天全）翻马鞍山到岚安，下泸定进康定。

康定，古称打箭炉。是川藏茶马古道的咽喉要冲，茶叶入藏最重要的门户重镇。有南、中、北三条主线进入前后藏：

一是"南路"，又称"官道"，是茶商驮队主要行经之路。主线从康定、东俄洛、雅江、理塘，过巴塘、芒康、波密、林芝、墨竹工卡、德庆到拉萨。

二是"中路"。从打箭炉南门出发，经道孚、甘孜、德格、江达至昌都，又称"川藏商道"。昌都有两条路可至拉萨，分为"草地路"和"硕达洛松大道"，一路由昌都经洛隆宗、边坝、工布江达、墨竹工卡至拉萨；"草地路"由昌都经三十九族至拉萨。

三是"北路"。从打箭炉北门出发，经道孚、甘孜、德格、白玉、江达、昌都到拉萨。

到拉萨后，可继续往西行，经日喀则、济龙、亚东、聂拉木等地，通往印度、尼泊尔等南亚、西亚、西非等国家和地区。

康定出发，还有到甘孜县马尼干戈分路，往北经石渠县通往青海玉树的茶马古道。

二、茶马古道源头重镇：雅安

雅安地处四川盆地与青藏高原的过渡地带，东靠成都、西连甘孜、南界凉山、北接阿坝，是进入康巴和西藏的咽喉，有"川西咽喉""西藏门户""民族走廊"之称。由于得天独厚的地理和气候条件，这里是世界上人工种茶最早的地区，是我国最重要的茶叶种植加工、贸易基地。从唐代起，这里便被中央朝廷定为向边疆民族地区输送茶叶的重要基地。因而，在雅安与青藏高原的崇山峻岭之间，很早便兴起了一条以"茶马互市"为主要内容的商贸通道，成为四川茶马古道的源头。茶马古道是集政治、军事、经济、文化和人类文明演进于一体的重要通道，千百年来，她历经风霜雨雪，将雄奇壮美的自然风光与汉藏彝等多元的民族风情融为一体，成为西藏同胞与中华民族大家庭紧密相连的血脉和纽带。

雅安，古称雅州。曾为西康省省会。1955年，川康并省设雅安地区。2000年12月，撤地设市，成为四川省地级市。

（一）雅安的历史文化

1. 茶文化

众所周知，中国是茶的故乡，巴蜀是茶文化的发源地，雅安是巴蜀茶文化起源与发展的重要地理坐标。顾炎武《日知录》说："自秦人取蜀之后，始有茗饮之事。"其说很快成为业界共识。

汉代扬雄《方言》说："蜀西南人谓茶曰蔎。"[①]雅安位于"蜀西南"，"蔎"指茶味。

《唐国史补》："风俗贵茶，茶之名品益众。剑南有蒙顶石花，或小方，或散牙，号为第一。"唐代的蒙顶山茶区属剑南道管辖，这是最高评价，实属不易。

《四川通志》说，西汉宣帝"甘露"年间（前53－前50年），当地人吴理真在蒙山五峰之间手植八株茶树。[②]这是世界上最早对人工种茶的时间、人物、地点和事件的文字记载。

1977年，茶学家、教育家陈椽率队到蒙山实地考察后，在《茶业通史》中写道："蒙山植茶为我国最早的文字纪要。"

2. 熊猫文化

1869年，第一只大熊猫从雅安走向世界，雅安成为大熊猫的发现地。1955年以来，雅安先后送出活体大熊猫136只，第一只出国的活体大熊猫、第一只"国礼"身份出国的活体大熊猫均出自雅安。目前，雅安是全国活体大熊猫存量最多的地区。四川大熊猫栖息地核心区52%的面积在雅安，而在雅安境内的栖息地，不少就在茶马古道旁。

雅安被誉为"天府之肺""动植物基因库"，是大熊猫国家公园的关键区域，对于连通相互隔离的大熊猫栖息地，实现隔离大熊猫种群基因交流具有重要意义。

雅安大熊猫国家公园，面积5936平方公里，占全国大熊猫国家公园面积的27%，占全省大熊猫国家公园面积的31%。雅安是大熊猫国家公园中面积最大、占比最高、山系最全的市（州）。从文化渊源来看，雅安是大熊猫的科学发现地和模式标本产地，是世界大熊猫文化的发祥地。从历史渊源及保护历程来看，雅安是"国礼大熊猫之乡""明星大熊猫之乡""放归大熊猫之乡"。

3. 汉代文化

雅安是汉代文化的荟萃地，被称为"汉代文物之乡"。现有文物保护单位188处，文物保护点264个，馆藏文物近2万件/套，珍贵文物1627件/套。汉代文化遗存非常丰富，汉阙、汉碑、汉隶书、汉神兽、汉石棺、汉浮雕，件件是国宝。最有影

---

① 原文引自唐代陆羽：《茶经》。原注："扬执戟曰：蜀西南人谓茶曰蔎。"扬雄曾任执戟郎，为郎官之属，所著《方言》被誉为中国方言学史上第一部"悬之日月而不刊"的著作。

② 《四川通志·卷三十八之六·物产·雅州府·仙茶》，清雍正十一年版。

响的是汉代碑阙、雅安高颐阙、芦山樊敏阙及石刻、荥经何君阁道碑，堪称汉代遗存的精华。全国重点文物保护单位高颐阙建于209年，是我国现存最大、最完整的汉阙，全部用石料砌成，阙体共五层，对研究我国古代建筑、石刻、汉隶书艺术和地震史实等有非常重要的价值。

4. 红色文化

雅安是革命老区，1934年中央红军突围西进，开始举世闻名的二万五千里长征，经过了雅安市所辖的两区六县，先后历时近五月之久。1935年，红军强渡大渡河、翻越夹金山，建立红色苏维埃政权，宣传革命道理，发动群众，留下了光辉的足迹，也留下了丰富的红色文化遗产，是一笔宝贵的精神财富。如"安顺场强渡大渡河"的壮举、"百丈关大战"的牺牲，以及上里古镇、蒙顶山上大量的红军碑刻等。还有茶马古道飞仙关古镇兴商为民的石刻标语"反对奸商怠业闭市、高抬物价"，是流传于世为数不多的红军关于市场管理的规则。

5. 三雅文化

"雅雨""雅鱼""雅女"，并称雅安"三雅"。雅安有"雨城""天漏"之称，年下雨约200天，年降水量约2000毫米，且多日晴夜雨、如云似雾，温润的空气含有大量的负氧离子，特别适合茶树生长。雅鱼生长于环周公山延绵数十里的周公河石缝、岩壁之下，以苔藓为食，其肉细嫩，鲜美无比。用荥经砂锅烹制的"砂锅雅鱼"，是雅安传统美食。雅女因雅雨的滋润，雅鱼的美味养成，或如出浴荷花，或如带露玫瑰，不仅秀丽清纯，而且温雅良善。"三雅"，蕴含雅安的精气神，让人津津乐道，美不胜收。

（二）雅安茶马古道及主要文化遗产

雅安是茶马古道的源头，从雅安到康定主要有两条主线：

一是"大路"。从雅安出发向南，经对岩、八步、飞龙岗、荥经、篝口、凤仪翻大相岭，过清溪、泥头，翻飞越岭，过化林坪、沈村，早期从德威、摩岗岭、磨西，翻雅家埂到康定。这条路东通雅州、黎州，西通木雅藏族地区，需要翻越的三个山垭都是邛崃山脉较低的部位，大相岭垭口海拔2815米，飞越岭2830米，雅家埂3948米，比较易于翻越。中途有分路，可从沈村渡河沿河北上至杵坝，然后顺磨河沟西上，经大小盐井等地可与雅家埂合路。

康熙四十五年（1706年）泸定铁索桥建成后，改由兴隆、冷碛、泸定桥、烹坝、回马坪、冷竹关、黄草坪、大岗、头道水、柳杨进康定。磨河沟道路废弃，雅家埂道只有越西、得妥、磨西等地油米背子来往。后来又修了冷竹关经瓦斯沟、头道水至康定的新路，多在半山凿岩筑成，"高岩夹峙，一水中流，宿房铺户，半在山麓，半临水边"，现路迹犹在。

大路宽窄不一，从荥经翻大相岭、飞越岭到化林坪，虽然山势险峻，但道路宽阔，至今保存完好地段比较多，最宽处约有4米，全用红色花岗石铺成，可以并行两匹骡马。雅家埂路基也是石块铺成2－4米宽。背运的雅安、荥经所产茶叶，俗称"大路茶"。

二是"小路"。元代开通，从天全翻马鞍山到泸定岚安，下山过大渡河到烹坝、冷竹关、头道水到康定。清光绪后，改由冷竹关经瓦斯沟到康定。明代开通，从天全翻马鞍山经泸定五里沟、嘉靖河坝、过烹坝渡口，经冷竹关、瓦斯沟进康定。

"小路"路面较窄，沿途少人居住，不通行骡马。背运茶叶大多天全所产，称"小路茶"。

1. 雨城茶马古道及文化遗产

雨城区历史悠久，北郊乡沙溪村出土的新旧石器共存遗址证明，早在新石器时期以前，已有先民在此繁衍生息。雨城区是雅安市政治经济文化中心，也是交通、贸易的枢纽。其茶马古道路线四通八达，水陆交织的网络体系，主要有"四横二纵"的路线。"四横"，即洪雅、晏场、望鱼到荥经；名山、金鸡关、雨城到荥经；名山、中里到芦山飞仙关；邛崃夹关、上里到芦山；"二纵"，即从洪雅、草坝、晏场、望鱼、城区、多营到芦山飞仙关，以及青衣江水路。

境内的茶马古道文化遗产主要有：

①上里古镇。四川省"十大古镇"之一。古镇初名"罗绳"，是历史上南方丝绸之路临邛古道进入雅安的重要驿站，是唐蕃古道上的重要边茶关隘和茶马司所在地；又因场镇内有韩、杨、陈、许、张（韩家银子－钱、杨家顶子－官、陈家谷子－田、许家女子－靓、张家锭子－斗）五大家族居住在此，故俗称"五家口"。

古镇的街道均为石板铺成，建筑群的房屋为木制楼阁，错落有致，青瓦飞檐流光溢彩，木制的窗、枋、檐均以浮雕、镂空雕、镶嵌雕刻组合而成，画面栩栩如生，精美的艺术虽然被岁月侵蚀已残旧失去了光鲜色泽，然而其工艺的精湛、构图的精巧却无法掩饰，凸显着民族文化的深厚。街市主要以"井"字布局，取"井中有水"防止火患之意。居高俯览，宛如观赏一幅古老的画卷；身临其间，又有一种时光倒流回到从前的感觉，仿佛置身桃源。

观音阁（孙明经摄）　　　　　　　蒙顶五峰之间石虎守护的皇茶园（陈书谦摄）

②望鱼古镇。中国的古镇很多，各有特色，但像望鱼仍保留着原来样子的古镇却很少了。这是昔日南方丝绸之路、临邛茶马古道进出成都的重要驿站。还是著名特产"三雅"之一雅鱼的原产地。古镇建于明末清初，依山傍水，坐落在一块突兀于山腰的巨石之上，因巨石形似一只守望周公河游鱼的猫而得名。

望鱼古镇体现了中国传统的风水理念，即"枕山、环水、面屏"。望鱼老街为一字形长街，全长200多米。街道上几乎没有人，青石板路纵贯街面，路面已被岁月打磨得幽幽发光。

望鱼老街房屋的地坪有落差，有的门口还设有台阶，台阶与街面有孔洞，形成排水系统。当地雨水较多，住宅多用四合头式，又称"四水归池"式，四面屋檐相连，落雨时行人从屋檐下走过也不会淋湿。从老街朝山上走，可见山坡上一些人家的宅院，院落规模宏大，并留存有大量精美的木雕与石雕。

③全国重点文物保护单位——观音阁。始建于明洪武十七年（1384年）。天顺元年至正德九年（1475－1514年），住持僧妙能和徒圆正持钵募化重建。清康熙年间（1662－1722年），僧了悟精工维修。清末民国维修扩建。观音阁，又名月心阁。坐北向南，平面呈正方形布局，面积200平方米，为重檐歇山顶抬梁式建筑，五铺作双下昂，八架椽屋四缘伏、前后乳栿搭牵用六柱，通高12米、面阔五间22.4米，进深三间12.9米，素面台基高1.4米，台基坎嵌石碑六通。殿内一明代古井，水清澈。观音阁是雅安城区内现存唯一的明代古建筑。其建筑精工，造型优美。整个建筑不见钉铆，严谨坚实，建造工艺达到相当高水平，气势十分辉煌。历经几百年风雨，虽有垮塌、损毁，但其历史、建筑和科学价值依旧较高，是雅安市历史文化的重要标志，也是茶马古道上重要的历史建筑。

雨城区还有茶马古道相关的省级重点文物保护单位13个：明代义兴茶号遗址、清代永昌茶号遗址、清代孚和茶号遗址、民国天增公茶号遗址、清代南城门遗址、

蒙顶山甘露灵泉院石牌坊（陈书谦摄）　　　　净居庵石牌坊（陈书谦提供）

清代宋春渡遗址、清代飞龙岗古道遗址、二仙桥、高桥、平水桥、四家村字库、永定桥、清代石梯子古道遗址等。

2. 名山茶马古道及主要文化遗产

名山境内的茶马古道主要有三条主线：一条是中线，川藏茶马古道的主线由东往西穿境而过，从蒲江大塘入境，经名山区茅河乡、黑竹镇、新店镇、蒙阳镇、蒙顶山镇，过黑竹关、金鸡关到达雨城区；二是南线，从蒲江飞仙阁进入名山，沿总岗山南下，经名山区马岭镇、车岭镇、双河乡、永兴镇，到达雅安草坝水口；三是北线，从邛崃火井进入名山，沿邛崃山脉西进，经名山县中峰乡、建山乡，翻越莲花山、蒙顶山最后到达芦山郑西关和雅安上里。

名山茶马古道景观遗址首屈一指，有全国重点文物保护单位5个：

①皇茶园。坐落在蒙顶五峰之间，周围山峰形似莲花而成"风水宝地"。西汉甘露年间，当地人吴理真手植八株茶树于此。后来佛教传入中国，崇尚七级浮屠，唐宋时期出了好几个信佛的皇帝，园中的茶树也就悄然变成七株了。正面有仿木结构石门楼，高1.7米，宽2米；双扇石门，两侧石柱门枋上有"扬子江中水，蒙山顶上茶"楹联，横额书"皇茶园"三字。园后有专门守护皇茶园的石虎一尊，以显示皇茶园至高无上的地位。唐代开始在此采摘贡茶，清代成为皇室祭祀太庙用茶的专采地。

②甘露灵泉院石牌坊。全部采用当地石材建成，牌坊前有一石屏风，建造于明天启二年（1622年），屏风中间刻有麒麟浮雕，屏风背面是仿唐代袁天罡的阴阳图。牌坊为三开门布局，牌坊右门上方的双狮戏球浮雕常年为干，而左门上方的双凤朝阳浮雕和中门上方的龙凤呈祥浮雕则常年为湿，所以又称为"阴阳石牌坊"。牌坊正面横额为"西来法沫""一瓢甘露""蒙露聚龙"，字体古朴遒劲。这三幅

禹王宫（孙明经摄）　全国唯一的茶马司遗址，位于名山新店镇长春村
（陈书谦提供）

题句，融合了儒、释、道三教精髓，是蒙顶山一大瑰宝。

③净居庵石牌坊。建于明代，坐北向南，占地74.53平方米。面阔三间四柱，宽5.29米，高5.89米，五脊顶，前后抱鼓石。为仿木重檐歇山式石建筑，有花卉斗拱雕刻，脊上有鸱尾装饰。牌坊前方5.5米处有12级石台阶，保存完好；后方4.6米处有残成5级的石台阶。是明代牌坊研究的实物资料，具有科研价值。

④禹王宫。曾作为蒙山茶史博物馆陈列大厅。该建筑始建于清同治元年（1862年），四合院落布局，由正殿和两配殿、前门组成。重檐歇山顶，穿斗式梁架。正殿面阔三间13.48米，明间5.16米，次间3.66米，进深三间7.01米；前有一步廊1.2米，通高13米。红砂石素面台基，长19.6米，宽12.1米，高0.35米。是现存清代建筑艺术实物。

⑤茶马司。名山区与茶马古道相关的省级文物保护单位多达16个，特别值得关注的是目前全国唯一的茶马司遗址。

茶马司遗址位于名山新店镇长春村，现存建筑为清道光二十七年（1849年）重修，坐北向南，占地1300多平方米，建筑面积600多平方米。建筑以中轴线对称布局，柱子全部用整块石头凿成。现仅存大殿及左右厢房，保存基本完好，前殿已撤除。歇山顶穿斗式石木结构，面阔三间，长12.8米，进深12.4米。厢房与大殿相连，同样为穿斗式石木结构，两侧各有三间，长8.7米，进深3.5米。名山茶马司属成都府路统领，办理筹集边茶上缴成都府路，同时承担了名山县和百丈县"名山茶"筹措和以茶换马事务。鼎盛时期，"岁运名山茶二万驮"（每驮50千克）。茶马司建筑保存基本完好，反映清建筑艺术成就，是研究我国古代建筑难得的实物资料，特别对宋以来茶马互市、名山茶和我国"榷茶"制度的研究，具有很高的历史文化价值和科学价值。新店镇长春村至今还保留有"拴马桩""饮

姜氏古茶祖上老
宅——姜家大院
（孙明经摄）

马池"等地名。

3. 荥经茶马古道及主要文化遗产

荥经县地处雅安市中部，四川盆地西部，是连接甘孜、阿坝、凉山民族区域的重要节点和辐射攀西、康藏的桥头堡。

荥经境内的茶马古道主要有以下四条路线：

一是雅（安）荥（经）道，有雅荥旧路和雅荥新路。雅荥旧路从雅安对岩、八步，经高桥关、孙家湾、斜麻湾、施家沟、五显岗、马塘上、谭家沟、新添站、平政桥、庙岗岩，再经章公渡入荥经县城；雅荥新路是清光绪三十二年（1906年）县令恒芳所辟，较旧路近十余里，从雅安对岩、八步翻麂子岗，经斑竹湾、郭家坝、麻柳场、何家沟、双土地、擦耳岩、两河口、甘沟子、大拐上、水打坝、红岩头、城南门渡口入荥经县城。

二是荥（经）汉（源）道。由西关土地桥、马蹄石、老君坡，高粱湾、同兴桥、鹿角坝、水池堡、磨刀溪、鹿背顶、班竹林，再经壁山庙、永福桥、石佛寺、箐口站、大通桥、连花石，过栖息堡、臭屎岗、安乐坝、巴房湾、周家湾达界牌，与清溪县交界。此段也称邛笮古道。雅荥道、荥汉道都是川藏茶马古道"大路"的重要组成部分。

三是洪（雅）荥（经）道。从洪雅出发，西行经上戌街、天官场，过柳江入雅安境，经两河口、宴场、大河场、望鱼、平溪，越羊子岭进入荥经境，过响水滩、两河口、大拐上入南门到荥经，全程约100公里，汇入川藏茶马古道"大路"去汉源、康定。

四是荥（经）天（全）道。从荥经大田坝、庙岗岩、新添站、马塘上、罗村坝、板桥溪至罗家坝（或由大田坝沿河直下，经道底坝、陈家湾、石家街、槐子坝至罗家坝）入天全境，再经斜口、新场、始阳，越梅子岭到天全县城，全程约50公里。

荣经县的很多茶马古道遗址、驿站已经维修一新，成为招徕游客的著名景点。其中有3个全国重点文物保护单位，尤其值得重视：

①姜氏古茶的祖上老宅姜家大院，是清代公兴茶号旧址，位于荣经县严道镇民主路187号。四合院中间的天井，是加工、晒茶的晒坝，天井四周房屋依次是蹓茶、渥堆、炕茶、拣茶、编包（包装）等工艺的加工场地。另外，还有专门堆放茶叶成品的仓库。

②何君阁道摩崖题记。这是一个距今1900多年的国宝级摩崖石刻，隐身千年后，于2004年3月在荣经县烈士乡108国道路基下荥河北岸的岩壁上被发现，神奇地重见天日。

宋代大学士洪适《隶释》收录了258种珍贵的汉代碑帖拓片，高度评价何君阁道碑："字法方劲，古意有余，如瞻冠章甫而衣缝掖者，使人起敬不暇。"这是古籍中最早有关何君阁道碑的记载。但历代研究者只闻其名，未见实物，失踪千年仅存拓片的其实是摩崖石刻。

何君阁道摩崖题记，又名尊楗阁摩崖题记。整体镌刻在高约350厘米，宽约150厘米的一块向外倾斜、近乎直角的页岩自然断面上。其上有岩石呈伞状向前伸出约2米，形如屋顶，有效地保护石刻免遭日晒雨淋。题记呈正方形，边长约80厘米，全文52字，排列7行，四周随字体变化凿陈。每行7－9字不等。字迹清晰完

何君阁道摩崖题记（荣经县提供）

重修大相岭路桥碑记（陈书谦摄）

整，最大字径宽9厘米，高约13厘米。书法风格极具早期汉隶的典型特征，古朴率直，变圆为方，削繁就简，洒脱大度，反映了由篆及隶的演变过程。全文52字，云："蜀郡太守平陵何君，遣椽临邛舒鲔将徒治道，造尊楗阁，袤五十五丈，用功千一百九十八日。建武中元二年六月就，道史任云陈春主。"

此摩崖题记还为唐宋以来南方丝绸之路荥经段的走向提供了新证据，说明司马相如开通的西夷道荥经段是从花滩经泗坪往三合到大矿山或者宜东再去泸定；而不是长期以来认为是从花滩经凤仪堡翻大相岭到清溪、宜东再去泸定的，并证明这条古道至少东汉时还在维修使用。

③清代重修大相岭桥路碑。该碑坐西北向东南，碑身高2.82米，宽0.97米，厚0.09米。碑额上方书"重修大相岭桥路碑记"9字，篆书体，每字12厘米×6厘米，呈三排竖立分布于碑额正中。正文是隶书，共396字，每字5厘米见方。碑镶嵌于巨石中，碑文字迹非常清晰，落款："光绪丙午秋九月督蜀使者巴岳特锡良篆并书。"该碑是研究雅安地区茶马互市非常难得的珍贵资料，具有较高的文物价值。

荥经县茶马古道相关的四川省重点文物保护单位有14个，尤以新添站值得一提。新添站，又称新添古镇，是川藏茶马古道"大路"上连接雅安和荥经的一个重要驿站，也是目前保存最为完好的古驿站，由驿站和驿道两部分组成，驿站古街长近1公里，驿站位于场街中部，坐东向西，占地面积约391平方米，四合院布局，由门厅、正厅及两厢房组成。该驿站始建于清代。古驿站门前现存古驿道，原为青石板铺就，宽3-4米，残长300米有余，现因新农村建设被改造为水泥路面。该驿道较为详实地反映了雅州边茶进出康巴地区的其中一条重要通道，为研究清代地方交通商业运输体系提供了较高文物历史价值的实物。

4. 汉源茶马古道及主要文化遗产

汉源位于大渡河中游，雅安市西南。公元前316年秦灭蜀，归蜀郡管辖。

汉源茶马古道主要有三条线路：

一是川藏茶马古道的"大路""官道"。北端从大相岭草鞋坪至清溪古城与南方丝绸之路重合，从清溪古城分路，出西门经猛虎岗、冷饭沟、四垭口，到富庄老场汇入大路，经宜东古镇，到三交翻飞越岭垭口进入泸定县境，全程200华里左右。清廷曾拨朝银修路，每5至10里有驿站，供背夫休息住宿，较"小路"好走。所以当年果亲王、戴季陶等官贵进藏也走此道，老百姓称其为

"官道"。

二是零关道，不同时期又称西夷道、清溪关道、建昌道，是"蜀身毒道"的重要组成部分，后来被称为南方丝绸之路，也是沟通四川与云南的重要交通线。主道由北往南，从牦牛县（古黎州）经汉源街（九襄）、富林、大树、河南、越西到邛都去云南。途中从冕宁分路往西，经硕督进入木雅草原，或往南到达定筰藏族地区（今凉山木里）。这是打箭炉开市贸易之前，雅州茶叶进入康巴藏族地区早期的通道。《冕宁县志》载："三垭古道，唐代是吐蕃与巂州（今四川西昌市东南）中间通道，元、明、清为连接明正土司辖区（今甘孜州）的马道……自泸沽经冕宁、大桥、苏州坝、燕麦地，越牦牛山至九龙县的三垭，长100公里。"笔者在九龙沿雅砻江考察时，看到古人悬崖开凿的进藏古道蔚为壮观。可惜当地人认为是川滇茶马古道，其实从茶叶产地和运销历史来看，应当是早期川藏茶马古道的一条重要路线。

三是清嘉道，从嘉州经峨眉、峨边、金口河，翻蓑衣岭、皇木、马烈、富林到汉源街，主要运输盐、腊虫等生活用品，因此有盐道之称。

汉源街，即今九襄镇，是茶马古道生活物资的重要集散地。从清嘉道运来的盐、布，从西昌运来的黄烟等生活物资都要在这里中转运往康定，有"搬不完的汉源街，塞不满的打箭炉"之说。看汉源街地名，如米仓巷、油房巷、火炮巷、轿房巷等，其繁华可见一斑。

① 清溪古城。全国重点文物保护单位，地处邛崃山脉南端的大相岭山脉西南台地，海拔1665米，是一座有1400多年历史的县城，是长达900多年州治所在地。至今古貌依稀，古风犹存，南北走向的清溪古驿道穿城而过，老街建筑大多左右对称，各具特色，还有多家保存完好的四合院，在雕梁画栋中呈现出昔日的辉煌。仅存的北城门宽10米，高9米，布满青蔓草藤，无不显示着它的古老和巍然。城内保存着大量古建筑，有"建昌道上小潼关"之称。古城是武周大足元年（701年）复置黎州的治所，辖大渡河两岸三县11城，领55羁縻州，是剑南西南部的边防要地。明洪武改为黎州长官司，又升安抚司；万历时降为千户所。清初改为黎大所，雍正八年（1730年）改置清溪县。

古城中心有清溪文庙，始建于清嘉庆四年（1799年），同治九年（1870年）重建。占地5000多平方米，呈南北轴线布局。以大成殿为中心，前面是丹墀及戟门、乡贤、忠义、官宦、节孝5个祀祠。大成殿两廊左为先贤祠，右为先儒祠，钟楼鼓

楼分列左右。文庙红墙环绕，古树参天，是著名旅游景点之一。

②羊圈门古道遗址。在清溪古镇往北的大相岭山腰，是省级重点文物保护单位。古道南北走向，史称"邛笮古道""建昌道"。南连王建城街尾，北接草鞋坪，全长2000米。光滑石块上还有很多背夫留下的拐子窝，大站口鸡茅店的断壁颓垣尚存。路面为碎石土面，间有红花岩石块铺垫，平均宽3米。

③二十四道拐古道遗址。南北走向，南连羊角门，北接草鞋坪，全长1500米，平均宽3米。这是牦牛古道最险要的一段。由于险峻难行，汉益州刺史王阳至九折坂回车、王尊至二十四盘而叱驭的历史故事就发生在这里。道路多由乱石和石板铺成，内侧有排水沟，古道保存较好。

④宜东古镇。宜东，古名泥头场、泥头驿。位于雅安和康定之间的中间地带，汉源与泸定交界的飞越岭东麓山下。由于其特殊的地理位置，曾先后置飞越县、泥头分县。当年的川西节度使王健为节制沈、冷土司，筑三交城，设驿于此。这里是川藏茶马古道上的重要驿站，也是茶叶、食盐、粮食等重要生活必需品和西藏的皮货、药材等土特产的主要商品的集散转运地。当年雅州义兴、天兴、孚和等大茶号都在此设立中转站。宜东孚和号茶店坐西向东，占地面积约600平方米，已有150年历史，正房和原有的大院保存较为完好，对承传近代民居文化，探究古代建筑艺术、雕刻技艺，研究茶马古道茶号发展等具有重大历史价值。

位于天罡村委会西100米的护国大石桥，是省级重点文物保护单位。单孔拱券式石桥，东西横跨于大沟之上，连接茶马古道。桥面由板石砌成，整桥长

天全始阳边茶官库遗址　　　　雅安往西第一关——飞仙关（陈书谦摄）
（陈书谦提供）

7.5米，宽6.3米，跨度15米，拱高8米；四个瑞兽由长1.2米，宽0.8米，厚0.5米的青条石雕成。桥两边有长7米、高1.2米的条石护栏，护栏两侧有一对龙头雕刻。桥下龙头结石处刻有"永存万古"4字，石拱桥下面的古河道石板台阶依稀可见。此桥对于研究茶马古道路变迁，把握地方经济的发展、迁移都有重要历史价值。

　　宜东往西到泸定的川藏"大路"上，还有茶马古道飞越岭段，是四川省重点文物保护单位。

　　5. 天全茶马古道及主要文化遗产

　　《天全州志》说天全是"巴蜀屏障，南诏咽喉""三十六番出入朝贡必经之地"。这里的茶马古道主要有两条路线：一是元代天全人开通的，从天全往西，经禁门关、甘溪坡、紫石关、南坝子翻马鞍山到水獭坪，至两路口转长河坝翻马鞍山，经昂州（鱼通）下泸定桥再到打箭炉；二是明代开通，从天全两路口分路过草鞋坪、五里沟，到泸定去打箭炉的古道；翻马鞍山经泸定五里沟、嘉靖河坝、过烹坝渡口，经冷竹关、瓦斯沟进康定。

　　天全县有两处全国重点文物保护单位等茶马古道文化遗产：

　　① 唐代甘溪坡茶马古道驿站遗址。这是当年背夫们背茶包子到西藏的必经之路。该古道现有27户农家住户，房屋还保留有清末建筑风格，古道上背夫们当年背茶包歇脚时用拐子杵下的拐子窝仍清晰可见，还有当年照亮背夫行走夜路的灯杆窝子。至今，尚有健在的背夫，背夫们家中保留着当年用过的背夹子、拐子、油灯、草鞋耙等工具，以及当年开茶馆、旅馆遗留下的古老桌椅，还有一棵距今有一千多年历史的香樟树。

　　②边茶官库。位于天全县始阳镇新中村六组老街边20米，距始阳粮站前门80

甘溪坡茶马古道驿站街道
（陈书谦提供）

背夫使用的拐子、背架子、草鞋、棕垫
（陈书谦提供）

值得保护的老君溪
茶马古道指路碑
（陈书谦摄）

米，是川藏线必经之路。总建筑坐东向西，占地约1500平方米，由茶商高炳举始建于清康熙年间。高家清朝前期经营茶叶生意，有长丰店、恒顺店、泰顺店、清顺店等名号，历经几代，由于经营不善，家道中落被朝廷收购，成为官方茶仓。建筑群正房5栋、厢房5栋、天井5口、院坝一处。四周由青砖围砌成防火墙，组成四合院。前厅、中厅面阔27米，正厅面阔21米，进深分别为10米、9.8米和12米；两侧为厢房，均为木结构穿斗式身架悬山顶，小青瓦盖面。整体建在0.4米高的台基上，青石铺地。该建筑现只存梁柱，从整体结构来看，气势恢宏，结构完整。

6. 芦山茶马古道及主要文化遗产

芦山产茶历史悠久，境内漏阁山、罗纯山、芦山岗是"天下大蒙山"产区范围，唐代就有著名茶叶交易集市，今芦山县城往南十里有"新安铺"，当年的新安茶市规模很大。

这里有两处全国重点文物保护单位等茶马古道文化遗产：

①明代飞仙关南界牌坊及古道遗迹。地处雅安、芦山、天全三地交界的飞仙关，被誉为川藏线"第一咽喉"，是西出成都通往西藏的茶马古道第一关，"川藏文化走廊""南方丝绸之路"的重要节点。飞仙关距芦山县城18公里，宋代曾在这里设守御司。现存城门和南界牌坊，坐北朝南，建筑面积79平方米，占地面积140平方米，始建于明万历十六年。南界牌坊建于明万历十六年，为两柱一开间界牌，

高2.4米，宽2.9米，柱前后施夹杆石支撑，牌坊现存两道横坊，其间镶石板，两面均题刻"芦山县南界"。

飞仙关上关有老君溪茶马古道指路碑，建于清咸丰四年，碑顶刻三个大字"老君溪"，上刻"右走芦山四十里，灵关一百里""左走始阳二十里，天全四十里"。

②宋代马鞍腰古道及石刻。位于芦阳镇黎明村水库北侧500米山路边一长约5.2米，宽2.60米，高3米的天然巨石上。石刻分上下两部分，上面刻有"千禧元年九月十五日□□佃户到□重修，张实史谦记"，雕刻尺寸为90厘米×50厘米；下刻"庆元元年……崇宁元年三月廿五日重修记"，雕刻尺寸为80厘米×74厘米，是芦山连接雅安上里的茶马古道。

雅安市宝兴县、石棉县还有茶马古道省级重点文物保护单位宝天古道曹家村段遗址、长偏桥栈道遗址、穆坪土司衙署遗址、杨家大院、灵关观音寺、扎角坝碉楼、蟹螺堡子、猛种堡子、木耳堡子等9处，是川藏茶马古道上珍贵的文化遗产。

三、茶马古道门户重镇：康定

康定是一座享誉世界的历史文化名城，具有悠久灿烂的历史文化，是川藏咽喉、汉藏交汇中心、茶马古道门户重镇。自古以来就是康巴藏族地区政治、经济、文化、商贸、信息中心和交通枢纽，是以藏族为主，汉、回、彝、羌等多民族聚居的城市。

康定的藏语为"打折多"，意为打曲（雅拉河）、折曲（折多河）两河交汇之处。古为羌地，三国蜀汉时译为"打箭炉"，简称炉城。汉隶沈黎郡，隋为嘉良地，唐时东北部为中川、会野等羁縻州，属雅州。元置宣抚司，宋明继之，崇祯十二年（1639年），固始汗在木雅设置营官。清康熙三十五年（1696年），康熙皇帝批准打箭炉开市贸易，并饬雅属五州具茶商"行打箭炉，蕃人市茶贸易"。清康熙四十一年（1702年）在打箭炉设立茶关，"黎、雅、名、天、邛等地的茶叶尽皆入炉"，成为茶马互市集散中心，由此再运销前后藏，乃至不丹、尼泊尔等地。据不完全统计，清雍正朝，行销康定的边茶达十万零四千多引，到清末达到十一万引，在全国边茶行销中名列第一。康定成为川茶输藏的集散地和川藏茶马古道的门户，具有举足轻重的地位和无可替代的作用。

（一）康定锅庄与茶马古道

1. 康定锅庄

康定锅庄，起初是明正土司下属土千户、土百户到康定谒见土司时住宿的地方或办事处。清初康定建埠，特别是汉藏"茶马互市"西移以后，康定逐步成为商品集散交易中心。随着时代发展和土司没落，其后人利用各自的院落、房舍，为来往客商提供食宿、圈养牲畜、堆存货物等。藏商到康定后，因语言不通，需要锅庄主介绍和帮助筹划。汉商要购销商品，也需要锅庄主代为洽谈，充做中介。锅庄主利用精通汉藏语言、了解商业信息，以及熟悉各方面关系等有利条件，在汉藏商之间起协助、中介作用，并按成交额约定俗成地获取4%的佣金，或者相应的生活物资，用以生存发展。锅庄接待的藏商资本越大，锅庄主人的收入越多，并可受到汉商的俯就和拉拢。藏商的食宿、马匹草料等，都由锅庄承担。锅庄主代藏商收付贷款、交纳税金、包装、交运货物等。藏商每次到康定都住在熟悉的锅庄，一般不另迁别家。

锅庄主和常来常往的汉藏商人友好往来，成为经营伙伴，有的还结为姻亲。如荣经"裕兴茶号"姜家就与木家锅庄联姻，传为佳话，至今两家后人还在为锅庄文化的弘扬发展共同努力。

康定锅庄是川藏茶马古道上民族贸易的代表符号，是康定独有的集食宿、中介、翻译、信用担保、圈养牲畜、货物包装发运等各种服务为一体的独特的商业运营主体。康定锅庄在汉藏客商之间起着极为重要的桥梁和经纪人作用，对促进康藏地区商业贸易的繁荣和发展，形成汉藏民族为主体的多民族经济共同繁荣、文化交流交融发挥了积极作用。

2. 消失的缝茶业

缝茶业是明末清初康定成为茶马贸易中心和茶叶集散地的特殊产物，是川藏公路通车以前享誉康巴的一个独特行业，如今70岁以下的人已经不知道这个行业了。

销往西藏的茶叶，雅安使用长条形竹篾包生产包装，每条18或20斤，全部山背夫背到康定，在康定互市交易后，再运往前后藏或康巴牧区。高寒缺氧，路途遥远，牦牛或马帮驮队需要长达数月的跋山涉水、颠簸行走，坚固耐磨、不怕风吹雨打的牛皮包装应运而生。

牛皮包主要有"花包""满包"两种，"花包"一般用于运到距康定较近的炉霍、道孚、雅江等地；"满包"则用于运到甘孜、石渠、德格、巴塘、玉树乃至西

甘孜州博物馆再现消失的缝茶业
（陈书谦摄）

康定囤积边茶的堆栈（锅庄），囤茶如山以供康藏人
购买（网络图）

藏等更远的地方。

缝"花包"时，要将竹篾条包的茶叶拦腰割断对叠起来，每包装三条茶，两头各裹以成块湿牛皮，然后用事先割好的牛皮线牵拉缝合而成；缝"满包"时，要将竹篾条包的茶叶去除两头的茶盖，拦腰割断对叠，每包也装三条茶，用湿牛皮全部包裹缝合。不论"花包""满包"，两端皆要用三寸长的木签从两头插入，以便穿绳驮运。湿牛皮自然干燥紧缩，就非常结实耐磨。再在上面写上藏商的印记或者房号，涂以颜色，以便识别。每个牛皮包重56或60斤，牦牛或骡马一驮两包，重量恰到好处。当然还有一些因特定需要缝制的特殊牛皮包。

藏商从牧区带来的牛皮一般是干的，缝茶包要用湿的，干牛皮经过一周左右的浸泡，湿润柔软才能使用。于是又产生了专门浸泡牛皮的"皮塘"。康定城最多的时候有20多家"皮塘"，临近新中国成立时也还有10多家。

康定城缝茶工最多的时候时达到120多人，都生活在社会最底层，一个缝茶工每天要缝五驮茶叶才能挣到半个藏洋。

由于缝茶工材料计算精确，缝制手艺出众，不论在什么地方，只要一提起康定的"甲朱娃"（缝茶工），没有一个茶商不伸大拇指的。20世纪50年代，十八军进军西藏，康定的"甲朱娃"成了部队后勤的生力军，不少进藏物资都通过他们的手缝制成包，成驮运送进西藏，为和平解放西藏贡献了力量。

随着318国道贯通，遍布康巴和前后藏的公路网络建成通车，茶叶不再需要人背马（牦牛）驮，缝茶业也完成使命，悄然退出了历史舞台。

康定北关外茶包待运
（孙明经摄，1939 年）

（二）康定茶马古道及主要文化遗产

经历清朝几次战事之后，打箭炉（康定）战略地位优势突显，逐渐成为康巴地区政治、经济、文化中心和军事要塞，川藏"官道"交通要冲。清朝中叶绘制的《西藏全图》题记说："由炉出口赴藏，有北、中、南三路。北道出北关，由草地直达前后藏，最为捷径，但沿途概是草坝，五六站无居民者甚多，行人均应自备帐蓬，以免露宿。由中道出南关，偏北赴察木多，皆番商茶路，途中亦系草坝，民房稀少与北道同。南道由里、巴……拉各台行走，驻藏大臣暨官兵驰驿所经，因南路居民稠密，易于催办夫马，然所经山路过多，道途迂折，其难行耳。"①

先说南路，康熙五十七年（1718年）开通，次年完成沿途粮台、塘铺设立，供驻藏官兵和输藏粮饷来往使用，所以又称"官道"，也是茶商驮队主要行经之路。从打箭炉出发，经折多塘、安良坝至东俄洛，翻高尔寺山到卧龙石，经雅江中渡过江至麻格宗、波浪工，翻剪子弯山，过咱马拉洞、火竹卡到达理塘，共设10个驿站。然后从

---

① 阿音娜：《舆图中的川藏交通——解读清末彩绘地图〈西藏全图〉》，《中国西藏》2023年第1期。

康定改装茶包
（孙明经摄，1939 年）

巴塘过金沙江进入西藏地界。《西藏全图》所绘图路线更加详细具体。

二是北路，距离最近。从打箭炉北门出发，经霍耳、竹窝、甘孜、瞻对、德格、白玉，到巴塘过金沙江进入西藏。

三是中路。从打箭炉南门出发，经道孚、甘孜、德格、江达至昌都，又称"川藏商道"。

北路、中路到甘孜县后，可从马尼干戈分路往北，经石渠到青海玉树。

1. 康定市茶马古道主要文化遗产

①跑马山。位于康定市炉城镇东南山上，藏语"拉姆则"，仙女山之意，是藏族著名神山之一。山顶有高山湖泊五色海，又名五色海子山。"跑马溜溜的山上，一朵溜溜的云哟……"世界"情歌之王"为康定扬名，也唱红了跑马山。

由城内登山，山似无脊，谐音南无脊山。建有跑马山公园，当地每年农历四月初八都要在这里举行隆重盛大的"四月八"转山会，并进行赛马活动。

相传清代明正土司曾到拉姆则打猎，夜宿一山洞。夜半时分，被一阵悠扬的鼓乐之声惊醒。睁眼一看，有五位美丽的仙女自五色海里出来，随着动听的音乐在草地上翩翩起舞。从此以后，明正土司每年藏历五月十三日，便率众人至山腰台地，诵经、熏烟、祭祀山神和仙女，然后举行赛马，跑马山由此得名。

②新都桥。古名东俄洛，藏语"然昂卡"，汉译"五羊镇"。位于康定城出关第一山的折多山脚，是茶马古道康藏南路、北路、中路去西藏、青海等地的分岔路口，东连康定、北往甘孜、西去雅江、南通九龙、冕宁，是四川盆地、大小凉山进入木雅草原的第一站。而今地处318国道到317国道的分岔路口，是令人神往的"摄影天堂"，一片如诗如画的世外桃源。典型的藏族村落依山傍水，浅浅的高原河流蜿蜒流淌。一棵棵挺拔的白杨，一群群牦牛和山羊，点缀在新都桥田园牧歌式的图画中。远处的山脊，舒缓地在天幕上划出一道道优美的弧线。神奇的光线，无垠的草原，山峦连绵起伏，藏寨散落其间，牛羊安详地吃草……川西高原风光美丽地绽放。

2. 泸定县茶马古道及主要文化遗产

位于康巴东大门的泸定，地处青藏高原和四川盆地的过渡地带。商周时期，大渡河以西为牦牛夷部族，从木雅草原到大渡河边的古道叫牦牛古道，牦牛王曾率兵渡河入蜀，再至商郊牧野"助武王伐纣"（《史记·牧誓》）；大渡河以东，即筰都夷，筰侯之国又名筰都（今泸定县兴隆镇沈村）。往东由邛筰古道经清溪、严道、汉嘉、临邛至蜀郡成都。

唐代从宜东翻飞越岭过化林营到沈村，渡大渡河过摩岗岭经磨西、喇嘛寺，翻雅加埂到木雅草原的茶马古道，又被称为"西夷古道"。

进入泸定的茶马古道从"大路"翻飞越岭后，经兴隆、沈村、德威、摩岗岭、磨西翻雅加埂到康定。当时沈村是贸易中心，派兵打仗也走这条路。泸定铁索桥建成后，改为从兴隆、冷碛、泸定桥、烹坝、回马坪、冷竹关、黄草坪、大岗、头道水、柳杨到康定。

"小路"是从天全经岚安、马鞍山过大渡河，到打箭炉。

茶马古道主要文化遗产有：

①泸定桥。位于川西泸定县城的大渡河上，清康熙四十四年（1705年）经皇帝御批并拨皇银修建，建成以后成为川藏交通的要冲。桥头立有御碑，康熙皇帝御笔亲书"泸定桥"三个大字。有横批，正念为"一统河山"，倒念为"山河统一"。该桥对连接川藏、国家统一具有重要意义。清雍正六年（1728年），泸定桥巡检司规定进打箭炉茶包，一律要通过桥关验"引"（运茶的运单）放行，成为"大

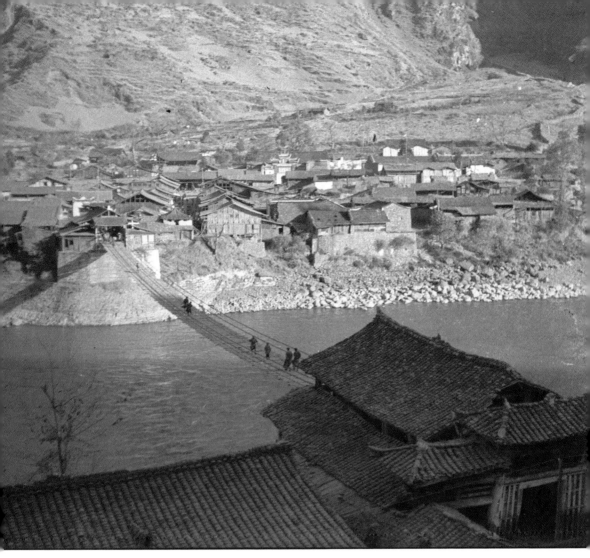

泸定桥（孙明经摄，1939年）

路""小路"茶叶背夫的必经之地。

泸定桥是川藏交通和军事要津。1935年5月29日，中国工农红军长征途经这里，以22位勇士为先导的突击队，冒着敌人的枪林弹雨，在铁索桥上匍匐前进，一举消灭桥头守卫，"飞夺泸定桥"成为经典战例，泸定也成为长征历史纪念地。1961年，泸定桥经国务院公布为第一批全国重点文物保护单位。

②化林坪茶马古道。化林坪是从宜东翻飞越岭到泸定茶马古道"大路""官道"的必经之地，被朝廷视为川康重镇，派兵驻守。据乾隆《雅州府志·卷之十》，雍正八年（1730年）将化林协改为营，留兵300名，因此有"化林营"之称。随着人口增加，商贾云集，化林坪日益繁荣。当年果亲王奉差前往泰宁，往返

皆宿化林。雍正十三年（1735年）二月初八日，果亲王回京从泸定抵化林，在都司署内即兴挥毫写下了《七绝·泰宁城到化林营》曰：

泰宁城到化林营，峻岭临江鸟道行。

天限华羌开此地，塞垣宜建最高坪。

③岚安古镇。古称罗岩、岩州、昂州，位于泸定县城以北27公里，濒临大渡河海拔2400米的高山盆地，地形非常独特，四面环山，周围山峦起伏，环抱一片小平川。古罗岩时期土著民为羌人，西夏文化与羌人习俗在岚安繁衍生息，直至明朝雅州府在此设置茶马互市场所，使这里一度繁荣兴盛，汉、藏文化、羌人文化及西夏文化在这里结合，形成独具魅力的民风民俗和民族文化。有很多极具考古、科研、探秘价值的文物古迹，如四呷坝汉唐遗址、呷北汉遗址、古茶店遗址、宋代石棺墓葬群、五佛摩崖造像，还有将军古庙、嘉庆古钟、四角碉楼、明代筒瓦引灌、唐蕃茶道、穹隆高碉、佛经印板等。

岚安古镇是川藏茶马古道"小路"的重要枢纽，从天全方向翻山过来，经干海子、观音殿到达岚安。然后分路一条翻玛呷梁子（星巴五普方向）经喇嘛坟去鱼通、丹巴和金川方向；另一条从岚安下到山脚，经烹坝渡口坐小船或皮筏子过大渡河，去往康定方向。直到泸定桥修通以后，这段茶马古道和岚安古镇才没落的。

岚安是古羌人独特文化——贵琼文化的发源地。在大渡河流域的岚安、金汤、姑咱、鱼通、孔玉等地，生活着约7000贵琼人，他们的语言、服饰既有自身特色，又有与羌族、嘉绒、汉族相互交融的地方，体现了大渡河流域民族走廊的地域特色。

位于岚安古镇将军庙戏楼上有两幅清代哪吒壁画，是迄今为止四川地区发现的唯一现存古代哪吒壁画。每年农历九月十一至十六日，当地都要举行祭祀当地保护神银甲将军和白马大王的打道场活动，这为岚安古镇增添了一分世外桃源的色彩。这里有五色山系的田海子雪山、白海子雪山、蛇海子雪山及笔架山，山下便是四川最大、最长、最狂野的超级大峡谷——大渡河峡谷精华段，堪称绝佳的雪山观景平台。

3. 甘孜县茶马古道及主要文化遗产

甘孜藏语意为洁白美丽的地方，有1300多年的建制历史。是川藏线北路、中路的枢纽，茶马古道自东边炉霍县入境，往西经马尼干戈翻雀儿山到德格县城；在马尼干戈分路往北，经石渠县可达青海玉树、西宁，走上唐蕃古道；南边与新龙县、白玉县交界。东北有著名的藏传佛教寺院东古寺，西边是绒坝岔雅砻河谷，西北扎科乡有康区苯波教祖寺之称的丁青寺，北上是达通玛大草原。幅员辽阔，四通八达。

主要茶马古道文化遗产有：

①甲恩茶。另一藏语发音"甲尼"，是甘孜县独具特色的茶饮习俗，城乡极为普遍。甲恩茶饮用习俗起源很早，传说茶叶没有传入西藏之前，当地人是利用野生植物"俄色"树的叶子熬煮饮用的。茶叶传入西藏后，很快取代俄色叶成为牧民、寺庙必备的珍贵饮品。由于供应不足，人们千方百计物尽其用。经过反复探索，当地人在熬煮茶汤时加入适量"毕朵"（土碱，又称白泥巴），继续熬煮至水汽将干，促使茶汁熬出附在茶叶表面，看到茶色乌黑后，倒出晒干保存。饮用时只需把水烧开，放入一勺甲恩茶，茶汁很快析出，一壶色香味俱佳的清茶就摆在面前了。把茶汤倒入专制的茶桶，加入酥油、盐、牛奶或奶粉，上下反复搅拌，就成为香喷喷的甲恩酥油茶，不仅色香俱足，还有御寒、耐饿、提神之功效。

甲恩茶解决高原缺氧、烧水沸点低、茶汁析出慢等问题，且携带、存储、饮用非常方便。其制作方法、成品形态、饮用方式，呈现出近现代"茶膏"产品的萌芽和初级阶段。

从甘孜往西茶马古道边的白玉县河坡乡，至今保留一种藏语发音"撸甲"的茶饮习俗，意为"捣碎的茶"。笔者目睹藏民演示，先把几大块雅安茶叶打成茶末存放，饮用时只需把水烧开，放入一勺"撸甲"，很快就成了一壶清茶。这种典型的"吃茶"方法，与《茶经·茶之饮》"乃舂，贮于瓶缶之中，以汤沃之"如出一辙，可以说是唐代茶饮的活化石。

②绒坝岔走马节。当地一年一度的大型民俗活动，历史久远，底蕴深厚，群众文化形式多样，走马活动颇具特色，甘孜县由此享有"中国藏区走马之乡"的美誉。

身着康巴服饰的牧民带着近千匹骏马奔驰蓝天下，小走、大跑、马上射击、马上竞技、马术表演等传统走马活动，让人领略万马奔腾的磅礴气势，品味走马活动的别样风情。小伙子舞动黄色的长袖，姑娘舞开洁白的哈达，绚丽的服装与飘逸的流动色彩，让人沉醉。同时举办的大型走马交易会，"茶马互市"盛况仿佛回到眼前。相传当地马匹是格萨尔战马流传下来的优良品种，为当年茶马互市主要马源之一。享誉藏族地区的金甘孜艺术团表演"甘孜踢踏"，刚柔并济、古朴自然；集锅庄、弦子、踢踏精华为一体的"格达弦子"，充分展示甘孜县独特的藏家风情和深厚文化。

四、茶马古道枢纽重镇：昌都

昌都，是藏语，意为"水汇合处"。昌都是西藏的东大门，地处西藏、四川、云南、青海交界的咽喉部位，三河一江（昂曲、扎曲、色曲，澜沧江）在这里汇合。昌都古称"康"，或"客木"。昌都卡若遗址和昌都小恩达遗址表明，昌都历史可追溯至四五千年前的新石器时代。它不仅是卫藏与川滇地区古代先民迁移流动的通道，也是川、滇、藏三地古代文明交流传播的重要孔道。

昌都是茶马古道的枢纽重镇，川藏道、滇藏道横贯全境，是川藏公路、滇藏公路的必经之地。以昌都为中心，"东走四川，南达云南，西通西藏，北通青海"，历来是商贸往来的中心，素有"藏东明珠"的美誉。

昌都茶马古道主要文化遗产有：

1. 享誉国际的爱国商号——邦达昌

邦达昌是20世纪上半叶从昌都芒康走向西藏乃至国内外的著名商号，特别是在抗日战争时期，邦达昌以其骡马商队开辟陆地国际运输线，有力地支援了大后方，功绩卓越，成为美谈。为发展西藏民族商业，维护国家安全做出了不可磨灭的贡献。

邦达昌的经营范围很广，主要从事茶叶、食盐、粮油、副食品、畜产品、中药材，西药、日用工业品的批发经营。主要商品牌子有仁增多吉（仁真杜吉）、扎门拉、森格湟玛、落布门巴等。

邦达昌从四川雅安、康定、云南丽江等地采购砖茶、金尖茶、紧茶进藏。据不完全统计，平均每年购入砖茶3.6万条，金尖茶5.1万条，紧茶0.9万包；从云南购进碗糖、木器、锅、壶、盆等用具，火腿、腊肉等食品；以及从印度购进布匹、毛织品、香烟、红白糖、糖果等日用百货6000余驮；从昌都、藏北等地收购羊毛、食盐、硼砂、牦牛尾、猪鬃、皮张、麝香、熊胆、豹骨、虫草、贝母、胡黄莲和其他药材14万多公斤，通过亚东口岸，在国内外西藏销售，成为享誉国内外的著名商号。

邦达昌以商抗日的业绩最为突出。日本入侵中国实行战略封锁，切断海路运输线，致使大西南商品、物资非常匮乏。邦达昌策划开辟了印度经西藏直通川、滇，完全依靠骡马运输的陆路运输国际交通线。从印度购进大批商品，如棉纱、染料、药品（材）、皮革、毛料、布匹、香烟，以及西藏的麝香、虫草、克什米尔红花和贝母等，以拉萨为转发中心，先后在玉树、昌都、芒康、甘孜、巴塘、义敦、理塘、雅安、成都、重庆、昆明、丽江、中甸等地，设立固定和流动商号及转动站，转运至成都、昆明等地。邦达昌自备骡马2000余头，翻越雀儿山、二郎山等大山，千里迢迢、忍饥受饿，克服种种艰难险阻，先后支援抗战物资1.5亿美元。

1942年，邦达昌在康定成立"康藏贸易股份有限公司"。同年7月，在理塘设邦达昌临时总号，动员大中小藏商不惜一切代价支援西南大后方。在邦达昌兄弟鼓动下，商人们纷纷前往拉萨或噶伦堡办货，分别送至康定、丽江等地。回程又采办茶叶等商品送回拉萨，在康定掀起了大办商贸积极支援持久抗战的热潮。尤其值得关注的是，原来康藏沿途盗匪猖獗，为邦达兄弟大义所昭，盗匪竟销声匿迹，往来商旅畅通无阻。1942年冬，邦达昌派仲麦·格桑扎西（新中国成立后，任昌都地区政协副秘书长）带上从印度发来的西药、皮革、毛料、布匹、棉纱到成都，为繁荣战时后方经济起到了一定的作用。1943年，仲麦·格桑扎西参加了重庆金融市场组织，每天了解美金、黄金、公债行情变化，伺机买进外汇，又汇往印度购买战时内地省份急需商品。仅1943－1946年，就汇往印度邦达昌总号一千万卢比；还在重庆、成都、昆明、丽江购进黄金1万两，银圆30多万元，银锭元宝3.3万多两。

1950年，邦达·多吉积极协助解放军进军西藏，先后担任昌都人民解放委员会副主任、主任，西藏自治区筹备委员会副秘书长及自治区政协副主席。1958年，邦达昌经营活动停止。1964年，在周恩来总理的关怀下，邦达·阳佩携儿子与随行人员经香港回到拉萨。邦达·热嘎在印度生活，直到去世。

2. 昌都城市名片——茶马古道上的重镇

早在2001年，昌都地区就开始谋划以"茶马古道上的重镇"作为城市名片，主打茶马古道旅游。围绕打造"三江流域、茶马古道、康巴文化、红色旅游"四大品牌，昌都组建了茶马古道三江缘旅游咨询中心和茶马古道旅游客运有限公司，完成了卡若遗址、若巴温泉、吉塘旅游示范区、318景观大道、芒康古盐田及然乌湖·来古冰川的规划编制，建设了卡若文化国际旅游度假区、然乌湖·来古冰川景区等旅游景点。

昌都多年连续举办"西藏昌都市三江茶马文化艺术节""昌都芒康茶马古道旅游文化艺术节"等系列宣传推广活动。"十四五"期间重点打造了国道G219西藏段暨茶马古道昌都段旅游线路，对加强周边省区联系，推动沿路经济发展，茶马古道旅游发展做出了积极贡献。

五、茶马古道产茶重镇：林芝

林芝，古称"工布"，藏语音译为"尼池"，意为"太阳宝座"。位于西藏东南部，雅鲁藏布江中下游。西部和西南部分别与拉萨市、山南市相连，东部和北部分别与昌都市、那曲地区相接，南部与印度、缅甸接壤，是茶马古道昌都到拉萨的必经之地。境内热带、亚热带、温带及寒带气候并存，有"西藏江南""雪域明珠"等美称。林芝虽然建置不久，但历史古老，可以追溯到西藏的史前时期。而且，它是西藏唯一、青藏高原为数不多的茶叶生产大市。

1. 林芝茶史

以前林芝不产茶。1956年开始在下察隅日卡通试种茶树，[①]1963－1967年，扩大到上、下察隅16个村，试种了约3亩，农垦农场五连试种了25亩；在林芝东久、易贡农场试种，相继获得成功。1971年以后，试种栽培扩大到墨脱、察隅、波密等县，生产建设师还在易贡农场和察隅农场扩大了茶树种植。

当时全部是使用茶籽种植，从内地省份调进茶籽，仅1971年就从四川调进中小叶种茶籽10多万斤，以后几年每年调进茶籽2万斤以上。由于海拔过高，气候、土壤不适，成活后不久陆续死亡。而墨脱、察隅等地的茶树播种3－4年后就可投产，特别是墨脱布穷山的茶树，不满三年平均高度达200厘米，地径达1.91厘米，这样的生长速度在全国茶区中也是少见的。易贡茶场尝试过建设无性系良种茶园，由于多种原因没有成功。当时易贡农场、东久茶场、察隅自更村等地都有茶园投产，试制了少量绿毛茶、红茶和砖茶。

计划经济时期，四川雅安先后派出茶叶技术人员帮助西藏发展茶产业，国家资金扶持力度很大。经过几代人不懈努力，易贡茶场已成为西藏历史上唯一拥有一定规模

---

① 中科院青藏高原综合科学考察队林业组：《西藏东南部茶树引种栽培调查报告》。

茶园、拥有西藏本地茶叶技术人员和制茶工人、能批量生产名优茶和边销茶的国有企业。打破了"西藏不能种茶"的神话,改写了西藏无名优茶的历史。墨脱、察隅、波密等县和巴宜区拉月乡、易贡茶场、察隅农场等地,自然条件较好,主要生产绿茶、红茶、黑茶这三类,产品品质很好,茶产业前景可期。

2. 林芝与雅安的世纪茶缘

川藏茶马古道,把肩负改写青藏高原不产茶历史重任的林芝,与世界茶文化发源地雅安紧紧地连在了一起。早在1967年,国营蒙山茶场就派出技术骨干何光明、邓克明到察隅等地帮助发展茶叶生产。1983年5月,四川省区划办派遣四川省农业厅杨俊森(土壤)、雅安县农业局李国林(茶学)、荥经县茶厂刘德伟(加工),在西藏察隅河谷进行了一个多月的茶叶资源调查,由李国林执笔完成《西藏察隅河谷地区茶叶自然资源考察报告》,从此和林芝茶业结下不解之缘;同年,国营名山茶厂派出技术骨干岑化礼、郭光荣、曾显蓉(女)到波密县易贡农场,指导加工金尖茶和细茶。

1994年,易贡茶场来雅安县农业局签订了为期3年的援藏协议,委派李国林担任易贡茶场茶叶加工厂副厂长,负责重点援藏项目之一的易贡茶场改扩建工作。2010年李国林退休以后,又应邀连续5年到易贡茶场指导生产、培训技术、示范加工。2017年5月初,厂里新产品开发急需指导,李国林在雅安摔伤没有完全康复,经不住场长亲自邀请又去了易贡。尤其难能可贵的是,他2010年起就明确放弃易贡茶场给予的薪酬待遇,每次进藏只报差旅费,无私为西藏茶叶发展做奉献,受到当地领导、藏族同胞的尊敬和爱戴。西藏卫视"西藏诱惑"系列专题片"高原茶谷",就录制播出了李国林40年来援藏发展茶叶的事迹。

2014年,雅安市名山县政府又派出茶叶专家徐晓辉,到墨脱5年技术援助当地茶叶生产。得益于良好的生态环境和广东佛山援藏力量的注入,墨脱县茶产业蓬勃发展,已建成高山有机茶园103个,总面积1.9万亩,涉及全县6个乡镇39个村。从2015年第一次采摘茶青以来,带动2000多户群众增收,累计为群众增收共计4137多万元。

几代雅安茶人在林芝辛勤付出,数万雅安茶苗在林芝扎根生长,"人类非遗"制作技艺在林芝传承弘扬,名优绿茶、红茶、藏茶成为青藏高原茶叶精品,走向了五湖四海。

"民族团结牌"康砖标识（赵国栋摄）

六、茶马古道首府重镇：拉萨

拉萨是西藏自治区的首府，是西藏政治、经济、文化和宗教中心，藏传佛教圣地，也是世界上海拔最高的城市之一。地势北高南低，由东向西倾斜，中南部为雅鲁藏布江支流拉萨河中游河谷平原，地势平坦，拉萨河在南郊注入雅鲁藏布江。拉萨气候宜人，晴天多，降雨少，冬无严寒，夏无酷暑。全年日照3000小时以上，有"日光城"的美誉。作为首批中国历史文化名城，拉萨以风光秀丽、历史悠久、风俗民情独特、宗教色彩浓厚而闻名于世，先后荣获"中国优秀旅游城市""欧洲游客最喜爱的旅游城市""全国文明城市""中国特色魅力城市""中国最具安全感城市"等荣誉称号。

拉萨茶马古道相关主要文化遗产有：

1. 布达拉宫

布达拉宫始建于7世纪，位于拉萨市中心的红山上，最高海拔3767.19米，是世界上海拔最高的古代宫殿。从山脚入口到顶端共有900多级石阶，由红宫、白宫两大部分组成。红宫居中，白宫横贯两翼，红白相间，群楼重叠，是集宫殿、城堡、陵塔和寺院于一体的宏伟建筑。

"住进布达拉宫，我是雪域最大的王。流浪在拉萨街头，我是世间最美的情郎。"仓央嘉措的诗句，道出布达拉宫的伟岸和拉萨街头的浪漫。传说这座辉煌的宫殿是7世纪松赞干布为迎娶文成公主修建的，宫宇叠砌、迂回曲折，同山体有机融合。主楼有十三层，从山脚直至山顶。每年到布达拉宫的朝圣者和旅游观光客不计其数。

今天的布达拉宫，不论是其石木交错的建筑方式，还是宫殿本身所蕴藏的文化内涵，都是首屈一指的。统一的花岗石墙身、木制屋顶及窗檐的外挑起翘、全部铜瓦鎏金装饰，以及由经幢、宝瓶、摩羯鱼、金翅鸟做成的脊饰点缀，等等，使整座宫殿显得富丽堂皇。布达拉宫是神圣的，这座凝结藏族人民智慧，见证汉藏文化交流历史的古建筑群，以其辉煌的雄姿和藏传佛教圣地的地位成为藏民族的象征。

尤其值得一提的是，2021年在布达拉宫的地宫内找到了百年前荥经"裕兴茶店"生产的"仁真杜吉"藏茶，充分见证了荥经茶叶在同西藏宗教高层交流交往中的历史和地位。

2. 八廓街

八廓街，又名八角街。位于拉萨城区，是围绕大昭寺修建的转经道，当地人称为"圣路"，是最繁华的商业街，有1300多年的历史。由八廓东街、八廓西街、八廓南街和八廓北街组成，周长1000余米，较完整地保存了古城的传统面貌和居住方式。

这里是最能体现藏族风情的地方，阿佳波拉日复一日地在转经道上顺时针旋转，藏装、地摊、帽子店、鞋店、书店、伴手礼，许多日用品都能在八廓街找到。还有各具特色的甜茶、奶茶、酥油茶、咖啡、茶馆、藏餐、西餐、川菜、尼泊尔餐厅等。八廓街里有很多转经人，非常具有民族特色。

20世纪上半叶，八廓街出现了尼泊尔传入的甜茶馆，成为贵族、商人和有钱人出入的地方。转经的老人会进去喝上一杯，远来朝圣的到那儿休息就着甜茶吃一些家乡带来的食品。

2021年，习近平总书记视察八廓街，看到这里藏族、汉族、回族、门巴族等20多个民族在199个居民大院中和睦相处，共居、共学、共事、共乐，就像"茶和盐巴"一样亲如一家，其乐融融，非常高兴。

七、茶马古道高城阿里和边城亚东

茶马古道从拉萨又通往遥远、辽阔的后藏和阿里地区，延伸到尼泊尔、印度等国家和地区。下文说说阿里、亚东的相关文化遗产。

（一）阿里

阿里，是藏语音译，有属地、领地、领土的意思。9世纪初，这里仍称为"象雄"。藏文古籍记载，吐蕃王朝赞普后裔来到这里后，将此纳入其统辖之内，有了"阿里"的称谓。阿里位于青藏高原北部的羌塘高原核心地带，行署驻地噶尔县狮泉河镇，海拔4300多米，是我国海拔最高的城镇，世界上人口密度最小的地区之一，拥有独特的高原自然风貌。

阿里是喜马拉雅山脉、冈底斯山脉等山脉相聚的地方，被称为"万山之祖"；是雅鲁藏布江、印度河、恒河的发源地，又被称为"百川之源"。近年，不仅在阿里的地下发现了1800年前的茶叶遗存，还在地上看到了一些令人难忘的历史实物。2019年，西藏民族大学赵国栋教授在阿里地区普兰县科迦村社会调查时，看见一栋上下两层的老屋。下层用以圈牲畜和储备草料等；上层是人生活的地方，由主厅堂、佛堂、修行洞、厨房、牛粪间组成。带路的房屋主人介绍，他们大约在2002年时从这个老屋搬出迁入新居，之后没有再动过老屋中的任何东西。

屋中修行洞的墙壁上贴着一些茶叶标识，这些标识以西康建省期间为主，"荥经芽细"标识非常显眼。荥经以生产入藏边茶而闻名，所产茶叶属黑茶类。芽细茶是入藏边茶中重要的组成部分，相关史料记载多出现于西康建省之后。这些标识也可以反映出当时许多历史、社会和文化的形式和内容，更能给我们许多深刻的启发。

除"荥经芽细"外，还有"宝兴茶荥经精制厂"和"西康省茶叶公司"（两枚，均不完整）两类标识。虽然已经非常残破，但仍然十分庄重地被贴在修行洞的墙体上。"宝兴茶荥经精制厂"标识中，混合了海螺和火焰状的图案，这可能表现了茶文化与藏族自身文化融合的现象。该标识说明，历史上宝兴边茶的生产量不大，它与荥经之间在入藏边茶的生产加工方面存在着密切的联系。标识中的"荥经精制厂"尚不确定具体所指，但西康建省期间有多个称作"精制厂"的藏茶企业。

在一个残破的茶箱中，有四张"民族团结牌"康砖标识。标识下方用红色字体印有"中国茶叶土产进出口公司四川省分公司荥"字样。"民族团结牌"是计划经济时期四川省边销茶企业可以共同使用的商标，"荥"指荥经县生产。茶箱中还有半块残存的康砖。不难看出，在西藏民主改革后，茶叶供给已得到极大改观，即使位于边境线附近的科迦村，普通人家的茶叶消费也得到充分保障。

这些标识和康砖茶都来自四川雅安，表明阿里地区与雅安长期交流交往的紧密关系。

（二）亚东

亚东，藏语意为"旋谷、急流的深谷"，素有西藏"小江南"之称。全县共有通外山口43处，是西藏重要边境县之一。

亚东县属后藏日喀则地区，位于西藏自治区南部、喜马拉雅山脉中段南麓。北部宽高，南部窄低，北与康马、白朗、岗巴三县相接，东邻不丹，西毗中印边境锡金段，南倚中、印、不三国交界的吉姆马珍雪山，是连接西藏腹地与不丹、印度锡金邦的主要通道，自古战略地位极其重要。有西藏历史上第一个海关，近现代对外交往的主要口岸，邦达昌大量货物就从这里进出海关。

2013年，亚东县政协副主席陪同孙前会长、刘光轩局长和笔者一行采访80多岁的藏族马锅头时，听他讲年轻时赶马到昌都、拉萨、尼泊尔、锡金运茶的故事。他不会汉语，交谈中我唯一听清了"仁真杜吉"的发音。政协副主席重复后转诉：他说运过仁真杜吉茶叶。这里距荣经5000多里，仁真杜吉名扬国内外，看来名不虚传。

1. 清代亚东海关遗址

清朝设置的亚东关，是1894年亚东开为商埠后西藏历史上的第一个海关，地处亚东河下游，是中央朝廷加强对西藏地方有效管理、宣示国家主权的重要见证，是丝绸之路、茶马古道南亚廊道亚东段的重要一环。亚东关遗址作为不可再生资源，承载着大量的历史记忆，对挖掘亚东边关文化，开展爱国主义教育，弘扬优良传统，促进民族团结、维护祖国统一，发展亚东旅游和地域经济等，都具有十分重大的现实和历史意义。

海关遗址东西长80米，南北宽50米，包括6栋石砌建筑。中锡通道从遗址中间穿过，将整个建筑群分成南北两部分。北面有公署衙门、关帝庙和两栋住房，南面为海关办公室，遗址现残留着部分炮台的残壁。

2. 仁青岗边贸市场

2006年7月6日，中国和印度重新开放连接西藏日喀则地区亚东县和印度锡金段的乃堆拉山口，恢复了两国中断了四十四年的边贸通道。

仁青岗边贸市场距乃堆拉山口约16公里。乃堆拉山口，藏语意为"风雪最大的地方"，位于喜马拉雅山脉东侧的亚东县与印度锡金邦交界处，海拔4545米，是世界上最高的公路贸易通道。两千多年前，乃堆拉山口附近的则例拉山口，就是丝绸之路、茶马古道的主要通道，也是中印两国的边贸点。中印边境地区的居民很早就开始了"以物易物"的贸易往来。通过则例拉山口的路线是茶马古道的一部分，亚东曾是这条路上最大的商埠。1962年中印边境冲突后，两国相继撤销原边贸市场海关等机构，乃堆拉山口由军队把守，边贸通道被铁丝网隔离。

曾经，"蜀道之难难于上青天"，横断山脉的崇山峻岭、急流险滩更是难上加难。历史上的茶马古道已渐行渐远，今天的茶马古道已旧貌换新颜，成为旅游热点。游客去拉萨，无论来自东南沿海，还是东北三省，航空万里只需数个小时，就可来到布达拉宫广场载歌载舞；乘坐火车也不过三两天时间，便可步入八廓街领略民族风情，喝青稞酒、打酥油茶；假如喜欢自驾、甘当"驴友"，还能沿着川藏公路、青藏公路、滇藏公路、新藏公路，畅游青藏高原。

正如西藏自治区党委副书记、主席严金海所说："西藏已告别了'行路难'的问题。复兴号动车也开进了雪域高原。以前从拉萨市到林芝市，公路里程不到500公里，开车需要走一个星期的时间才能到。自从2019年通了高速，2021年通了铁路以后，现在只需要三个半小时就能到达。早上到林芝去办事，下午就能返回到拉萨。"西藏秘境，更加诱人。

第三章

『仁真杜吉』诞生
之地——荥经

叠岭穿云入，孤城夷水开。地偏当锁钥，天与剪松莱。

——（清）蔡守愚《过县治题》

天府四川，水涌山叠，因其奇崛的自然地理环境，滋养了生息其间的四川乃至西南各不同地域文化间的交流，也造就了这些地方鲜明的区域特色、民俗风情和历史内涵。

从古至今，雅安一直是四川进藏、入滇的交汇处与重要驿站。于是，一个个充满神秘色彩的驿镇，一道道雄关险道，像珠子一样被蜀布、邛竹杖与蜀锦、漆器和茶、马串联起来。在它们沧桑的外表下，写满了令代代人念叨不停的往事与传说；青石板上深深的马蹄印、拐子窝，盛满了背夫的汗与泪；橐橐的拐子声与渐行渐远的背影，踩踏出一道道贯古通今的商贸、文化与民族交融的脉络，而雅安市境内的荥经县，则是这脉络上一颗闪亮明珠。

第一节　地理位置与战略地位

荥经，地处雅安市中部，四川盆地西部，距成都160公里，位于成都1.5小时经济辐射圈，是雅安市重点拓展区，也是连接甘孜藏族自治州、阿坝藏族羌族自治州、凉山彝族自治州等民族地区的重要节点，是辐射攀西、康藏的桥头堡，全县幅员面积1781平方公里，辖1个街道办事处、11个乡镇，总人口14.5万。

以上简洁的介绍，说明荥经就是一个小县，一个幅员面积较大的小县，一个地理区位至关重要的山区小县。就是这个小县，在中国的历史上，扮演了十分重要的角色。

一、藏彝锁钥、蜀中门户

"叠岭穿云入，孤城夷水开。地偏当锁钥，天与剪松莱。"这是清朝蔡守愚《过县治题》诗句。诗中不仅对荥经的自然山水做了形象描述，还对荥经的区位进行了经典概括，即荥经为"藏彝锁钥"。

在荥经县城以西1.5公里的地方，保存着一座历经风霜的千年古城，它就是全国重点文物保护单位——严道古城。严道古城营造于荥河南岸的第三台地上，荥河水环西北流，形成天然的沟堑，是上天打造的护城河。城之东为陡岩，北面为巍峨连绵的中峻山，城池雄踞荥河水畔，险要而又壮观。古城东西两座大山与荥河相交形成一狭窄隘口，有"一夫当关，万夫莫开"之势。

古严道，是四川盆地与青藏高原交汇处，占天时地利，为边塞之重镇。学者刘弘《巴蜀戍事考》指出，古蜀"以南中为园苑"，分南北两线设军事据点，其中在僰道、严道、汉嘉、犍为、峨眉设为南线，威慑西南诸族，严道则地控邛笮。

古严道是运输雅砻江流域黄金的过境地，是铜的主产地；自西汉起，又已是茶的发源地。加上，汉廷在严道设置木官和橘丞，亦可见荥经昔日严道古城的辉煌与重要。

楚人喜用黄金，但楚地并非黄金的主要产地。那么，如此众多的黄金又来自哪里呢？

《韩非子》中说："荆南之地，丽水之中生金。"丽水，也称作旄牛河，得名于当地盛产的旄牛。在四川西部雅砻江、安宁河之间，原是羌族旄牛王的领地，此地蕴藏着丰富的黄金资源。历经两千余年，黄金矿藏尚未枯竭，刘文辉统治西康时期，依然有两座金厂运营。

丽水地区距楚迢迢千里，为了开采和运输黄金，楚王需要派遣一支亲信人马前去驻扎，最初的驻地设在云南楚雄。楚雄虽航运便捷，但由此东至楚地，惟山川阻隔，路途遥远。为了更好地管理和东运黄金，楚王不得不精心挑选一处路途较近而又四通八达之地，因此他们将目光投向了荥经。

荥经濒临青衣江，是进入长江航运的起点，东运条件便捷。徐中舒在《试论岷山庄王和滇王蹻的关系》中认为，楚王之所以在荥经设转运站，一是便于铜和黄金的东运，二是易于控御旄牛羌族的入侵，三是就近开采严道铜山之铜。这个在荥经的管理者，叫岷山庄王，自战国时代开始，迄于秦灭巴蜀，有160年的历史。严道城外曾家沟发掘的土坑木椁墓，无论形制和器物均有浓厚的楚文化特征。比如木制的箱式棺椁，墓室周围填白膏泥用以密封，与楚国故地发现的楚墓完全相同。而且墓中随葬大量的漆木竹器，风格也与湖北地区的楚墓相近，可推测此墓属于楚人的墓葬。考古学家在城外高山庙西汉墓葬中也发现了楚文化因素的身影，他们或许是岷山庄王的后裔，尽管墓中的随葬品已经与四川当地趋于一致，但某些丧葬礼俗依然保留着楚地风格，或许是客居他乡的游子记忆深处对故土的一丝眷恋吧。

秦灭巴蜀，原居庄道的楚庄王后裔带部队和族人占领昆明，建滇国称王。数十年后，蜀王公子蜀泮带数万人马由庄道、西昌、云南，到达越南北部建立蜀国，称安阳王。他们都把在荥经滋润的巴蜀文化，传播到遥远的地方。

到西汉时，孝文帝把严道铜山赐予邓通，允他铸钱，故"邓氏钱，布天下"。

严道铜山位于现在荥经的天凤山，古时叫庄山，源于《管子·山权数》言"汤以庄山之铜铸币。"管仲身为齐相，又经过商，办过企业，是见多识广之人，想来所言不虚，只是至今尚无凭据，倒是"巴蜀印章"印证了管仲的说法。"巴蜀印章"大约产生于开明王朝之前，使用于商、周、春秋战国及秦时。所以，商时这里的铜矿就得到了有效开发。段渝先生在其《玉垒浮云变古今》中指出，庄山即指严道铜山，三星堆青铜器所需原料就来自邛崃山北麓的严道。

《明一统志》记载："大关在荥经县西80里，旧名邛崃关。隋大业十年置，防番夷要害。"宋代郭允蹈《蜀鉴》中称："吐蕃、南诏为唐深患，其忧不恃以蜀也。天宝初，天下分为十道，剑南节度使西抗吐蕃，南抚蛮僚。"可见，抗吐蕃、抚蛮僚，一直是唐朝备边的核心。在中国历史上，大相岭上的邛崃关历来是兵家必争之地。西南的少数民族欲得成都，必先占雅安；欲占雅安，必先破邛崃关。

清宣统三年（1911年）六月，成都成立"四川保路同志会"。荥经于七月组织荥经同志会，推举县人李永忠为首，参加起义者近万人。起义爆发后，赵尔丰急调康定、西昌防军驰援成都。荥经地处两军必经之处，若不据险阻援，势必给成都革命造成危险。七月二十八日，荥经民军在大关与驰援清军接战，相持达四十余日，有力支援了保路抗清斗争，对辛亥革命做出了重大贡献。

清代青神县令陈登龙在《邛崃关》诗中形容其："大关如建瓴，小关如伏虎。东西隔十里，全蜀此门户。"

三千多年来，荥经在西南地理和民族文化交往的历史洪流中，皆处于咽喉之地。向西，去往青藏高原的甘孜州泸定，是古称牦牛王部的笮都；向南，去往云贵高原邛都（凉山州西昌），是邛人聚集区。四川大学教授童恩正说："在青铜

巴蜀印章（荥经县博物馆供图）

时代，四川的古文化大致可以分为四个类型：这就是川东丘陵地带的巴文化、成都平原的蜀文化、川西高原的筰文化，以及川西南的邛都文化。"[1]地处大相岭的荥经，三千多年来据此演绎彪炳史册的华章。

二、荥经是颛顼帝故里

在荥经西边的古城坪下，有一个弘敞的广场，名曰"颛顼广场"。广场中有颛顼帝手握龙权杖，高大魁梧塑像。广场呈坡道阶梯式分布，有历史、现实、未来三个主题，体现历史性、神圣性、宏大性，与后方的荥经县博物馆、严道古城遗址、中国黑砂城构成了一个体量庞大、内容丰富的公共文化场所。

颛顼是上古"五帝"之一，司马迁在《史记·五帝本纪》中说，嫘祖是黄帝的正妃，生了两个儿子，一个叫玄嚣，一个叫昌意。昌意生于若水，后来娶蜀山氏之女，名叫昌仆。二人生子名高阳，是为帝颛顼。

《史记》还说他："静渊以有谋，疏通而知事；养材以任地，载时以象天，依鬼神以制义，治气以教化，絜诚以祭祀。"就是说，颛顼镇静沉稳又有谋略，通达又明事理。他依赖土地获取财物，推算四时节令以顺应自然，依顺鬼神以制定礼义，理顺四时五行之气以教化万民，洁净身心以祭祀鬼神。他统治的地方所有鸟兽、草木、山川、江河，乃至大小神灵，凡是日月照临的地方，全都归附于他。

在古代中国，实行的是民神分治，治理民事和敬事神明的官员是不相混杂的，

---

[1] 童恩正：《试谈古代四川与东南亚文明的关系》，《文物》1983年第9期，第74页。

大关，河流尽头处垭口为小关

二者各得其所，男的叫觋，女的叫巫。后来设立分管天、地、民、类、物之官，是为五官，各司其职，不相混乱。于是，百姓才有忠信，神才能降福，才能生长出茂盛的谷物，才能灾祸不至。少昊衰落时期，南方的九黎扰乱德政，司民之官与司神之官互相混杂，人人皆可举行祭祀，家家都能设立巫史，不再讲究肃敬虔诚，祭祀进献没有法度。颛顼即帝位后，命少昊之子担任南正的重管理对神的祭祀，命令担任火正的黎管理土地和百姓的治理，这一切又恢复到旧时的常法，民神之事不再互相侵扰，这就是《尚书》上说的"绝地天通"，是颛顼的第一大功德。

黄帝时代虽然统一了中原地区，但蚩尤部族战败后，有很大部分退居于四川、贵州、云南一带，事实上形成长期独立局面。直到颛顼帝，才实现华夏部族与川、黔、滇等地的蚩尤后裔、九黎族的真正统一。这是颛顼的第二大功德。

颛顼根据天文观察与测算，改革了黄帝颁行的《调历》，以初春第一日黎明之时为立春，以此类推，定下四季和二十四节气。这对农林牧业的生产起到了科学的指导作用。因此，后人将他推戴为"历宗"，这是颛顼的第三大功德。[1]

颛顼作为中华民族始祖之一，有如此的德行，有如此的疆域，当然是至圣之人。所以，查骞在他的《边藏风土记》中称其为"颛圣"，并说："颛圣发祥乃出荣经山中，深山大泽，龙蛇所育。"荣经人也以此为骄傲，设广场为纪念。

若言荣经，必说若水和严道。荣经很小，严道很大；严道很远，荣经很近，若

---

[1] 张新斌、张顺朝：《颛顼帝喾与华夏文明》，河南人民出版社，2009年。

荣经颛顼文化广场（石文炯摄）

水则玄。从相关史籍记载和学者们的研究来看，对若水的定义，有两个倾向：一是若水即水，即若水是一条河，主要的指向是雅砻江；按郭沫若对自己姓名的解说，沫，指大渡河；若，指青衣江。二是若水非水，即若水是一个地域概念。任乃强认为："所谓若水部落的地区，就是今甘孜藏族自治州折多山以西，雅砻江河谷及其以东地方的一片河谷。"[①]秦汉时期，古严道县辖区极广，依朝廷兵锋所及，大体包括今雅安、汉源、洪雅、宝兴、芦山、名山、天全、泸定、石棉、安宁河谷及康定等地。可见，若水、严道、荣经，是一个地域的演变过程。

　　史书所载颛顼出生在若水，若水理所当然地成为其故里之争的焦点。古往今来，有关若水形成了多种多样不同的理解，衍生出多个颛顼故里，有荣经说、冕宁说、米易说，汝州说、濮阳说等。能够支撑荣经论的说法，最早见于康熙年间《古文观止》的编者吴乘权所纂的《纲鉴易知录》，他在书中"颛顼"条下注释说："若水，即今雅砻江，在今四川荣（荥）经县。"荣经县的举人汪元藻于民国四年（1915年）为《荣经县志》作序时，也采纳了这个说法，他认为，"若水即荣经，荣经即若水"。根据他的观念，荣经是"颛顼故里"。

　　荣经颛顼故里，为我们留下了丰厚的文化遗产。当初，颛顼与共工争天下，共工败，怒触不周山，折天柱，绝地维，女娲补天而遗西南，致雅州天漏水成灾，故雅安有大禹治水的传说和"禹迹"。鲧与禹，父子二人，都在为颛顼与共工的这场

---

① 任乃强：《任乃强藏学文集》下，中国藏学出版社，2009年，第251页。

战争"打扫战场"。鲧以息壤塞流,致荥经鹿子岗隆起。大禹疏浚、凿开天风背斜,故有荥经一方水土。周发伦《山海经与古蜀国——兼论华夏祭祖文化》认为,今米仓山为不周山的起始处,其西北之龙门山,谓之崑山;龙门山乃岷山山系台地,跨盆地之北缘和西缘,由北向西而向南,远至雅安泥巴山,是地震多发区。想来,这地震多发,或许是共工怒气不息之恶因吧。

雅安有个高颐阙,记载说高颐是雅安人,是颛顼后人。那个时代,雅安是严道属地,这就跟荥经有关了。荥经(严道)与楚国有很复杂的渊源,屈原的《离骚》开篇就云:"帝高阳之苗裔兮,朕皇考曰伯庸。"鲧与禹,既是颛顼后人,又治水患于雅安,对荥经而言,算得上是功德无量。

三、家在清风雅雨间

大自然在川西做了一幅翠绿山水画,荥经属于其中浓墨重彩的一笔。这里的风景,不是停留在表面的视觉感受。这里的山与水,是大地秀美的裙褶,编织着西蜀荥经的千年文化脉络。荥经处北纬30°线、胡焕庸线和华西雨屏带上,生态环境优越,植被茂密。这里山黛水碧,灵秀婉约,嘉山胜水勾勒出精致柔美的工笔画。

荥经的山很高,秀色苍茫,峰翠岭绿,大气磅礴而不失精致。岭谷参差,溪壑纵横。山顶白雪皑皑,山下花影扶疏,可谓一山有四季,风物自不同。荥经的山极有纵深感。目光所及处,常常以为山穷水尽,转个弯或上个坡,又是一番柳暗花明景象。牛背山云海苍茫,三千多米的绝对海拔差,造就了无需打点浑然天成的观光览胜之地。历史的尘埃掩不住千年严道的卓越风姿,绿美荥经留住了南来北往的脚步。而汉藏彝混居的格局更积淀了丰厚的民族文化,斑斓而且绚丽。

荥经是古代南丝绸之路和茶马古道上的重要驿站,历代文人骚客多有吟咏。在众多的赞美词汇中,最能精到地体现其内涵的,当数"家在清风雅雨间";最能代表荥经形象标志的,是国画大师齐白石先生所刻"家在清风雅雨间"印章。

昔时,南方丝绸之路、茶马古道上有"雅雨清风建昌月"之说,意即雅安(今雨城区)的雨,清溪(今汉源县清溪镇)古城的风,建昌(今西昌)的月,此三景是这条中国古代文明之路上最为宜人之佳境。荥经位于清溪和雅安之间,故为"清风雅雨间",这是南方丝绸之路、茶马古道与悠久的荥经历史文化的最佳烘托。

白石先生的印语出自楹联"神驰洛水吴山外,家在清风雅雨间",这是荥经人陈耀伦在国民革命军二十四军的同僚陈玉秋所撰。因同事于二十四军,加之有共同的爱好，二人常常在一起切磋书艺。楹联上句神思飞扬、意境美幻，后句的物候气象景观与荥经璧合，故陈耀伦对这楹联特别欣赏。

传说大禹治水时，到这里察看水情，一只巨龟从水中浮出，其背上"篆图"，这就是《洛书》。此前，伏羲在洛阳以北的黄河里发现龙马，并据龙马身上的毛纹悟画出"八卦"，称《河图》。《河图》《洛书》闪烁先哲的智慧，被誉为中国文明的第一缕曙光。秦始皇巡幸洛阳时，专门在洛水边修建了侍奉洛神的祠堂，以祀洛水。祀曰："洛阳之水，其色苍苍。祭祀大泽，倏忽南临。洛滨缀祷，色连三光。"

1936年春，齐白石应四川省政府主席王瓒绪邀请到成都做客。听闻此讯，陈耀伦找同僚肖曾元引荐求印。因深知齐白石有"印语俗不刻，不合用印之人不刻"的脾性，于是将陈玉秋撰写的"神驰洛水吴山外，家在清风雅雨间"一联带上。齐白石对此语很是喜欢，于是挥刀刻下"家在清风雅雨间"一印。

陈玉秋所撰，是一副充满诗情画意的佳联，它不仅高度概括了荥经这方水土的人文精神，而且用地名与物候气象把荥经优美的生态人居环境表现出来。而齐白石所治"家在清风雅雨间"是一方多字白文闲章印，此印不仅是寄情抒怀之物，更是

荥经县城全景（王江摄）

家在清风雅雨间印（来源：齐白石篆刻作品集）

荣经山清水美、钟灵毓秀的见证。

　　白石先生所治"家在清风雅雨间"印，其基调是满目纵横排列的线条，或粗或细，或长或短，或正或斜，或疏或密，显示出线条及刀石的节律美。最为特别的是"雨"字，突破篆法，中作多点，有象形之妙，似感"雅雨"纷洒印间，这是白石先生印章艺术大胆创新的精髓所在。由于这方闲章为白石先生众多篆刻作品中不可多得的精品，加之印语隽美和所承载的历史人文内涵，深受墨客文人的关注和喜爱，也是荣经的形象标志。

第二节 天赋荥经

"荥经之水，岩石嶙峋；荥经之城，空气氤氲。"这是1939年，黄炎培先生考察西康时咏颂荥经的诗句。既言荥经山崖、沟壑重叠幽深，气概不凡；也言荥经"天地絪缊，万物化醇"。

亚热带季风气候，加之山地气候调节，在荥经形成一个温润适宜、四季分明的区域小气候。这里冬无严寒、夏无酷暑，年均气温15.4℃，年降雨量1149.3毫米，森林覆盖率80.3%，优良天数常年保持在350天以上，是绿色走廊、天然氧吧，是"三养圣地"——牛背山养眼、龙苍沟养身、云峰山养心。这些美景美色唤起世界各地的人们对荥经的向往。

一、大相岭的阴阳境界

大相岭，古称邛崃山。邛崃山之名，古时有，现代有；荥经县有，邛崃县也有。但古时的邛崃山和现代的邛崃山是两回事。

古时的邛崃山，在民国十七年版《荥经县志》中是这样说的：邛崃山"盖山本岷山南行一大支，只称崃山。至境为邛人、筰人界，本名邛筰山，因与崃山相属，故名邛崃山。九折坂在其上"。

现代的邛崃山是指山脉，与邛崃县的邛崃山有点相干，与荥经的邛崃山就没有一点关系了。

"邛筰（来、崃）山"何以成为大相岭呢？唐宋以来，由于南诏、吐蕃侵扰黎、雅二州，民不堪其苦。明朝"官蜀都督时，保夷数叛，建、黎边境，靡无宁居"。此事直至民国时期仍时有发生。长期遭掳掠之苦的汉民，因受《三国演义》的影响而思念诸葛丞相七擒孟获，安定南中的太平治世。宋时，宰相俗称相公，民间怀念武侯丞相而称邛崃山为大相公岭，越西、冕宁间的木瓜山为小相公岭。明代四川状元杨慎（升庵），荥经县知县张维斗相继咏诗赞颂相公岭，从此诸葛亮南征过邛崃山被官方认定为"事实"。清康熙四十五年（1706年）建泸定桥时，康熙帝以大渡河为"五月渡泸"之泸水，赐桥名为"泸定桥"，诸葛南征过邛崃山成为"钦定"。从此，邛崃山之名被大相公岭代替。

替代邛崃山的大相岭，是指经如今的荥经县安靖乡至汉源清溪镇所翻越的这座山岭。现代的大相岭山脉，是指雅安市南部，荥经、汉源两县交界，延伸至洪雅县境内的山脉。西靠二郎山，东接峨眉山，走向近北西，主要包括大雪包、团宝山、泥巴山、轿顶山、大瓦山、七星台等诸山。由此观之，泥巴山仅是大相岭山脉上一个较小的山岭。

看看雅安四周的山形地貌就知道，雨城的西面是高大雄伟的二郎山，西北方是险峻的夹金山，南部有大相岭横亘，只有东面一个出口。"喇叭"形的地形，造成东来暖湿气流遇到青藏高原阻挡，能进不能出，就地形成地形雨；夜里，四周山上的冷气流下沉，冷暖气流一经交汇，就形成了夜雨。白天有雨，晚上还是雨。所以，雅安市的治地也叫"雨城"。

而处在"漏心"里的荥经龙苍沟金山、银山，一年中的雨日达300天，夜雨率近80%，年均降水量达2600毫米，居整个雅安地区之首。独特的林韵，被学者、游客誉为"雅安雨林"的典型。大熊猫与珙桐，这天地间的动植物双璧，在龙苍沟共同演绎了一首完美的生态交响曲。

郭璞注《山海经》说，"邛来山，今在汉嘉严道县南""出貊貊，似熊而黑白驳，亦食铜铁也"。这是中国最早关于大熊猫的记载。

2014年，大相岭成为省级自然保护区。2018年2月，大熊猫"和雨""星辰"入住大相岭野化放归基地，为龙苍沟国家森林公园增添了魅力。苍天之漏，漏心在龙苍沟；雅雨之魂，魂归龙苍沟。

其实，雅安之所以"滋润"，还因为在中国人文地理中，有非常著名的三条线交会在这里。

一是北纬30°线。这是一条贯穿四大文明古国的纬线，也是一条经常出现神秘

大相岭的阴阳境界（宋心强摄）

大相岭草鞋坪茶马古道（周安勇摄）

事件和奇特现象的纬线。如巧夺天工的巴比伦空中花园，神奇的金字塔，诡秘的百慕大，等等，均在此纬线上。雅安也正好处在东经103°、北纬30°的交汇点上，而这个交汇点刚好是四川的中心。

二是胡焕庸线。即中国地理学家胡焕庸在1935年提出的，划分我国人口密度的对比线。这条人口分割线与气象上的降雨线、地貌区域分割线、经济文化的分割线，以及民族分界线，均存在高度的重合，是20世纪中国地理最重要发现之一。胡焕庸线贯穿雅安，用它来诠释为什么雅安是"四川盆地与青藏高原的结合过渡地带，是汉族与少数民族的结合过渡地带"就有了点头绪。

三是华西雨屏线。华西雨屏带位于四川盆地西部边缘，东西宽50－70公里，南北长400－450公里，总面积约2.5万平方公里。具体的走向就是夹金山、二郎山、大相岭、瓦屋山一线，是我国年平均降雨量最大，日照时间最短的地区，是比较罕见的气候地理单元。生物多样性异常丰富，拥有大量珍稀独特的动植物。

结合部也是分界处。诸多典籍记载说，邛崃山为邛人、筰人界。秦惠文王更元九年（前316年）灭蜀置严道，其所领区域包括现在的汉源、石棉等地，并远及折多山下。"县有蛮夷曰道"，大秦的武功，将各方国慑于置下。秦末大乱，融合不再。司马长卿略定西南夷后，汉武帝于天汉四年（前97年）置蜀郡西部两都尉，一居牦牛主徼外夷，一居青衣主汉人。两都尉之界线，就是二郎山、大相岭。所以，在人文学者的眼中，大相岭、二郎山是一条民族分界线，一过了这条线，对汉族、藏族、彝族来讲，都是到了异域。所以，胡雪在他的《话说岷江》中说："拐了弯的泥巴山，把彝族与藏族、彝族与汉族的分界问题都解决了。泥巴山和大渡河南侧主要生活着彝族，而泥巴山北侧且邛崃山西侧则是藏族居住地，泥巴山北侧、邛崃山东侧则是汉族定居地。无论是东西两侧，还是南北两侧，虽然交流不断，但民族之间的分界却是鲜明的。"故县志云："华夷之风，实判于此。"

不同的民族自有其独特的文化表征。因此，泥巴山也就成了民族与文化的界山。

而处于"清风"和"雅雨"之间的荥经，却是另外一重天。亚热带季风气候，使得这里云高水低，雨量充沛，植被葱郁。按荥经人的俗话来说，就是"扁担插在地上，也能发出芽来"。数十万亩的鸽子花与野生大熊猫共存，彰显了这里良好的生态环境。所以，大相岭也是气候与植被的界山。

二、"树圣""树后"的千年传奇

从雅西高速公路荥经出口处下来，前行数百米，可见一个巨大的牌坊，上书"西蜀名刹"。沿此入山，顺公路曲折盘旋而上，直到看见茂密的桢楠林、高耸的山门和古老的佛塔，历史的禅味扑面而来。这便是西蜀颇负盛名的千年古刹——云峰寺。

天下寺庙何其多，都是一样的金碧辉煌、一样的飞檐翘角、一样的泥塑木雕、一样的青烟缭绕、一样的宝相庄严，如果不去抱佛足，则是大同小异的。但云峰寺例外！因为它有一片充满了传奇色彩的古桢楠林。2010年5月10日，央视《国宝档案》栏目《寻访桢楠王》中说，这片桢楠林是目前中国西南地区最大的桢楠林，其中有一株被誉为中国桢楠王。这株桢楠王在2015年入选"100株中华人文古树保健名录"，2018年被评为"中国最美桢楠"，2020年被评为"四川十大树王"，这片桢楠林构成了中国现存最完整的古桢楠群落。

愚生在《严道奇观太湖寺》中说，唐时，云南鸡足山有一行脚僧，随身背了二十四株香杉、二十四株菩提树，前往峨眉山朝圣。途经此地小住，便将香杉和菩提树栽在这里。当他从峨眉山返回时，见所植幼树生机盎然，一片葱茏，自觉有缘，遂留下四处化缘，建了云峰寺，并种下数百株桢楠树。或许是香烟的袅绕，或许是木鱼声声，让桢楠树如沐天露，生长千年而挺拔依然。云峰寺两株最大的桢楠树位于现在的天王殿前的石阶两旁，人们形象地将之喻为大烛，桢楠树前又有两株笔直高大的香杉，人们将之比作一对高香。这两株桢楠树已经有1700岁了，左侧最大一株，胸径2米，要七八个人牵手才能合围，树高36米，树干如擎天之柱，直冲云霄；平均冠幅22米，如绿色大伞，遮天蔽日；裸露的树根若群龙虬结，铺展于地。石阶右侧一株更为奇特，树干分开巨大的枝权，一枝光秃枯朽，一枝却依旧枝繁叶茂。据寺内僧人介绍，数百年前，此树曾遭遇五雷轰顶，树干被雷电击中，众人都以为古树已死。却不想时隔数月，枯木的枝干上又长出新枝，年复一年，古树不断向另一个方向生长，形成了这棵"一生一死，生死同根""一枯一荣，枯荣相依"的奇特之树。"地灵草木得余润，郁郁古柏含苍烟"，宋代文学家欧阳修的诗句，也许正是对云峰寺古树老林的贴切之喻。

1939年8月，孙明经率领的川康科学考察团来到云峰寺，见"凡来此寺的善男信女，以及寺中进进出出的各种人，接近或经过此树时皆双手合十，对其敬若神灵，也有远路而来专门向这棵巨树礼拜祈求降福的"。于是他认真拍摄，为云峰寺留下了二十多幅珍贵的照片；于是，他深入民间采风，收集了两则与桢楠树有关的趣闻。

明朝初年，朱棣夺得皇位后，最重要的事就是修好自己的陵寝，这就是明长陵。永乐七年（1409年）长陵开工之前，朱棣派人遍寻天下的金丝楠木。某日，寻木专差得报，荥经县云峰寺庙门外有两株极其巨大的金丝楠木。于是专差人马火速赶到荥经城。第二天一早，天空万里无云，风清气爽，专差率领人马出县城，浩浩荡荡直奔两株巨木而来。就在队伍将要接近巨树时，天空忽然一道闪电劈下，只见黑云滚滚，狂风骤起，拳头大小的冰雹铺天盖地而下，直打得专差一干人马四下躲藏，直至天黑方止。第三天，依旧万里无云，清风徐徐，专差不敢怠慢，集合人马再一次奔向巨树，待人马接近巨树，忽又惊雷暴响，闪电劈下，黑云滚滚，专差和手下多人被冰雹打伤。如是三日，伐树者始终不能到达树下。从此，这两株巨树，大的一株得名"金丝树圣"，稍小的一株得名"金丝树后"。

清朝末年，慈禧专权，她对自己的万年吉地动了心思，要在地面上建一座前无古人后无来者的大殿。整座殿一水儿地要用金丝楠木建成。本来金丝楠木就金贵，经前朝的过量采伐，能成大材料的金丝楠木实在很难找到，云峰寺的这片桢楠林，便自然入了她的"法眼"。于是，浩浩荡荡的伐树队伍再一次开进了荥经县。同朱棣派来的专差队伍不同的是，这支队伍还装备了德国造的洋枪、英国造的野战炮、美国造的加特林重机关枪。队伍威武地出荥经城门，直奔云峰寺而来。谁知，刚刚出城不远，晴朗的天空一声大雷，炸得大地颤抖。一道道闪电从天上劈下，劈到炮弹上，炮弹就地爆炸开花；劈到子弹上，弹头漫天飞舞。只见队伍里血光四溅，士兵的手、脚、头乱飞，吓得专差和地方大员抱头鼠窜。专差第一次率队出城就被雷击，又听到朱棣的伐树专差三次被雷电、狂风、冰雹打了个魂飞魄散的旧事，于是，没敢再往云峰寺，便打道回府复命去了。也许，这就是云峰寺之奇吧！

三、龙苍沟的生态交响曲

1869年，一位叫戴维的法国生物学家深入雅安浩瀚的群山，带着众多神秘物种走出去，世界也为之震撼。今天，大熊猫早已是全世界的宠儿，"中国鸽子花"也尽情装饰着欧洲园林。它们的故乡雅安，作为"世界自然遗产·四川大熊猫栖息地"的核心部分，已成为中国生态环境的一座里程碑。碑上，雕琢着一首完美的生态交响曲——龙苍沟。

龙苍沟位于大相岭自然保护区荥经县东南部的龙苍沟乡境内，是离成都最近的国家森林公园，是青衣江支流荥经河上经河的发源地，是荥经县各类资源最为富集

云峰寺（王江摄）

从这两株桢楠树与香杉、石阶的形制来看，树龄多久，寺龄就有多久（周安勇摄）

第三章 "仁真杜吉"诞生之地——荥经

之地。有万顷珙桐、十里杜鹃，以天生桥、珙桐、杜鹃林景观最为亮丽；以瓦屋山佛道文化最为厚重；以孟获城的传说最为迷人。

据相关资料显示，古气候的变化不仅没有造成本区生物的毁灭，反而促进了一些生物的繁衍、分化，并成为古老植物分布的避难所。龙苍沟森林属亚热带常绿阔叶林，其间混生着多种针叶乔木，乔木种类达450余种，其中不乏红豆杉、山毛榉、麦吊云杉等珍稀树种。

龙苍沟森林里物产丰富，一年四季，森林中遍布的竹笋、蕨菜、天麻、木耳、野生菌，都能让进山寻宝的村民们满载而归。林子里光是可供入药的野生植物就有160余种。而龙苍沟盛产的长羊肚菌、川灵芝等植物，都有较高的经济价值。

当地村民说，龙苍沟林子里，在灌木幽深的山谷道旁，常常能见到熊猫、牛羚

金丝树后（孙明经摄）

嬉戏闲逛，"娃娃鸡"（红腹角雉）和白鹇扇着翅膀到处扑腾。对老熊、野猪等大型动物，村民们更是习以为常。因为生态环境不断改善，当地不少村民的农田都遇到过野猪、獐子等动物的"入侵"。

顺着黄沙河谷一路向南，沿河两岸的山梁道旁，到处都生长着高大笔直的野生珙桐。珙桐，又名"鸽子花"，为第四纪冰川遗留下来的珍稀树种，仅在我国有零星分布，为国家一级保护植物。据相关资料显示，野生珙桐在我国分布极少，张家界市对面的天门山绝顶之上，生长有100多株珙桐，已属十分罕见，而这里竟然有7万多亩成片野生珙桐。

荥经县的乡坝民间，广为流传着一个传说。相传三国时南王孟获造反，蜀汉丞相诸葛亮出兵平乱，孟获就在龙苍沟乡境内筑城屯兵，抵御蜀汉大军。据说南军修筑的

金丝树圣（孙明经摄）

龙苍沟天生桥（陶雄辉摄）

城池唤作"孟获城"，就坐落在荥经与洪雅、汉源三县交界处的黄沙河峡谷末端。

河谷中一个唤作"大石坝"的地方，幽深的河谷至此赫然变狭，两旁的大山黑压压地向河谷上方挤压过来，道路即在山梁之上穿行。这种地方，易守难攻。布满沙土石块的小道终止在一块百十亩面积的平坝上，这就是当地人传说的"当年孟获部众放牧之地"。旁边流过的黄沙河将这块平坝和对岸隔开，与从汉源方向流过的白沙河汇合，形成了一个长满灌木荆棘的半岛。半岛的中央，一个巨大的突起物被疯长的荆棘遮得严严实实，难以辨别天造还是人置。

听当地老百姓说，20世纪80年代初，曾经有数百名彝族百姓来到黄沙河和白沙河的交汇处"寻根问祖"。后来，由于此地不适宜种植庄稼，人们迫于生计只好离开，孟获城再度回归寂静，唯有当年留下的城池墙根。20世纪80年代，相关部门曾组织过对孟获城的发掘，勘察结果认为，这里或是一个曾有少数民族居住的居民点。但这些少数民族从何而来，何时而来，为何而来，又是何时离开的，仍然是个谜。

四、一眼牛背心无尘

遗世独立的荥经牛背山，2009年春，经中国《国家地理》报道后，始为人知。

她那美得让人心跳、庄严得让人窒息的风光，被誉为"中国最美的观景平台""摄影者的天堂"。

牛背山位于荥经县牛背山镇境内，与泸定县接壤，是青衣江与大渡河的分水岭，荥河的发源地，海拔3300米。因山头突出酷似牛头，山脊平缓酷似牛背而得名。

牛背山顶是块不大的平台，在此环顾四周，无遮无挡，群山错落有致，层次分明。远处的贡嘎山犹如处子，静静地伫立于西，似乎在等待她心仪之人的到来；近处的泥巴山、娘娘山、瓦屋山、峨眉山、夹金山、四姑娘山、二郎山等沐浴在云海里，并拱卫在牛背山周围。当太阳挣脱了云海的重负，万道金光便洒向了群山，洒向了河川，天地之间一派盎然生机。

从荥经县城的海拔680米，到观景平台的3666米，如同电梯一样，直上直下3000米的高差，在穿越不同层次的植被带，经历不同气候类型凉热风雨，在耗尽体能，头疼欲裂，软软地瘫在山顶的草甸上，双目失神地呆望着天空时，那点点星辰，犹如少女魔幻般的眸子，一眨眼工夫，就布满了天空。天近山影远，月如玦，星可摘，万籁俱静中仿佛可闻天人语。这时才会体会到"手可摘星辰""恐惊天上人"的意境。

牛背山上的杜鹃具有仙风道骨之清癯，五月底六月初盛开之时，正好与山下隔季。

因为独特的地势和气候条件，牛背山长年多云多雾。但是，当太阳高照的时候，也会幸运地看到佛光。虽然从物理学的角度来说，这只是大自然带给观赏者的一个惊喜。但佛家说，只有与佛有缘，内心静净无尘者，才能看到佛光。因为那

（左）水秀花艳
（周安勇摄）

（右）鸽子花群落
（周安勇摄）

吃珙桐果的猴（王江摄）

大熊猫（宋心强摄）

赤麻鸭（杨铧摄）

鹭鸟群飞（杨铧摄）

光，是佛从眉宇间放射出来的，是救世之光，吉祥之光。

五、佛源圣地瓦屋山

瓦屋山，古称蜀山、居山。最早记之的典籍，当数北宋王象之的《舆地纪胜》，其称瓦屋山在荥经县东120里，形如瓦屋。

瓦屋山是中国最高、最大、最美的"桌山"，是亚洲第一大平顶桌山，世界第二大平顶桌山，被称为"上帝的餐桌"。

瓦屋山自然生态的原生性和完整性保存极好，是植物王国，约有3500种，其中国家一级保护植物7种，二级保护植物25种。杜鹃花共有40多个品种，约60万亩，总量占全国杜鹃品种的60%以上，其中有17种以瓦屋山命名的杜鹃花被收入英国皇家的《植物大辞典》，是实至名归的"世界杜鹃花的王国"。

瓦屋山也是动物王国，约有890种野生动物，包括大熊猫、羚羊、金钱豹等，国家重点保护野生动物50种，一级有8种。各类可爱的小动物在游人身边跑来跑去，有的甚至顽皮地蹲在岩石上让游人观赏、拍照。山上的鸟儿多得出奇，共有309种，是国际重要观鸟基地。岩石上，小道旁，三个一群，五个一伙，四处转

金凤蝶（杨铧摄）

悠，根本不躲避游人，热衷赏鸟的人在桌山能享受到前所未有的乐趣。

瓦屋山是我国罕见的气候地理单元，是"女娲补天"传说的发源地，同时也是"华西雨屏"的核心区。天赐奇象，美在四季。苏轼诗云："瓦屋寒堆春后雪，峨眉翠扫雨余天。"陆游则曰"山横瓦屋披云出，水至牂牁裂地来。"威尔逊说，瓦屋山是"一艘漂浮在云雾之上的巨大方舟"。

瓦屋山具有深厚的信仰文化。瓦屋山是辟支佛道场所在地，开发于汉，鼎盛于唐，明时三教合一，清时扬佛抑道，遂成佛教名山。

李后强的《瓦屋山是中国蜀山和道教源点》认为，山以奇为要，奇以形为魂，形以舟为佳。舟有动感，也有实际用途。桌山——诺亚方舟，能抗洪救人，能送人上天。古人船棺，巴蜀甚多，以过河升天为意。中国瓦屋山就是一艘停泊云端的"诺亚方舟"，世间高人如黄帝、老子、张道陵等当然深知其中奥妙，选择此地修行、创道、升天，瓦屋山为中国道教发源地。

第三节　茶叶茶史概说

荥经处中纬度，属内陆亚热带季风区，四季分明，气候温和。雨量充沛，冬无严寒，夏无酷暑，风速小，霜期短。县城多年平均温度15.3℃。一月最冷，平均5.3℃；七月最高，平均24.2℃，年较差18.9℃。年极端最低气温－4.9℃，年极端最高气温34.8℃，极差为39.7℃。全年无霜期平均为293天（最长328天，最短255天），是全国日照率低值区之一。年雨日200天左右，年降雨量为1253毫米，占全年的89%。境内宜茶土壤有冷沙黄土和酸性紫色土壤。气候土壤条件宜于茶树生长，是全省十一个边茶基地县之一。

日照金山（周安勇摄）

一、荥经茶史简述

茶叶是荥经的主要特产，茶产业在农业经济作物中所占比重较大。如今的平常农家在承包地里种上3－5亩茶，一年就有万元以上的收入，即可解决基本的生活所需。

1. 先秦、秦汉时期

《荥经县志》（1998年）记载："县植茶树始于西周。"要读懂这句话，得从荥经远古史说起，也涉及荥经地方方言中的上古音。

约公元前1046年，周武王姬发率领八百诸侯讨伐殷商，史称"武王伐纣"。牧野一战，商军大败，纣王自焚于鹿台。此后周取代商，成为天下共主，开启了八百年的大周王朝。

八百诸侯中，庸、蜀、羌、髳、微、卢、彭、濮实力最强，史称"西土八国"。决战前夕，武王与八国在牧野誓师，史称"牧誓"。

别看这八国有名有姓，但他们是谁，在哪？对今人来说，就是一个扯不清的糊涂账。

清人李元《蜀水经》说："清溪县，古髳国也。周武王伐纣，髳人从之。"曹宏《雅安史迹名胜探实》说："今荥经土著民族应是羌族邛人。""秦置蜀郡临邛县时，亦以'监视邛人'之意命名。'邛'本为'庸'，原为西戎一支，随杜宇氏南下入蜀，语转为'邛'，变为羌族。""商周时期，今汉源、石棉属髳国部落。髳与髦、旄、犛相通，今简化为'牦'，以牧牦牛为生之意。蜀杜宇王时期，与青衣、徙榆同以方国形式，接受羌族文化，曾随杜宇助武王伐纣。"《荥经县志》

（1998年）说："'荥''邛'乃一音之转。"

以上引用，可理解为荥经原本为"庸"，上古音语转为"邛"，邛转为"荥"。庸与蓼，同时助武王伐纣。

《茶经》上说："茶之为饮，发乎神农氏。"说明在4500年前的神农时期，人们发现并开始利用茶叶。其实，所有的植物都有地理起源和栽培起源的问题。地理起源是指某一植物类群，从无到有的自然过程，是远在人类出现之前就已发生。栽培起源则是人们有目的的野生驯化。《华阳国志》记载武王伐纣，巴蜀有"茶"纳贡，并有"园有芳蒻香茗"的记载。"荼"即"茶"的通义，据说是大唐开元年间，唐玄宗李隆基（唐明皇）编撰《开元文字音义》，把"荼"去掉了一横，写成了"茶"，正式确定了"茶"字。"园"，为人工意，也有园林之解。园内有香茗，这香茗也许是人工种植，也许是园内本就自生香茗。而《荥经县志》中的记载，是人工种植的意思。

公元前316年，秦灭蜀，茶叶走出蜀地。公元前312年，秦置严道，治所在今荥经县严道街道古城村。西汉时，严道县人吴理真植茶蒙山。唐代《括地志》云："严道县，今雅州所理也。秦昭王严君疾封于此，故有此称。"可见战国秦的严道县范围辖及更广。唐代的《元和郡县之志》说："名山县本严道县地。"

1979年冬，六合公社扩建严道古城南面的水塘，施工中发现了很多茶叶。刚被挖出时，脉络清楚，色呈土黄，犹如当地生产藏茶过程中，第一道工序即发酵后的茶叶。茶叶部分带有茶梗，都是成熟的老茶。叶片大小基本相同，整个茶叶窖场基本是顺古城南墙角堆放。窖场底部和上部均有白膏泥包裹。茶叶出土后，迅速由黄变黑，快速干枯，瞬间便面目全非，风一吹即成粉末。按李晓鸥、高俊刚《揭开一件尘封的往事——记我所见的窖藏茶叶兼论茶叶起源》一文所说，此茶叶窖藏最迟年代应为东汉末年，是在严道城居住的楚后裔所为；严道古城是南丝绸之路上的一座贸易重镇，它虽偏居西南的蛮荒大山之中，却是在很早以前就与中原和西域有着密切的联系，窖藏茶叶应是贸易产物。

2. 唐、宋时期

唐代民间饮茶之风盛极一时，四川茶区也日益扩大。彭州（彭县）、绵州（绵阳）、蜀州（成都）、邛州（邛崃）、雅州（雅安）、泸州（泸县）、眉州（眉山）、汉州（广汉）等地，都普遍栽培茶树，茶叶生产成为农村重要副业，焙制茶叶的作坊也相继出现。当时加工的茶叶种类有粗茶、散茶、末茶、饼茶等，逐渐传入西北西藏等地区。

沈括《梦溪笔谈》言，宋朝在各地设置六个榷务所、十三个茶场，专营茶叶生产贸易。《元丰九域志》记载："雅安芦山郡灵官一寨一茶场，名山百丈二茶场，荣经一茶场。"

宋熙宁七年（1074年）和九年（1076年）提举茶马司先后在名山、百丈设置茶场，尽"榷"全县茶叶。宋神宗又在元丰四年（1081年）下诏："专以雅州名山茶为易马用。"

宋苏辙是较早对蜀茶产区进行整体战略思考的经济学家，元祐初年（1086年），他在《申本省论处置川茶未当状》中批评朝廷榷蜀茶易马时，造成了茶业的混乱。他说，茶产区是一个整体，名山官榷，周围的雅州、庐（芦）山、荣经不官榷，就会乱窜茶货。再往大处看，雅州、嘉州、眉州水陆相通，又是一个整体，厚此薄彼，难免挂一漏万，茶法就失去了应有的权威而可能变成一纸空文。[①]苏辙的意见得到认可，《宋会要辑稿》卷十一"食货三〇"记载："辛未，都大提举成都府、利州、陕西等路茶事司言：'应雅州管下卢山、荣经县、碉门、灵关寨、威、茂、龙州，绵州石泉县界，并为禁茶地分。如敢侵犯，乞并依熙、秦等路法施行。'从之。"可见，宋时荣经是朝廷的榷茶重地。

3. 元、明时期

蒙古统治者拥有北方和西北的所有战马，对汉藏茶马贸易中的马不感兴趣，但却重视输往西藏的藏茶。

元世祖至元二年（1265年）置宣抚司于雅州，后改称六番招讨司，司设碉门。当时天全土司所统治范围，已"外抚董卜韩胡、鱼通、长河西诸夷，内统黎、雅、宁远诸路"，东北达邛崃火井一带，北控今宝兴全部，南达今汉源清溪，东抵飞仙关。元朝利用当地土司完全控制了藏茶进入康藏的通路。但是因为高额加价，使西藏僧俗不满，常常因茶酿乱。于是，主管茶务的成都路总管张廷瑞改变茶法，令不懂经营的地方官府不得买卖茶叶，改由茶商交纳茶税的办法，按每百斤茶纳税二缗（缗为古代穿铜钱用的绳。一缗相当于一贯），商买商卖商运，茶商与藏商之间可以自由交易。这项政策促进了藏茶种植和民间贸易的发展。

民国《荣经县志》记载，明万历间，商人领南京户部引中茶，其中，边引者，

---

①　张花氏：《东坡茶》，四川辞书出版社，2019年，第9页。

有思经、龙兴之名。思经产雅州，龙兴产洪雅。入笕来县堂称验，连笕仅许108斤。截角取验，方落店家。每引税银或七钱二分，或五钱二分，以税银之多寡，为领引之盈缩。始仅五千道，后增至八千有奇。大笕落店后，编成四小包，名为哨茶。堆积小坪山下，逢二、八日再验取印，然后运往大关山，经委员验讫，过黎城入番贸易。

清李调元编纂《井蛙杂记》，其中有言："瓦屋山太湖寺出茶，味清冽甚佳，诗人咏之曰：'品高李白仙人掌，香引卢仝玉腋风。'"其意是说荥经太湖寺出茶，其品质比李白族侄中孚禅师送给他的玉泉仙人掌茶还好，其香可比常州刺史孟简送给卢仝的阳羡茶。

崇祯年间，荥经县令张维斗有两篇文章与太湖寺、山门寺的茶叶相关联。

一是《太湖寺记》中说"梵徒俱以贩茶为救饥计"，说明当时太湖寺的僧人日子过得比较艰难，似无固定的庙产收入，靠化缘、布施也解决不了日常之资，于是，也做茶业营生。至明中叶重修云峰寺，历时数十年，至嘉靖初厥工告成，僧人们集资醵财，其中也有的捐赠土地，但生活尚不丰裕，故僧人俱以贩茶为救饥计。当时太湖寺茶与山门寺茶均有名，僧人们不仅贩茶，还包括种茶、采茶、制茶的自产自销在内。云峰寺地处川藏茶马古道大路上，藏族僧人往返内地，或宿雨城区的金风寺，或歇荥经县云峰寺，直接参与茶土贸易、茶马互市。

二是《增连价说》。荥经出产一种珍稀药材叫黄连，为连中极品，明朝时，命荥经岁贡八百五十斤。因连年采挖，资源耗尽，而贡数不减。连户倾家荡产，也不能供贡，哀怨之声充耳。至崇祯年间，张维斗来荥经当县长，见因连贡而致民生困苦，便向上级打了《增连价说》专题报告，拟拆东墙来补西墙，让太湖寺、山门寺一带种茶户和出外贩茶之人向官府上交一定的利润，以补给连户。但他又担心"加之引茶，又恐便于民不便于商"，便请示李守台拍板。李守台说："商人一引之茶，税银五钱零或七钱零。每引加六厘，不过戬之稍高，于商无大损，而于连户有利，计无便于此。"李守台认为此议可行，张维斗便奉命行之，而茶商果然也没有意见。当时荥经有茶引八千二百道，每年可多得四十九两，用于补贴连户。

4. 清朝、民国时期

县志记载："明万历年间（1573－1619年）年销成品茶约40万公斤，清雍正年间（1723－1735年）约增至116.5万公斤。民国时期，因战乱，茶产量低。新中国成立前夕，留下茶园3395亩，鲜叶年生产量为47.5万公斤。"

《荥经县茶业志》记载，自清列入南岸后，始有专商报立案设号。清代盛时，川陕合引额达23000余张。清末至民国，姜记裕兴、王记大顺、兰记荣泰三家称为"三大茶号"，皆官府立案，子孙世代相传，资金厚实，产品在销区有很好的信誉。

吴觉农主编《茶经述评》载："原雅州所属的产茶各县中，以荥经县的观音寺茶和太湖寺茶较为有名。观音寺茶，产于荥经县箐口驿观音寺，清宗室果亲王入藏时，曾品尝过观音寺茶，后来便采茶入贡，成为定例。"

清乾隆时，荥经县令劳世沅认为："我荥邑山多田少，产谷无几。稼穑之外，莫急蚕桑。"于是，在全县倡导植桑养蚕，并捐了1000余株桑树试种，把栽桑养蚕的方法编印成小册子刊发，著《蚕桑说》，收入其主编的《荥经县志》。在他的倡导下，一时间，蚕桑业颇盛，有民谚曰："勤喂猪，懒喂蚕，四十三天就见钱。"如今，荥经县城周边的田边、地角、路旁尚有当时所植之桑。

观音仙茶为安靖乡箐口驿后面山上观音寺所产，因负盛名，20世纪80年代，国营荥经塔子山茶厂恢复其生产，并于1992年在西安获得"陆羽杯"优质名茶奖。《荥经文史》第6辑廖松云《观音仙茶的恢复与制作》、《荥经文史》第10辑邓正坤《国营荥经县塔子山茶场（1956－1993.3）》，均称观音寺茶特征是"质轻""干短""色味鲜"。

民国十年（1921年）前，荥经边茶业务还是比较正常的，之后由于军阀割据，兵祸连连，派捐借款，边茶首当其冲。尤其是刘文辉退败康雅，经济困难，不仅在捐税上大肆罗掘，且滥发纸币、银圆，造成市场金融混乱。在此十数年间，荥经的朝兴、亿盛、全安隆、全安成等茶号先后倒闭，公兴、长盛元茶号亦趋于衰退。1939年"康藏茶业公司"成立，统一经营边茶。康藏茶业公司是官商合资企业，资本金一百万中，官僚资本占20%，其余由荥经、雅安、天全三县的大茶号集资入股。荥经入股的有姜公兴、兰荣泰、兰荣兴。总公司设在康定，由永昌茶号主要成员分任总经理和协理，孚和茶号任经理，下设若干股室和制造厂，在荥经设制造厂两个，由兰翘云负责。1942年，引岸制取消后，一批茶商相继复业，因社会动荡，加之印茶、滇茶的影响，景况不佳。

5. 计划与市场经济时期

新中国诞生后，进行了社会主义改造，所有制结构发生了本质的改变，中国进入计划经济时代。

1950年1月，西康贸易总公司《地方专业化草案》规定："雅属荥经、天全设粮食公司，专事购销，调剂民需，以支持收购茶叶，并兼营纱布等百货。另各设茶叶制造厂一处，专事收购原料、制造成品，受县专司和省分司双重领导。"即荥经茶叶制造厂受西康贸易总公司、荥经县粮食公司双重领导。当年实行收购积压茶包和委托代加工的办法，受到茶商的拥护，为边茶业的社会主义改造奠定了基础。当年计划完成5万包砖茶任务，收购30183包，自制23000包，实际完成53183包。

1951年1月1日，西康省茶业公司派人到荥经，以200担大米（合人民币6000元）购姜又兴私营茶店旧厂房及部分生产设备，正式成立"西康省茶业公司荥经茶厂"，为国营企业，隶属西康省茶业公司，产品直接调运西藏。这时的藏茶叫"边销茶"，也简称为"边茶"。4月，收购官商合办的康藏茶叶股份有限公司荥经茶厂的生产工具和全套设备，雇请临时工人开始生产，有砖茶、芽细、毛尖、金尖四种产品。厂址位于西康省荥经县人民正街177号，厂区面积12亩，全厂工人21人，其中，长期工人6人。

5月16日，荥经县人民政府批准私营荣兴茶号进入公私合营，定名为中兴茶厂。泰康、蔚新生、宝兴茶店组建了协康联营茶厂，至1953年"三反""五反"后歇业。1955年3月，经西康省人民政府批准，荥经县公私合营中兴茶厂迁雅安，并入公私合营中翕茶厂。1956年5月，中康茶厂、中翕茶厂合并，定名地方合营雅安茶厂。

1955年10月至1957年3月，西康省茶业公司荥经茶厂划归四川茶业公司雅安支公司领导，更名为"雅安茶业支公司荥经茶厂"。1958年4月，改属雅安专区棉麻烟茶采购批发站领导，更名为"四川省荥经茶厂"。1962年6月厂站合一后，划归雅安茶厂领导，1978年3月，改属雅安专区外贸办事处领导。1978年4月至1980年9月，改属雅安地区外贸局领导。1980年10月至1983年9月，改属四川省雅安茶叶进出口支公司领导。1983年10月，改属雅安地区对外经济贸易公司领导。1994年，地区将管理权下放至荥经县。

计划经济时期的荥经茶厂，生产与销售均由上级下达指令计划，按计划生产，按计划调拨，国家定价，统购统销，产品由外贸汽车来厂运至西藏商业厅成都转运站（八里庄处），然后在青龙场上火车至青海格尔木，再由汽车分运至西藏拉萨、日喀则等广大地区，骡马驮运至乡、村，保障藏胞的日常生活，运费全由中央财政补贴。

1951－1985年间，国家对荥经茶厂的投资为208万，生产边销茶42346.7吨，年生产量最高时2500吨，产品为芽细和康砖。该厂先后投资268万余元，改、扩建和

荣经茶厂（资料图片）

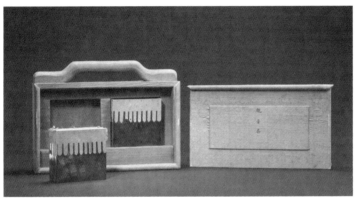

《故宫贡茶图典辑录》

边销茶准产证、全
国民族用品定点生
产证

民国期间荥经南路边茶茶店变化情况一览表

店号	店主	开业期	歇业期	说明
德安	刘德安	清代后期	民国初年	公兴店和荣泰店均是加入康藏公司后歇业。
朝兴	王品斋	清代后期	民国十五年	荣兴店于民国二十八年加入康藏公司,后退出重起炉灶,于1951年公私合营后更名中兴茶厂,在次年与雅安中裔茶厂合并。泰康、宝兴、蔚新生于1951年成立协康茶厂,1953年末歇业。
亿盛	王怀钰	清代后期	民国十八年	
长盛元	王猷轩	清代后期	民国十八年	
公兴	姜永寿	民国初年	民国二十八年	
又兴	姜德之	民国十六年前后	民国二十年	
蔚新生	姜豹生	民国二十二年前后	1953年	
鸿兴	姜尚文	民国二十五年前后	民国三十八年	
全安隆	姜伯衡	民国初年	民国二十二年	
全安成	姜廷楷	民国四年前后	民国十六年	
全安同	姜廷珍	民国六年前后	民国十一年	
荣泰	兰翘云	民国三年前后	民国二十八年	
荣兴	兰光廷	民国二十六年前后	1951年公司合营	
四丰合	陈兴元	民国二十二年前后	民国二十五年	
世昌隆	胥梓良	民国三十六年前后	1950年	
康宁公司	张厚斋	民国二十五年前后	民国二十八年	
康宁公司一厂	兰翘云	民国二十七年前后	1951年	
宝兴	朱晓楼	民国二十六年前后	1953年	
裕康	徐建章	民国二十五年前后	民国二十八年	
泰康	朱开华	民国三十一年前后	1953年	
成康	陈伯昌	民国三十一年前后	1950年	
恒盛	陈炳恒	民国三十二年前后	民国三十四年	
兆裕	田芳兆	民国三十二年前后	民国三十四年	
中茶公司荥经藏销茶叶精制厂	曾锦光	民国三十六年前后	1950年	

技术革新，通过创造无米浆制茶法、试制成功切茶代平筛机、推广热水发茶、改革单刀铡茶为双刀铡茶等一系列技术工艺改造，防止茶砖虫蚀霉变，节约劳动成本。1983年7月25日，"民族团结牌"康砖茶被评为全国部优产品，获部颁证书。1990年，荥经茶厂被定为国家储备库，年储量为4000－8000担，国家给储备金定补。至20世纪90年代初，该厂年产康砖能力达4.5万担，有固定资产352万元，占地面积2.3万平方米，基本实现边茶加工的半机械化，企业被四川省列为全国南路边茶定点厂。

2001年10月底，荥经茶厂改制全面结束，其机械设备和品牌资源被雅安市友谊茶叶有限公司收购。

二、荥经南路边茶工艺概说

1. 南边原料茶

南边原料茶包括粗茶和条茶两类。粗茶中又有做庄和毛庄之分，凡鲜叶杀青后，经过蒸揉、发酵（沤堆）处理，再行干燥的叫作庄茶；杀青后未经蒸揉、发酵即行干燥的叫毛庄茶。毛庄茶叶色青黄、香气低、品质差，所以大部分为庄茶。

鲜叶杀青后，要经过反复揉捻成条索后，进行干燥。基本的制法将蒸熟的茶叶倒入麻袋后，在木溜板（或门板）上进行蹬蹭，叫上板凳坡。这种场景，现在许多茶厂、博物馆均有复制。第一次蒸馏称头道桶，二次蒸馏称二道桶，做庄茶一般要经过2－3次蒸馏，使茶叶揉捻成有条线为止。

荥经所产青毛茶除满足"砖茶"洒面茶的配料外，其余由内销市场销售。

青毛茶的制法是鲜叶经红锅杀青，然后揉捻，炭火焙干或太阳晒干，即成条形的炒青或晒青茶。炒青茶的色、香、味较好，晒青茶次之。

此外，还生产红白茶（老鹰茶），除作边茶配料外，多属农村饮用，1952年停止收购。

上述各类茶叶的初制，均沿袭手揉脚踩的制作方法，费力大，工效低，也不够卫生。中华人民共和国成立后，在党和政府的大力支持下，农村制茶经过不断技术革新，工艺有了大的变化。从1957年开始，由手工制茶到木制手摇和水力揉茶机逐步发展为电动配套揉茶机具制茶。制茶组织形式也由1954年的部分互助组合作制茶发展为茶叶初制厂（组）35个，拥有制茶机具共132台（套）。

荥经是主产"砖茶"成品茶的生产县，配制砖茶原料的主料茶是粗茶和条茶，辅料为青毛茶，这些原料都来自农村。而农村对这类原料茶的生产，又与茶叶的按

雅安茶业支公司荥经茶厂　　　　　　　　　荥经茶厂生产的康砖、金尖藏茶

时采摘和各时期指导茶叶生产的方针政策有紧密联系。如1954-1956年，为了发展粗生产，实行茶叶"细转粗"后，因推迟茶叶采摘期而引起茶叶种类变化，青毛茶由1953年的949担，降至1958年的11担。条茶由4797担降至1688担，粗茶由5905担上升为9251担。1957年为了扩大内销，又采取"转产部分青毛茶生产"的措施，青毛茶的产量较上年上升了190担，条茶上升139担，粗茶下降1613担。

2. 成品茶的制作

荥经南路边茶的品种，在民国《荥经县志》中仅有大茶、金玉、春茗几个单一名词的记录，并无任何解释。据《荥经县茶业志》考察分析，大茶指金仓茶而言。金仓是茶梗、茶叶、茶末兼以炒熟之糯米浆浸配压制而成，销售边区广大农、牧民饮用；金玉即后来的金尖茶，是以做庄茶兼金尖茶配制而成，主销边区政府官员和富裕藏商及寺庙喇嘛饮用；所谓春茗，是指芽细茶。芽细是用细茶3-4级配制，其产量不多，专供边区上层人物饮用。自民国初年创制砖茶，康砖茶成为荥经茶商专利，尔后逐渐少制金尖和芽细茶，停制金茶，故而形成主产康砖茶区。

荥经南路边茶的制作是个繁复的过程，它是如何演化的，现在无从考究，作为世界级非遗，在漫长的历史岁月里，它为世界贡献了友谊、和平、健康，成为中华民族团结的纽带。根据《荥经县茶业志》及相关文献的记载，南路边茶的制作主要包括以下程序：

初制：凡收进的毛庄茶都要改制成做庄茶，其制法与茶农制作毛庄茶大体相同。

复制：凡制造砖茶或金尖茶的原料，都必须经过筛、拣、簸、铡等作业，剔其长梗、黄亮、夹杂物后，整理成符合质量要求的面茶和里茶以供配料使用。

蒸茶（孙明经摄）

蹓茶（孙明经摄）

铡茶（孙明经摄）

晒茶（孙明经摄）

择茶（孙明经摄）

码茶（孙明经摄）

　　蒸压：南路边茶蒸压成包创自清初。由于交通不便，运输困难，必须压缩体积便于长途运输。通过长期的生产经验积累，从而发明了边茶蒸压制法。《天全县志》载："清初乃设计制包茶，每包四甑，蒸熟以木架制成方块，每甑六斤四两，恐包同易混，又各绘画鸟兽人物形制，上画番字以为票号。荥、雅、邛三邑商人闻天全造包之法颇为便运，每茶百斤装一篾笮运炉，荥经亦照样造各编夷号一同发售。"据《荥经县茶业志》考证，边茶蒸压制法亦历经多次改进，清代中叶，由原每甑六斤四两，每包二十五斤，改制成每甑五斤，每包二十斤；清末至民国期间，又改制成每甑四斤半，每包十八斤。新中国成立后，边茶规格仍沿袭旧制，康砖每甑一斤二两，金尖四斤半每包十八斤。从1966年起改制机压茶每包二十市斤（十六进位的旧秤）。

　　边茶的蒸压，即先蒸后压的操作方法是：

　　蒸茶（跑帕）：先将不同质量拼配的茶叶放入四角结以棕绳的麻帕内，每甑蒸二帕，上下相叠，底帕先提出，上帕即移为底帕再加上未蒸之茶帕于上层，上帕兼作甑盖之用。每帕约蒸30－40秒钟，蒸茶温度90℃以上，如是轮流替换直至完成。砖茶每帕（甑）一斤，每十六帕（甑）为一包；金尖每帕（甑）四斤，每四帕（甑）为一包。

风选（卫国供图）

堆沤（卫国供图）

春包（卫国供图）

捆包（卫国供图）

压制：茶店均沿袭古老的制茶方法用木制茶架，内安装架盒子（以两片木制夹板合拢而成，长约120厘米，内径茶砖规格大约0.4厘米）。操作时，将篾装入盒子后撒入面茶再把蒸后的茶叶投入竿内，以20多斤重的浇棒（铁头木把）双手用力春击筑包，每次一甂（帕），随蒸随压。砖茶，每春击一甂须费强度手力六下，金尖须十多下。加工过程中，尤以筑包工人最为劳苦，故操作时，须有贴架和掌架各二人以便轮流替换。架上春完的茶包（半成品），必须置放通风处干燥，一般要压码3－4天后再行装包。

包装：经过倒包（压制后的半成品），整形（逐甂用棕刷、刀挑等办法剔去篾页和夹杂物）后，再按藏人习惯，每甂用黄纸包裹，并附以红纸藏文商标。砖茶每甂（一斤）为小包，每十六小包再分包为四大包，然后扎以条（捆肉包），套入篾等。每包头、底附以茶梗一小包，重约二两许，用以保护商品，最后用长、短篾纵横捆扎。长篾纵捆两道，短篾上、中、下横扎三道，直至完成待运。

南路边茶制造工场的作业组织，大体分"架子""案子"及"散班"等工种。其作业范围是架工压制半成品，案工包装成品；散班复制原料。全部生产过程系手工操作，一茶店工人以散班做活时间较长，岁约半年（自头茶产新后，陆续进店加工原料，直至毛料加工完毕），架、案工作时间一般只有三至四个月，架、案工采用计件工资，砖茶每工120包，金尖160包。散班以日计算，但都由茶店供给伙食，工完钱毕。

三、当前荥经茶业概况

党的十一届三中全会以后，随着农村联产承包责任制的不断完善，茶叶经营管理方面也有了大的变化。粮茶同耕的茶园，除随地承包到户经营外，对原属社队经营的茶园也划片承包到户经营，调动了茶农的生产积极性，经济效益明显提高。1985年，茶园面积增长到29000亩，产量15242担。

2021年，茶园总面积达12.1万亩，其中民建彝族乡1.4万亩、新添镇1.4万亩、宝峰彝族乡0.7万亩、荥河镇1.7万亩、严道街道1万亩、五宪镇1万亩、花滩镇1.2万亩、牛背山镇0.7万亩。种植品种以福选9号、福鼎大白茶、名山白毫131、川茶中小叶群体种（老川茶）、大茶（4号茶、蒙山9号）、白化品种、黄化品种等为主。

初步建成牛背山－荥河高山高品质茶叶基地一个，基地种植黄金茶面积达10000亩，已投产黄金茶园0.6万亩，年产量为36吨，产值达1800万元。

新添－宝峰现代茶产业园区成功创成市级三星级现代茶产业园区，园区内茶园面积1.3万亩，核心区茶园0.5万亩，有机茶园0.14万亩。2021年，产鲜叶3413吨，加工干茶706吨，主导产业茶叶产值2.03亿元。

荥经县境内现有茶叶加工、销售企业20余家，其中，四川省荥经县塔山茶叶有限责任公司和四川荥泰茶业有限责任公司为省级农业产业化龙头企业。

2020年，茶叶总产量4500吨，鲜叶产值2.2亿元，综合产值3.7亿元；2021年，茶叶总产量4720吨，鲜叶产值3.3亿元，综合产值5.5亿元。茶叶产业已成为荥经县农村经济发展及农民增收致富的重要经济来源，特别是新添、宝峰、民建、荥河、牛背山等乡（镇）已成为名副其实的茶叶主导产业大乡。

现在生产藏茶的主要企业有姜氏茶业股份有限公司，塔山茶叶有限责任公司，荥泰茶业有限责任公司和雅安雅雨茶业有限公司。

第四节 背夫，川藏茶马古道上的独特风景

在数千年川藏茶马古道上，有一首悲壮的人生"背"歌难得为当代所知，也将于历史的长河中淡然隐没，这就是背夫与背夫谣。

茶马古道是一个庞大的交通网络，在这个庞大的交通网络中，从雅安至康定，是一条以人力运送方式为主的古道。古道上背夫们当年歇脚时用拐子杵下的斑斑杵痕仍清晰可见，只是"背[bēi]背[bēi]子"作为一个行业，早已退出历史的视线，背[bēi]夫作为一个社会群体，也将从历史的时空中消逝。但他们的身影，依然蛰伏在当代的记忆里。

一、边茶的运输与背夫的产生背景

人类对茶叶的发现、饮用，直到向普通民众的普及，经历了漫长的历史发展过程。至唐中叶，饮茶方成为社会各阶层的普遍嗜好。

唐人李白曾感叹道："蜀道之难，难于上青天。"那时的交通工具就是人力背负。宋人苏辙备感蜀茶运往西北之苦而感慨道："蜀道行于山溪之间，最为险恶，搬茶至陕西，人力最苦。"运茶路途漫长，负责运送的军民队伍庞大。《明实录·英宗实录》记载，正统九年（1444年），仅由陕西起运茶叶至各茶马司的军夫人数就达21070余人，茶叶运输成为川陕军民的沉重负担。

元、清两朝，易马的功能不存，边茶成为驭番、治边、税收的战略物资。因为宋时在雅安设有茶场和马场，藏族同胞是可以直接到雅安购茶的。那为什么在雅安至康定这段路主要用人背，而少有用骡马驮呢？

正如周文《茶包》中所说："川康的交界处，是一个绵延不绝起起伏伏的高山。"任乃强《川康交通考》中说："西康统治之困难，由于交通之梗塞。故欲解决西康问题，须先解决川康交通问题。"

雅安处于成都平原向青藏高原的过渡地带，山高路陡，在没有现代交通工具的时代，什么都是靠背的。背夫既是当时的运输工具，也是自身谋求生存的方式。在茶马古道的研究中，说背夫一般就专指背茶包子，这是因为茶包是大宗商品，大宗货运。《南路边茶史料》记载："据解放初期雅安、天全、荥经三县统计，人口为20余万，其中大部分为农业人口，以茶叶作为主要收入或副业收入的约10万人以上，参与制茶的职工约5000人，背运茶包的至少10000人。"

由于雅安乃至四川边茶产区都是农耕地区，没有牧场供给骡马草料，也没有大规模的马厩供其歇脚。历史上藏商一旦进入产区直接购运茶叶，其驮队将给粮农造成巨大的损失。如咸丰年间，不少茶商为降低成本，擅自允许藏商驮队超过官方指定的交货地点，直接进入灌县境内的各产茶点贩运茶叶，"以至北关外之义家及沿途庐墓、禾苗，被夷估作牧马之场，践踏不堪"。当地百姓一经阻斥，反被串通一气的汉藏茶商"卧扰诬赖，受害良多"，致使商农纠纷不断发生。[①]

从成本核算上讲，"在平路上，一匹马可驮12条茶，在雅安到打箭炉的路上，一匹马最多可驮两条茶！这条路上一个男背子最少可以背12条茶，多的可以背19到20条。女背子少的可以背7条，多的可以背10条，一般的背8条，用马驮茶还要马夫照看马匹，要是先生来经营运茶的生意，先生你会用人背还是用马驮""从雅安到打箭炉之间的路上，一个强壮的男背夫的运茶能力，一人一趟可以多达一马一趟的10倍！这是孙明经在没有亲身走过这条路之前实在难以想象和理解的"。[②]

路况不宜骡马驮行。从雅安到打箭炉之间的路上，普通路的坡度一般为20°—30°，常会遇到45°的陡坡路段，最陡的达65°。路一般宽3尺左右，有的路段仅2尺宽。少数宽敞的路段也只有四五尺宽。1939年，与孙明经同行考察的一位武汉大学的地理老师，自费购马一匹，本以为一路上可以骑行，帮驮行李，没想到遇到陡坡不但不敢骑在马上，还要很费力气地拉马，马才能登上陡坡。"看到空载的马匹遇到陡坡需要人用很大的力气拉才能登上陡坡这样的情景，孙明经心里一下明白了，两千多年来，为什么这条明明叫茶马贾道的路上，从未有过马匹或马帮运输边茶的事实的原因和道理了。"[③]

1909年，陈渠珍奉赵尔丰之命随川军钟颖部进藏，他在《艽野尘梦》中记到：

大小相岭，相传为诸葛武侯所开凿，故名。经虎耳崖，陡壁悬崖，危坡一线。俯视河水如带，清碧异常，波涛汹涌，骇目惊心。道宽不及三尺，壁如刀削。予所乘马购自成都，良骥也。至是遍身汗流，鞭策不进。盖内地之马，至此亦不堪用矣。

英国人爱德华·科尔的恩·巴伯所著《华西旅行考察记》是这样描述他的见闻的：

背夫和骡子把成包的茶叶运送到打箭炉。一头骡子的负重只有一名背夫的一半，但它的速度比背夫要快上远不止一倍。背夫们都背着一个轻便的木制框架，架子的上端高过人头向前弯曲，用棕纤维制成的背带套在双肩。他们能够背负的重量令人咋舌。冯·李希霍芬男爵写过："全世界恐怕再也没有第二个地方会有人在高海拔山区背负如此沉重的行李。六七包算是很轻的，一般都有10－11包，而且——

---

① 任乃强：《任乃强藏学文集》下，中国藏学出版社，2009年，第251页。

②③ 雅安市人民政府：《边茶藏马——茶马古道文化遗产保护（雅安）研讨会论文集》，文物出版社，2012年。

大相岭茶马古道（孙明经摄）

虽然这听起来不可思议——我曾看过不少背夫一个人背了13包。据说某些背夫可以背18包，也就是324斤，我多次见到有背夫背了18包茶。"甚至有一次，一个瘦子背了整整22个雅州大茶包。虽然实际上一包茶远不到18斤，但他肩膀上的负荷至少也有400磅。就我的观察，那些最能干的背夫不一定体格特别健壮，但他们的身材一定是最挺拔的，虽然他们背得比别人都要多，却不像别人那样容易患上静脉曲张。背夫每走几百码就会停下来休息一阵，由于他们无法把放在地上的货物背起来，在停下来的时候他们都会使用一种短短的拐杖来支撑茶包，这样就不用把背带取下来了。他们一天行路六七英里，晚上在客栈睡觉，在20天内要背着重荷走完

　　　　　　　第三章　"仁真杜吉"诞生之地——荥经

120英里，从雅州直至打箭炉。这一路上要经过两座山口，海拔上升7000英尺，路面坎坷，每一步都要注意脚下。背夫的薪水取决于他背负的重量，从一天250厘到300厘不等。

当然，这是从总体上来说。但在实际的经营中，唐宋时期就曾经用过牦牛来运茶，后来因为牦牛的行走速度慢，也不适应内地气候环境而改用骡。骡子的负重大，但其个头大，在山路上行走很不方便，以后普遍使用"建昌马"，少数用骡子，虽然"建昌马"负重不大，但灵活，善走山路，速度快。[①]

骡马运输分为"汉骡帮"和"藏骡帮"。"汉骡帮"是由汉人经营的，一般在雅安雇用，运茶到康定仅约需7天，但运费要高于人工背运的20%以上。"藏骡帮"由藏人经营，在康定雇用，时间更长，费用更高。荥经没有专业经营骡马运输的行帮，只有小本、分散的经营户，且不是专业从事茶包运送，若要从事茶叶运输，则需"挂靠"别的"骡帮"。由于雅安属农耕区，没有地方可供放牧，加之饲养、运输费用高，在不急于交货的情况下，人力是最"划算"的，背夫的产生就有其客观的必然性。

二、驿站与行程

荥经的背夫分走两条路：一条路是在花滩分手，经安靖过大相岭上的草鞋坪到宜东。另一条路是大漩口以上。

雅安至康定为8站535里，按清时马站分别为：雅安至荥经麻柳场70里，麻柳场至黄泥堡60里，黄泥堡至汉源清溪城60里，清溪城至泥东75里，泥东至泸定县化林坪75里，化林坪至泸定桥75里，泸定桥至瓦期沟60里；瓦斯沟至康定60里。宜东是雅安至康定途中的一个转运站，为清末川滇边务大臣赵尔丰整顿边政时所设，当时称作"泥头汛"。

从花滩经牛背山到康定的驿站，从背夫口述来看，主要有石锅坡（又名黄包寺）、小河子、秦家街、马安池、新庙子、飞水场、火谷坪、斑竹弯、金洞子、煤坪（炭厂）。到煤坪后有两条路可走：如果从右边走，经蒲麦地（海子上）、龙八堡、冷碛；从左边走，经山王岗至化林坪，合从宜东来路，再到冷碛。1935年，中央红军长征即由此路从化林坪进入牛背山镇。

①　李红兵：《四川南路边茶》，中国方正出版社，2007年。

三、背夫的日常

背茶是大宗农副业，冬春两季是运输旺季。农民种田，解决食的问题；衣服日用，都靠副业。在农闲时，成批农民走向城市找副业，就同现在进城打工一样，在当时背茶包就是最好找的副业了。

新添镇马塘上的付成银夫妇都是背夫，只不过付成银是背茶包，他妻子是背大米、杂货的。背大米就从雅安城经观化、越飞龙关、高桥关、新添站再到马塘上。背米其实就是做小本的转手买卖，因为雅安的斗、升都比荥经的大，一斗米到荥经可翻为近一斗一升，俗称为"翻口袋"，利润还是可以的。一般都是在春荒、秋荒时季才有背的。在20世纪80年代，荥经民间把入乡收购兔毛的人称作"翻口袋的"，其渊源即在此。

从雅安到康定这条路上，背运的首推茶包最多，也还有背盐、布匹、日用杂货的。背运货物的人，现在我们称其为"背夫"，其实这是现在的称法，或是书面称谓。在荥经乃至雅安境内当时都叫"背二哥"，把背运货物称作"背背子"。成都平原的人习惯于肩挑，他们行走于此路上，也是以挑为主，被称为"挑子客"。相对于"挑子客"而言，背夫又称"背子""背子客"。

人力运输，平均日行25－30里，走14－18天，有的要走上一个月。茶包运输人力约占75%，畜力占25%。人力负8－10包，畜力负10－15包。

"背二哥"分"长脚"和"短脚"。"长脚"是从发货地出发一直背到康定。"短脚"是从发货地出发背至宜东，或从宜东背至康定。因为商家多在宜东设有转运站，将茶包重新"起脚"，由另一朋人背运，称作"换背子""转背子"。

"朋"是背夫的基本单位，也是荥经人的专用词汇。过去民间常把纠结人打架、吵嘴，称作"扯朋事"。一"朋"人数的确定，以能承担一引（单）的基数来确定。领队的称"掌拐师""大背师"，刚入行的小娃娃称"小老幺"，其余唤作"背师"。

"背二哥"多以亲戚朋友、坡上坎下的同乡结伴而行，十几个或二十几个为一"朋"，其中不乏父子同道、夫妻同行、祖孙三代在一"朋"的。亲密的关系以便彼此照料、克服困难和有祸同挡。

背运茶包，看似普通的重体力活路，其中的经验和技巧还是很重要的。这如同现在开汽车一样，会开车的人很多，开得好的人不多，开得顶好的更少。一"朋"人里选年高有德望者或久跑江湖懂外事、遇事老成者为"掌拐师"（或称"大背师"），负责通关系、拿言语，协调方方面面，解决路上可能出现的种种突发事件。

一个茶包重16－18斤（旧式16两秤，一斤等于500克，一两是31.25克），体力好的背15包左右，"小老幺"背2－4包。

"背二哥"们相约一"朋"人，由领头的开出取货单，称"脚单"。再从茶商的库房里领取茶包。"脚单"由领头的背夫保管，避免丢失，同时便于到交货地点统一验收结账。运费，称作"脚费"。茶包领到手，茶商便先付40%－50%的运费，称作"上脚"，在路上的生活，得以维持。茶包顺利交到接货商手里，扯了回单结账，领取余下的"脚费"，称"清脚"。根据不同时期的价钱，收入会有所不同。荣经至康定一趟的"脚费"，在不同时期因物价、币值不同而不同，中等体力者，一般保持在可购买1－1.5斗大米的水平。

背夫们将领到手的茶包层叠摞好，捆扎成一排，用竹签串联固定，系上草辫子"背系"，套上双肩，这称为"软背"；少部分用"背架子"，称为"硬背"。"背架子"是木制的架子，分前后两夹片，底端用篾索将两片固定连接，但能活动，上部也用篾索连接，依据所背物品的宽度进行收缩，接触背部的地方用篾条编成板状框，有弹性，省力，不磨背，用一副"背系"固定在肩上。"背架子"是农村中必备的生产工具，前端称背弓，伸出较长，有一定弧度的，称作"伸弓背架子"。背茶多用伸弓背架子，"伸弓"放上货物，可使重心前移，省力多了。"硬背"的除了有回货，是不使用这个方法的。因为一个背架子一般都有七八斤重，对于长途负重的人，就是一个很重的负担。

背垫，称作"垫肩子"，用棕片缝成。过去，棕匠是一种专门的职业，缝制棕毡、垫肩子、蓑衣等。背负重物时，将垫肩子垫在背上，可保护肩、背不被磨伤，同时，由于弹性作用，还可省点力气。

上路了，背夫们都是胸前系一个椭圆形的小篾圈，俗称"汗刮子"，专用于刮额头上的汗；手里拄着一根"T"字形的拐杖，拐尖有铁杵，俗称"拐笆子""坐磴拐""拐墩子"。女背夫一般会多一片笋壳，用来站着屙尿时做引流之用。

背夫无论是谁皆自备食物，即玉米面和一小袋盐巴，根据自己是"长脚"还是"短脚"算计，再捎上三两双草鞋（用竹麻、麻线、稻草做成，夏天穿的叫偏耳子，冬天穿的叫"麻窝子"），一副"脚码子"（用麻或稻草做成的圈形物，用来绑在草鞋上，防雨天、冰雪路面打滑），这部分物品称作"附捎"。有的女背夫胸

茶马古道百年老照片

（[法]Auguste Francois 摄，1903 年， 殷晓俊供图）

前还挂着"奶娃子"（婴儿），有时也连同"附捎"放在茶包上，这也被戏谑地称作"附捎"。

茶包一旦上背，除了中午"放哨""打尖"（休息、吃饭），沿途一般不卸下歇息。行路时"掌拐师"在前面领队，并审视路段和背夫负力情形，司命歇气（休息）。歇气时，由于气喘吁吁，上气不接下气，不好用声音招呼，掌拐师就用坐礅拐子在地上敲两下，依次传递信息。一"朋"人等距离排开，用拐子支撑起背上的重负，放松肩上的肌肉，嘘一声口哨，调整呼吸，整整齐齐，配合默契，动作完成得井然有序，像是训练有素。

拐子窝（周安勇摄）

拐子窝（王江摄）

打拐子是要讲技巧的，基本的要求是："青杠拐子龙抬头，打拐别打斜石头。三拐两拐打不稳，挣起痨病在心头。"

歇气的间隔时间以步数算，上坡70步，下坡80步，平路110步，这就是行话"七上八下十一平"的由来。这种节奏的作用在于保持体力的延续性，防止前度体力透支，后续体力不济。日久天长，古道上便留下了铁杵扎下的深深痕迹，这就是我们现在津津乐道的"拐子窝"。飞龙关上、大相岭下那些茶路上密布的"拐子窝"，至今仍在覆满青苔的石板道上隐隐显显。

中午小歇，称作"放哨""打尖"。要找水方便的地方，完全放下茶包，拿出玉米馍馍，就着溪水简单填饱肚子。

晚间住客店，各人拿出自己带的玉米面，用店家提供的炉火，做好当天的，备足明天的馍馍。做馍馍时，各人有各自固定的记号，不能混淆。馍馍做好了，店家会提供一碗菜汤，好点的，还会吃上一碗豆腐。吃完夜饭，要用热水烫脚，增加血液循环，放松筋络，以利第二天的行走；若肩背肿了，就烧烫拐子的金属尖压住红肿处，借以消肿。肩背磨烂了撒些盐以痛止痛，杀菌消毒。"水烫脚，柴烧锅，豆渣菜一碗下馍馍"，便是背夫生活的写照。

虽然沿途有好的客店，但对背夫来说，是消费不起的，只能住专门针对他们开的"脚店""幺店子"，不过是找个可避风雨，能喝上碗热汤热水的栖身之所。形象地说来，那便是："歇的是敞屋子，枕的是柴筒子，垫的是草簾子，盖的是烂被子。"

放下背子，吃过晚饭，收拾妥当，身心也就轻松了。尤其是遇大雨或耍工天，大家也很放松，有的猜拳饮酒，有的打牌掷骰，有的钻在一堆讲"龙门阵"。当然，这要看各人的心境和性格了。

背夫在背运途中病死、摔死、冻死的情况时有发生，也有被土匪脱去衣服、搜去钱粮的，或赌博输后没了路费，把茶包质押在脚店里的；有的实在走不动了，就把茶包分散给一"朋"的人，由他们负责背运至交货地点，当然"脚钱"（运费）也就归承运人了（这种行为同行之间称作"剽"）。这对茶商是一个不小的负担，所以，茶商经常都要派人沿途收集丢下的茶包，叫作"清路寄""清下脚"。

傅德华、杨忠主编的《民国报刊中的蒙顶山茶》中记载："茶背子因路途险阻，背负过重，希图减轻重量，又于途中弃去一部或全部。于近二三年来屡生此弊，实亦运输上主要之不当现象。考前边茶背运，沿途委人负责护送，督促交茶，今年全由茶商自负其责。而介绍茶背子之揽头，对茶背运以后，亦不负实际上任何责任。故应如何避免背运途中之弃茶，实亦运输上之问题。"[1]这一现象称作"背子弃茶"。这种茶叶运输过程中的损失，一般要占总量的2%－3%，个别情况高达30%。

2013－2015年，因为编辑《荥经文史》第十辑《茶马古道》，笔者采访了几位背夫，他们的讲述中都涉及这一问题。

家住荥河乡红星村王家组的王吕清，时已87岁，他背茶包子是从荥经县城的姜公兴家起的票，走的是荥河这条路，背到康定的深坑，一趟来回差不多要半个月。交茶包时，先将引票交给收货的先生，然后点验茶包，如果茶包不完整是不收货的。他们在康定就遇到有一包差了一半。当天到了后住下，等到第二天早上交货时，发现有一包被人偷了一半，一行16人到处找都没找到。原来是一个当地人偷的，他不敢明晃晃地抱着走，偷后他遮在穿的长皮衫下坐着，当他发现被怀疑时，留下茶包爬起来就跑了，这才完整交了货。

背茶包子从荥经开始背能全部背到康定交完货，是很不容易的。有的人背到路上实在吃不消，就把茶包剽给人家，甚至有的人眼看都要背到了，也没能坚持下来。除了身体吃不消，还有就是赌光了。

王吕清对笔者说道：

像我们同村的潘开祥，他是上门到我们村来的，开始他背得最多，背了10包，当时我就说他背10包，害怕背'石包'哦。结果背到煤炭厂时就已剽了两包给人家了，当天晚上又赌，还把穿的一件衣服输给了人家。我们到了龙八堡看他紧到没来，我就跑去接他，我一口气从蒿子沟帮他背到龙八堡（五里路程）。因为在煤炭厂赌，他身上只穿一件汗衫子。我们是农历的九月间开始背的，到了这个地方天已下雪，过山（返回）时他身上也只穿着一件汗衫子。回到家后，人家女方家就把他撵走了。到了龙八堡要休息一大，耍起没得事还是要耍钱的，主要是"拌十三"（把几个铜钱往下摔，赌大小），或打长牌。

还有就是马山仁也没有背到。到了大烹的地方他也剽了，我们大家帮他分包背，我也加了一包，有人提出按原脚，我说一半就差不多了。当时背茶包是一元二

① 傅德华、杨忠：《民国报刊中的蒙顶山茶》，复旦大学出版社，2019年。

大相岭上滑竿
夫坚冰在须
（孙明经摄）

背夫（孙明经摄）

　　　　　第三章　"仁真杜吉"诞生之地——荥经

角（国民党使用的票子）一包，领茶时商家先预付上脚费（运费）一包三角钱。中途剽给人家还是要按原脚（拿引票时的价，即一元二角）给。也就是说背了一大半路，一分也得不到，这是背背子人不成文的规矩。我们当时为啥要十六个人一起背呢，是因为当时的规矩，五包一道引（票），起步就是一道引，茶商要求必须要有一定数量的茶包才能同意发货，并且在一路的人当中顶单（负责人）者负责，即负责在茶商那里给大家领茶包和背到后负责给商家交接，一路上有什么事都他出面协调，一般都由大背师担当，我属为小老幺。

女背夫黄仕英，时年85岁，住烈太乡共和村临江组。她说，那时背背子确实苦，因此有顺口溜说："青丝帕子紧包头，进门欢喜出门愁，出门傍住苦瓜籽，进门傍住苦瓜藤，苦瓜瓜籽苦一时，苦瓜藤藤苦到头。"

背背子不仅苦，而且路上不太平，常常有棒客出没，有时还会碰到抓壮丁的。她没有遇到过棒客，但她家老头子遇到过抓壮丁。那时国民党二十四军背粮进康藏沿途拉夫（抓壮丁），拉到就拐了，运气好的兴许会捡条命回来，有的从此与家人阴阳两隔。"老头子有一次背东西走到观音堡就遇到了，被人家押起，他灵机一动，歇气的时候他叫人家帮把背夹子掌到，假装去屙屎，趁机跑了"。

时至如今，当年的背夫都是90多岁的老人，属于他们的时日已经不多。川藏公路的通车，使延续上千年的背夫使命永远地结束了，只有在飞龙关、大相岭、飞越岭的漫漫古道上，背夫们留下的无数拐子窝，还在默默地向后人展示着往日的悲壮与艰辛。

四、人总是要有点精神的

我们现在说到背夫，都会说到背夫的歌，但从笔者所采访的荥经背夫所讲的情况来看，背歌是有的，也就属于山歌类的"溜溜调""口溜子""民谣"等。背夫们在背运茶包时是不会去唱的。试想身上负着上百斤的重压，无论上坡下坎，谁能唱得出来。背歌的调很简单，内容可以即兴填词，主要有体现背茶路上行进艰难的。如，反映四季艰难的："正二三，雪封山；四五六，淋得哭；七八九，正好走；十冬腊月，冷得抖。"有反映生活的艰辛与无奈的："背茶背到大关山，背子性命交给天。天高路远风霜重，想起妹妹心头痛。"

完整地记录荥经背夫的山歌，是四首民间《背茶歌》，抄录如下：

荥经背茶打箭炉，两月一趟赶路途。

一捆茶包百十斤，磨得穷人脚难伸。

来回一转几百里，翻山越岭把命拼。

只有活人把屋进，一家老小才放心。

背起茶包遇伏天，篾圈刮汗湿垫肩。

拐声恨声声不断，心焦家里断火烟。

背起茶包翻大山，穿云入雾不见天。

冰雹雷雨陡然变，最怕鞋爪来登翻。

二十四盘三倒拐，个个雪坑在路边。

夜晚歇脚草鞋坪，脚板馍馍梗死人。

"油渣"铺盖搭身上，臭虫蛇蚤把人抬。

多少人儿挤倒睡，好像死了没人埋。

背茶哥儿不自由，日出背到日落头。

起早贪黑往前走，个个累得汗长流。

流尽血汗无着落，没有欢喜只有愁。

背茶哥儿最耽心，一怕土匪二怕兵。

碰到土匪抢干净，碰到队伍抓壮丁。

九死一生苦难尽，活人抬到死人坑。

　　清朝按察使牛树梅的《过相岭见负茶包有感》很能说明当时背夫的艰辛："冰崖雪岭插云高，骑马西来共说劳。多少平民辛苦状，为从肩上数茶包。斑白老人十岁童，霏霖雨汗冷云中。若教宝贵说供养，也应开帘怕晓风。"

　　"一拐一丈，哪怕你在天上。""只要天上还有太阳，再苦的生活也有亮点。"背夫是茶马古道上往来人群中独特的一类。无论隆冬炎夏，脚下踩的是艰难，背上背负的是希望。他们只想靠体力、靠汗水换取收获，尽管甚微，然而这是生存的希望和途径。

1950年4月，作为新中国的一号重点工程——康藏公路破土动工，起点在雅安金鸡关。在四年多的时间里，川藏公路穿越整个横断山脉的二郎山、折多山、雀儿山、色季拉山等14座大山；横跨岷江、大渡河、金沙江、怒江、拉萨河等众多江河；横穿龙门山、青尼洞、澜沧江、通麦等8条大断裂带，战胜种种困难。1954年12月25日，这条东起雅安，西至拉萨，全长2255公里的康藏公路全线通车。茶马古道再无"山横"，再无"水远"，人背马驮的运输历史就此结束，背夫至此渐渐地淡出人们的视野，成为研究者解读的载体，体验者追忆的故事，背夫的精神早已化作"春泥"，滋养着代代来者。

第四章

姜氏古茶『仁真杜吉』的前世今生

西域吐蕃，托命于茶。荥经所产，品味孔嘉。

——（清）王朝治《荥经七问》

历史是来时的路，"姜氏古茶"就是姜氏后人万姜红、姜雨谦姐弟，循着先辈的足迹，风雨兼程中寻根而来的产品。它蕴含着中国茶文化的历史内涵，沉积着先辈的辛劳，也闪耀着当今的荣光。

第一节　姜氏茶业的历史与传承

　　在荣经说茶，自然会说到姜家，说到姜家大院，就会说到这里所生产的"仁真杜吉"。这是一个标志性的文化印记，它记录了姜氏家族的历史荣光，也印证了荣经是汉藏兄弟血脉中不可或缺的一环。对一个地方而言，文化既是印记，更是精髓和灵魂。而最能体现一个城市文化传承和创意的就是文化地标，它们展示着一个地区的历史和风貌，凝聚着一个地区的品格和精神。

　　据姜家族谱记载，生于康熙庚子年（1720年）四月的姜圻阔，于乾隆中期携三子姜琦及孙姜荣华，由洪雅县止戈街坝莲花村来荣经，始以铸银为业，因守诚信，善经营，资本渐有积累，在嘉庆时期即请引经营茶叶。

　　到了姜氏十一世祖姜先兆时，他看准时机，毅然决定从铸银业转而专营藏茶贸易。经过他的苦心经营，姜家茶业迎来全盛时期。数年之间，姜家所制的边茶，就在西藏备受青睐。西藏布达拉宫、扎什伦布寺、哲蚌寺，不仅年年购买姜家的茶，而且共同颁制了"仁真杜吉"（意为"佛坐莲花台"）铜版相赠。从此，"仁真杜吉"享誉康藏。

　　荣经姜氏历经近三百年的发展，人口众，支系多，在荣经城内，分立为八大姜家院子，以族谱，或以店号，或以地名来进行区分，即全顺号、水井坎、老店、新店、后店、祠堂系、上义顺、下义顺。

日新月异的城市建设，令这些古宅的大部分成为历史。唯有后店，即现在众口皆碑的"姜家大院"，作为文物保护单位，保存得比较完好。

另一现存的姜家院位于严道街道人民路西段16号，人们习惯上也称作姜院子，族谱上称为全安隆号或全顺号。这里是姜氏茶业的一个重要传承分支，也是民国后期姜氏茶业最后的遗存之地，同时又是姜氏茶业新辉煌的起点。这里保留了姜氏茶业的两个印版"全安"号、"全隆"号，原为十三世姜大源所有，分别传到了十五世万姜红、姜强手里。该院落规模颇大，前后由西街贯通至康宁路，占地面积约5000平方米。因为家族分支兴旺，人口众多，木结构的房屋既难容纳不断增长的人丁，也难以满足现代生活的需求，真正的业主大多搬走了，居住在里面的多为租客。部分卖给了外姓，有的进行了重建，有的进行了翻修，但当年制茶的基本格局还在。在这里，能切身感受到姜氏茶业当年之辉煌。姜大源存留了不少民国时期生产的砖茶，姜旭光、姜建光、姜维光、姜美光四兄妹就出生在这里。茶包，是他们儿时"藏猫猫"的道具，在茶堆里玩耍，在茶香里嬉戏。可以说，他们就是在茶的浸润中长大的。

族谱记载，七世姜圻阔育有三子：姜铠、姜铭（乏嗣）、姜琦。八世姜琦既是入荣之主力，又是全安隆系茶号之始祖。姜琦育子姜荣贵、姜荣禄、姜荣福。九世姜荣福育一子姜汝义，十世姜汝义育姜纪周、姜殿周（乏嗣）、姜显周。

相关文献记载，姜氏茶业始于清嘉庆时期的华兴号，创始人为姜荣华，之后经营者众。按最早经营者之谱系，大体可分为华兴号系、全安隆系。今辑相关文献记录于后做考证。

一、华兴号系

按族谱记载，此系始于姜荣华，共有7个茶号，分别为华兴号、裕兴号、公兴号、又兴号、尉兴生号、鸿兴号、德兴号。

1. 华兴号

《姜氏族谱》（2009年）中"姜氏茶号消长变化概况"，列表主要经营者为姜荣华、姜汝仑，开业期嘉庆中，光绪中更名裕兴号；"历代姜姓人物"中"姜荣华"词条有"华兴大院建成后，始在京立案请引，兴办边茶销往藏区。继又买下墙

姜建光在老宅门口（周安勇摄）　　　　姜大源与姜建光（右）、姜美光（左）
　　　　　　　　　　　　　　　　　　（万姜红供图）

姜维光、姜建光、万姜红在老宅门口（周安勇摄）

　　　　　　　第四章　姜氏古茶"仁真杜吉"的前世今生

后头徐土司家大院作为后店，从此姜氏茶业日蒸"。

《荥经县茶业志》"姜姓茶业，从清代至民国各时期茶号名称"中，店号名为华兴店，店董姓名姜凤，起截期为清嘉庆至光绪。

《荥经县志》（1998年）第二十五篇《人物》姜永寿词条：姜氏茶业最早店号为华兴茶店，清嘉庆时已在京立案请引（购销量的茶课凭证）；光绪年间，创办裕兴茶店，年产边茶值银数万两，为县商界之首。

2. 裕兴号

《姜氏族谱》（2009年）"姜氏茶号消长变化概况"，列表主要经营者为姜先兆，开业期光绪初，民国初更名公兴号。

《荥经县茶业志》"姜姓茶业，从清代至民国各时期茶号名称"店号名称为裕兴店，店董姓名姜永吉，起截期间为清光绪至民国四年（1915年）。

孙建秋、孙建和编著的《1939－1944孙明经西康手记》一书中有"裕兴茶店匾额"和"康藏茶业股份有限公司第一制造厂"牌匾。

冯有志著《西康史拾遗》中"西康著名茶商一览表"有裕兴茶店的记载，经理为姜桂英，籍别为荥经，引额7000张。

3. 公兴号

《姜氏族谱》（2009年）"姜氏茶号消长变化概况"，列表主要经营者为姜永吉、姜永寿，开业期清末民初，民国二十八年（1939年）被迫入康藏茶业公司。

《荥经县茶业志》"姜姓茶业，从清代至民国各时期茶号名称"中，店号名称为裕兴店，店董姓名姜永寿，起截期间民国四年（1915年）至二十八年（1939年）。

《荥经县志》（1998年）第十七篇《商业》：民国二十八年，始由官私合资成立康藏茶叶公司，下设荥经茶叶制造一、二厂，不久两厂合一，改称康藏茶叶公司荥经制造厂。第二十五篇《人物》记载民国四年，姜永寿继业，更"裕兴茶店"为"公兴茶店"，并于康定设店经销。

雅安市档案馆编《档案见证川藏协作》"藏茶公司公举总协理姓名开列清册的呈报"中有"荥经协理，职员姜永吉，即姜公兴号东"。这个藏茶公司是赵尔丰整顿川边茶务时，于1910年设立，与全国文物保护单位"清代公兴茶号旧址"相符，说明改号是姜永吉在清末而为之的，县志与族谱所记当误。

4. 又兴号

《姜氏族谱》（2009年）"姜氏茶号消长变化概况"，列表主要经营者为姜树文（德滋），开业期民国十六年（1927年），歇业期民国三十七年（1948年）。

《荥经县茶业志》"姜姓茶业，从清代至民国各时期茶号名称"中，店号名称为又兴店，店董姓名姜德之，起截期民国十六年（1927年）至二十二年（1933年）。

冯有志著《西康史拾遗》"西康著名茶商一览表"有又兴茶店的记载，经理为姜德滋，籍别为荥经，引额1500张。

《荥经县志》（1998年）第十四篇《工业》："1951年1月1日，购买姜又新茶店旧厂房一爿，接收康藏公司的生产设备，建国营荥经茶厂，当年投产。"

《姜氏族谱》（2009年）："姜树文（字德滋）在公兴茶号歇业后，创办又新茶店，称为新店。茶店办公地设在雅安小北街仁义巷陈仲光家。因管理较差，加之中茶公司和康藏茶业公司挤压，于1945年歇业。新店在解放后卖与中茶公司。"

又兴号是华兴号系有影响的茶号，其变迁历程反映出当时川康地区的政治、经济状况，现分析梳理其大体脉络如下：

据《四川经济》的调查记载："1918年，南路边茶所销售藏区数量800万斤，1928年降为700万斤，1933年降至650万斤，1935年降至510万斤，1938年更是下降到400万斤，康茶的颓势已经十分明显。"在此情形下，谋求边茶产业的整体改进，便成为西康地方当局、茶商及国民政府的重要命题。

面对印茶倾销的严峻形势，康茶如何改变当时的不利形势；全面抗战开始后，如何巩固西南后方，支持抗战前方，中央和西康地方当局均在思考谋变之道。国民政府谋求茶叶全国统制，西康当局想的是自己地方统制，茶商们则各怀心思，各自盘算。

1938年，国民政府规定"内销茶之收购运销事宜责成中国茶叶公司主持办理"，中国茶叶公司隶属民国政府财政部贸易委员会的。鉴于康茶关乎康藏经济、国防，遂派徐世度前往西康调查康茶情形，"以谋改良并统制"，欲获取西康边茶的税收权。但是，康、雅茶商及地方当局，"皆不愿此有关康藏经济大势之茶业，为别方势力所掌握"。为防止中央以发展茶叶为名，谋夺地方利权，"康茶经销者与当地政府竭力抵制"，使得中国茶叶公司的"振兴边茶"的意图一时未能如愿。

为振兴康茶，并使得康茶利权不为中央所夺，西康地区官方和茶商开始效仿清末赵尔丰设立商办边茶股份有限公司的做法，于1938年联合周边地方茶商 20余家，在1939年1月合资开办了康藏茶业股份有限公司，在西康推行康茶统制政策，"以为改良边茶之张本"，西康省特准边茶引课 11万张，全数由该公司承销，未参加公司的其他旧茶商皆须一律停业。此举造成康茶"绝对统制制造之局面"，西康政府的茶课收入也增至16万余元。至1941年时，又增至30万元。

显然，康藏茶叶股份有限公司的成立，对于刚诞生不久的西康省的财税收入是有较大贡献的，但是这些做法并未从根本上改变康茶的颓势，西康地方的茶叶统制政策，仍系私人经营性质，除少数富商、政客借便独占康茶之垄断利益外，全无筹藏及助益国防经济之意义可言，使得有关汉藏经济命脉之茶业一落千丈。蒙藏委员会经过调查也发现，康茶统制的好处是"肥饱私人"，致使该公司"毫未发挥补助政治之作用"。据统计，自1939－1942年西康省官督商办的康藏茶业公司统制时期，茶叶销量不升反降，数量由 40万包渐渐降至20余万包；而且茶树的栽培数量亦大量减少，因而茶价大幅上扬，间接影响汉藏两族感情及通商关系。西康地方当局和茶商主动筹谋改变康茶产销颓势的尝试并未达到预期效果。[①]

刘文辉成立康藏公司的所作所为，由始而终，都在中央与地方、茶商和茶农们的博弈中进行。1942年2月25日，西康雅属茶商向蒙藏委员会请求废除茶叶包票制度，呈文对康藏茶业股份有限公司设立以来"残害康藏人民生计"的行为进行了"撮要分述"，对废除茶叶包票制度"福国利民"之要点"预陈如次"，要求"明令废除满清时代遗留不合法之西康茶叶包案制度"。3月18日，蒙藏委员会函财政

---

① 曾文甫：《漫谈西康康区经济情况》，中国人民政治协商会议雨城区委员会文史资料编辑委员会：《雅安文史资料汇集（1－11辑）》，2008年。

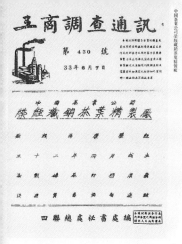

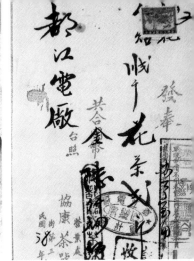

中国茶叶公司荥经藏 销茶叶精制厂广告　　　　姜尉文（姜玠供图）　　　　协康茶号茶票（资料图片）

部；4月，财政部电复蒙藏委员会、西康省政府，"准许人民自由贸易各情，似确有考虑必要"。至此，始于宋，盛于明、清的边茶引岸制度宣告结束。[①]于是，许多歇业的茶号纷纷重新开张营业。

面对新的情势，中国茶叶公司于1942年再度派徐世度前往西康筹设茶厂，发展边茶贸易，以改变边茶贸易"长此停顿于产制运销之不良情况"。由于"藏销茶业意义重大"，徐出发之前，"曾获元首二度召见，指示颇多，并即亲批拨发八千万元试办"，这笔试办费到最后仅拨下40万元。蒋介石两度接见徐世度，并亲拨经费，可见政府高层是相当重视康茶贸易在改善西藏地区与内地省份关系中的作用。徐世度到了西康后，仍为西康省当局所制约，后者仍不愿中国茶叶公司插手西康茶叶的制销。在这种形势下，徐世度不得不考虑中央与西康地方势力结合。"中茶"联合二十四军副官长陈耀伦及荥经本地茶商姜德滋，组建成官商合股的中国茶叶公司荥经藏销茶叶精制厂。其中，中国茶叶公司控股40%，启动资金80万元，陈耀伦的股金系以其雅安公馆租与公司做抵，该厂姜德滋的股金则以其万余斤存茶做抵，于1943年4月5日正式成立，徐世度任厂长，姜德滋任副厂长。茶叶精制厂在雅安设办事处，由徐世度主持，荥经厂由姜德滋负责。另在雅安设有分厂，康定设有营业处。当年制成中等品级茶砖"金尖"8630包，1944年制成上品等级砖茶9390包。

从"万余斤存茶"的记录、族谱和其他文献资料来分析，又兴茶店并非"在公

---

① 参见《民国时期西藏及藏区经济开发建设档案选编》之《西康茶商请求废除茶叶包票制度有关文件》。

兴茶号歇业后"创办，而是在康藏公司统制前的1927年就已存在，因被强制停业，故有万余斤存茶。

除筹办茶叶制销机构外，国民政府高层还谋求通过其他途径改善康藏茶叶贸易。1943－1944 年，蒋介石多次指示财政部"航运砖茶入藏，以增益藏民拥护中央之热忱"。蒋介石训示："查西藏与内地经济，素以川茶为主要之联系，近年因运藏茶叶数量日减，供不应求，致为印茶所乘，中央与西藏之经济联系，断绝堪虞。此事与国家经济关系重大，中茶公司不可以牟利为唯一目标。应于本年内设法运茶进藏，即希转饬遵照，并将办理情形具报为要。"但是由于正值抗日战争后期，军需浩繁，操作者财政部官员已无法兼筹并顾，且与蒋氏"开源节流"的施政方针有出入，故未遵办运茶入藏。

1945年4月，中国茶业公司归并于复兴公司。该公司向荣经藏销茶叶精制厂发出委托订单，请其代制砖茶、"金尖"各6000包。但至年终，该厂仅制成"沪上"砖茶3480包。显然，荣经精制茶厂的产能不够，其产量远难满足西藏需要，更谈不上左右对藏茶叶贸易。可见，官方欲通过筹办茶叶制销机构、促进康藏茶叶贸易的努力基本归于失败。1946年复兴公司被解散，该厂业务归中央信托局接收。1946年4月，中央信托局检讨了国民政府依赖于荣经藏销茶叶精制厂发展对藏边茶的政策，认为该厂设立的主旨"原在发展边茶业务"，但是自经营以来，"未能达到预期目标"。本处业务侧重易货，是否还有能力兼顾边茶运销，"尚须研究"。中央信托局似乎已经准备放弃委制藏销茶砖的政策。9月26日，民国政府经济部将此意见转告蒙藏委员会，建议"如谋救济藏地茶荒，发展边政"，应对当地茶商"予以经济上有效协助"，使其自由发展。国民政府所推行的委托国营茶厂逐渐控制所有康茶制造的统制政策，应该说是失败了，姜氏又兴店也就此歇业。

5. 蔚新生号

姜氏族谱（2009）"姜氏茶号消长变化概况"列表主要经营者为姜蔚文（豹生）、姜镇德（仲藩），开业期民国二十二年（1933年），歇业期1952年。

《荣经县茶业志》"姜姓茶业，从清代至民国各时期茶号名称"中，店号名称为蔚新生店，店董姓名姜豹生，起截1933－1953年。

荣经茶厂档案《协康茶厂划书》记录有蔚新生。

《姜氏族谱》（2009年）"姜氏茶号消长变化概况"，列表主要经营者为姜崇文、姜建文，开业期民国二十五年（1936年），歇业期民国三十四年（1945年）。

《荥经县茶业志》"姜姓茶业，从清代至民国各时期茶号名称"中，店号名称为鸿兴店，店董姓名姜尚文，起截期民国二十五年（1936年）至三十八年（1949年）。

7. 德兴号

《姜氏族谱》（2009年）"姜氏茶号消长变化概况"，列表主要经营者为姜尚文（德修），开业期民国二十五年（1936年），歇业期民国三十八年（1949年）。

《民国时期西康资料汇编》17卷：《西康省边关税局造呈荥经新增引票茶商花名数目清册》中有"德兴茶，八百张"的记录。

二、全安隆系

此系之始祖姜琦，与侄姜荣华同时入荥，以当时的时代背景及其擅长，当也是以铸银为业，也是在银业衰而茶业兴之际始营茶业。该系共有8个茶号，分别为全顺、全安、上义顺、下义顺、全安成、全安同、全安隆、全隆号。

1. 全顺号

《姜氏族谱》（2009年）："全安隆系从汝义公起""全顺号，十一世姜公纪周。"

《荥经县志》（重印民国版）关于姜殿周有："咸丰十年，甫十岁，父与兄远贾于外。"表明咸丰十年（1860年），姜殿周刚十岁时，其父十世姜汝义与兄十一世姜纪周、姜显周均在外做生意，这生意当是经营茶业。但所用店号名称不明确，可依谱记，为姜汝义所创全顺号。

2. 上义顺

《姜氏族谱》（2009年）："主要经营者姜继周，开业期道光，歇业期道光。"

3. 下义顺

《姜氏族谱》（2009年）："主要经营者姜汝琮，开业期道光，歇业期道光。"

《荥经县志》（重印民国版）"姜汝琮"词条记载，其父姜荣贵本以儒为业，家庭经济状况较差。姜荣贵去世后，家里生活困难，姜汝琮与弟弟姜汝奎、姜汝翼商定从事茶业经营，遂成小康之家。姜汝翼30岁去世，姜汝琮43岁时死于康定的寓所，姜汝奎带病奔赴康定，接姜汝琮灵柩回荥经，因为极度悲伤，死于姜汝琮棺材旁，子嗣均未再从事茶业。

4. 全安号

《姜氏族谱》（2009年）："十一世祖显周公创办全安茶号，专营边茶，远销康藏。"

《荥经县志》（1998）第十七篇《商业》第一章有全安号记录。现万姜红所持全安号印汉文为"本客精造荥经县茶，麒麟为记"。李朝贵、李冬耕著《藏茶》中有藏文资料图片，译文为"藏民日常所饮茶之大砖、小砖，自古就从四川省雅安产之。今有□、大砖以及麒麟牌等新型产品，质量上乘，茶香飘逸，营养丰富，能解疲劳等功能。"

5. 全安隆

《姜氏族谱》（2009年）有"全安隆系从汝义公起""全安隆，十一世姜公显周、纪周"记载。"姜廷均，字伯衡，创全安隆茶号，专营边茶"。"姜氏茶号消长变化概况"，列表说全安隆的主要经营者为姜廷贵（月卿）、姜廷均（伯衡），光绪中期开业，1952年歇业。"历代姜姓人物"载："廷桢公，生于1886年，青年时协助经营茶业，壮时兄弟合伙经营全安隆茶业，后经营受挫，潜心钻研中医中药。"

《荥经县茶业志》"民国期间荥经南边茶店号消长变化概况表"中，全安隆的创始人为姜伯衡，开业时间在民国初年（1912年），民国二十二年（1933年）前后歇业。

冯有志著《西康史拾遗》"西康著名茶商一览表"有全安隆的记载，经理为姜伯康，籍别为荥经，引额2000张。

《荥经县志》（1998年）第十四篇《工业》第四章有"姜伯衡之全安隆"记载。

6. 全安成

《姜氏族谱》（2009年）"姜氏茶号消长变化概况"列表，全安成主要经营者姜廷楷，开业期民国四年（1915年），歇业期民国十六年（1927年）。

《荥经县茶业志》记载相同。

7. 全安同

《姜氏族谱》（2009年）：主要经营者姜廷珍，开业期民国六年（1917年）前后，歇业于民国十一年（1922年）前后。

《荥经县茶业志》有相同记载。

《荥经县志》（1998年）第十四篇《工业》第四章："姜廷珍之全安同。"

8. 全隆号

《姜氏族谱》（2009年）"历代姜姓人物"说姜大源："生于1914年，一生辛劳，14岁学徒，一辈子勤劳奔波，从小承担家庭重务，一生经商。1947年继承祖志重振茶业，执掌全隆茶号，生产边茶。但正遇解放前夕，社会极不稳定，产品发去康定，流失严重，因资金回收困难而停业"。"姜氏茶号消长变化概况"，列表载全隆号主要经营者姜大源，开业时间1938年，1950后歇业；现姜强持有"全隆茶号"印章，标识为"人徽杜吉"汉藏文。

三、从康藏茶业公司股份有限公司到国营荥经茶厂

1939年5月，康藏茶业公司股份有限公司成立，"雅属五岸"茶商基本歇业。根据1946年6月15日《中国银行关于康藏茶业股份有限公司调查表》记载，公司资本5亿元，7000万元的股东有刘义兴、金孚和，5000万元的有夏永昌、兰荣泰、姚天兴，1500万元的有于恒泰、蒙成荣，1000万元的有康宁荣、姜公兴，500－600万元的有毕永合、陈永兴、赵永义、张世丰，小额股本13700万元。

股份制企业是按资金实力说话的，其出资额使得公兴茶号在康藏茶业没有了发言权，无论是决策层面还是管理层面，都没有姜氏的影子，姜家大院只是作为第一制造厂而存在。出资5000万元、曾任荣泰茶号经理的兰翘云出任董事，并任荥经制造厂厂长。

这个调查是在康藏茶业股份有限公司成立六年之后开展的，此时的边茶情况与成立之初已大不相同。因为市场的萎缩，荥经的两个制造厂已合二为一，公兴茶号所在的第一制造厂已经停止了茶业生产。因为停止了生产，姜氏的茶号多已歇业，厂房变成了民居，各个大院作为私有财产，才得以保存下来。

根据1946年7月4日荥经藏销茶叶精制厂厂长徐世度《发展康藏贸易略论》记载，雅属之茶商及其出口之量大致如下：

雅安国营荥经藏销茶叶精制厂雅安工场　1万包

康藏茶叶公司　　　　　　　　　10万包

西康茶叶公司　　　　　　　　　　1万包

康藏公司股票（资料图片）

布达拉宫中的康藏公司标牌
（多吉平措供图）

天兴茶店	1万包
义兴茶店	2万包
恒泰茶店	0.75万包
聚成茶店	0.75万包
世昌隆茶店	0.5万包
其他可制数百包至数千包之茶店约	12万包
荥经　　　国营荥经藏销茶叶精制厂	1万包
康藏茶叶公司荥经茶厂	2万包
世昌隆茶店	1万包
兰荣兴茶店	0.5万包
蔚兴生茶店	1万包
徐宝兴茶店	1万包
协成茶店	0.2万包
春和茶店	0.3万包
天全约产金玉	2－5万包

徐世度这个报告是有水分的，至少，他的国营荣经藏销茶叶精制厂就从未达到过1万包的产量。

1950年，荣经解放，全县尚存茶商店号11家，南路边茶的经营管理属县贸易分公司。人民政府为了扶持和发展边茶生产，以贷款、收购产品、代制加工等补偿办法恢复生产。其时，恢复生产的有荣兴、泰康、蔚新生、宝兴、成康、康藏公司茶厂等茶店。1951年5月1日，荣兴茶店公私合营改名中兴茶厂，1955年与雅安中翁茶厂合并。泰康、蔚新生、宝兴茶店合营成立了协康联营茶厂，1953年后歇业。

四、从荣经茶厂到姜氏古茶

新中国诞生后，进行了社会主义改造，所有制结构发生了本质的改变，中国进入计划经济时代。1951年1月1日，正式成立"西康省茶业公司荣经茶厂"，为国营企业。

荣经茶厂成立后，原来的私营茶业相继歇业，人员成了城市居民，均由政府安排工作，原本从事茶叶生产、流通工作的这部分人，成了荣经茶业发展的生力军。除荣经茶厂接收加工技术工人外，有的分配在基层供销社，从事农副产品收购及种植指导。姜大源被分配在花滩供销社，他把茶的情怀，倾注在茶叶收购、指导茶农种植、商品茶的销售上，让荣经藏茶技艺在新的历史条件下又焕发生机，生命力得到延续。

1971年4月，在知识青年上山下乡运动中，姜大源三子18岁的姜建光被分配到了复顺公社下坝七队当知青，生产队派他去管理茶园。茶园不大，100余亩，属于半新式茶园，位于邓通铸币的宝子山下老虎坪。

知青们来自五湖四海，也有各方面的人才。有的会唱歌，有的会跳舞，有的会乐器。工余的时候，大家就在茶园里自编自演了《挑担茶叶上北京》。也就是这首歌，也就是这个时候，也就是在这样的环境下，姜建光的茶人基因复活了，他学到了如何管理茶园，学会了炒青茶；他爱上了制茶，成了姜氏制茶技艺的传承者、创新者。

1974年，回城后的姜建光被分配到国营荣经茶厂。那时的荣经茶厂，还担负了指导农民植茶、农村茶叶收购的任务。上进、好学的他，在荣经茶厂的二十年里，从事了多工序车间的生产劳动，在掌握了制茶技艺的基础上，又从事营销，企业管理工作，从普通工人做到生产组长、收购站长、供销科长、副厂长。在这个过程中，他虚心向老工人学习，也向包括父亲姜大源在内的姜氏茶人请教茶叶制作工艺，使自己成为有企业管理经验，全面掌握了南路边茶加工生产各工艺的核心技术

荣经茶厂生产的"庆祝木里藏族自治县成立40周年""民族团结"牌金尖茶（周安勇摄）

的能人。

　　1993年春节刚过，为筹备庆祝凉山州木里藏族自治县成立四十周年，该县希望荣经茶厂为其制作30吨高质量礼品藏茶，并送货上门。这是一项难度极大的工作，一方面是市场经济初兴，双方本无合作关系，陡然增加30吨的产量，仅原料储备一项就难实现。另一方面是荣经至木里山高路远，交通路况很差，雨季易中断，即使生产出来，也难按时送达。厂长杨仕杰认为这个选择是对荣经茶厂的信任，作为传统边茶生产企业，理应承担这项业务。于是，他将此项工作交给了姜建光。作为主管生产的副厂长，姜建光带领工人加班加点，按时按质地完成了生产任务。三天的运输途中，姜建光一行与司机同吃同行，垮塌路段，大家共同抢修，当他满身污泥地出现在木里时，无人不为之感动。

　　1994年，姜建光调入四川省雅安茶厂工作，历任副厂长、厂长。

　　20世纪90年代的茶叶市场，竞争激烈。尽管"一条条巨龙翻山越岭，为雪域高原送来安康"，尽管水果蔬菜已不再是稀罕之物，维生素、微量元素也有了多种的补充途径，但藏茶已是深入藏族民众骨髓，仍是"旦暮不可忽缺"的东西。用什么来适应新的消费需求？姜建光在思考着这个问题。恰逢1996年的广交会上，北京市食品研究所展示了他们研发的速溶茶，西藏自治区乡镇企业局认为，若以此为基础，开发出适宜游牧民众的产品，将会有广阔的市场，遂以25万的价格买下这一专利。他们请西藏大学设计包装，来雅安茶厂洽谈合作。姜建光认识到其价值，决定与其合资，联合创办了四川雅安藏雅加碘速溶茶厂，生产速溶藏茶。这是首款以"藏茶"命名的边销茶产品，它的出现，结束了自清末赵尔丰起，百余年来，藏茶

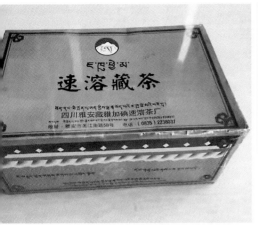

1998 年生产的速溶藏茶（姜建光供图）　　　　姜建光（右二）向国家民委曲木司长（右一）介绍速溶藏茶生产情况

"有名无实"的历史。

2017年，姜建光进入四川茶业集团公司任首席技术顾问。2017年7月4日，《农民日报》在《重塑民族茶业荣耀征程中奋力开拓》一文中，报道了姜建光作为掌握雅安藏茶核心技术传承人，创低氟健康茶，拓展了藏茶产品，为发展经济和民族团结做出了贡献。

20世纪90年代末，在荥经县城区供销社上班的姜美光下岗了。1996年，她在家门口摆起了卖日用土杂品的摊位。父亲姜大源拿出收藏的"全安号"号牌让其经营茶叶，姜氏茶业的脉络传给了姜美光。

姜美光听从父亲的意见，批发了绿茶，又将自家楼上库存的仁真杜吉砖茶同时上柜。那时"藏茶汉饮"的风尚并未形成，年龄大的人不喜欢饮用，年轻人不知这是什么，只是上面有些藏文，显得古朴，觉得新奇，欣赏一番，感慨一阵而已。

虽然没有市场，姜美光从姜大源那里知道这些茶叶是藏族人喜爱的东西；她也知道随解放军18军进藏的二伯姜大荣，每次回来，母亲都要拿几块仁真杜吉的砖茶给他带回西藏；她还知道家传的全安号印信是宝贝，将其连同父亲赠给母亲的藏族首饰默默地收藏，期待着有一天，它们能发热发光。

离开了川茶集团的姜建光有了一种失落感，看着如雨后春笋般生长的茶企，总觉得自己无用武之处，生怕家传的制茶手艺要在他这一代失传，姜氏传承了三百年的祖业会在自己手中中断。

在一次家庭聚会中，看着姜美光的女儿、外甥女万姜红忙碌的身影，他认定自己的这个外甥女能担当继承祖业的大任。这一决定，得到了以姜伦德族长为首的姜氏族人的大力支持。

生于荥经，从小就在茶山上长大，茶包堆里玩耍，万姜红对茶充满了特殊的感情。加之耳濡目染祖辈、父辈的制茶技艺，心中潜移默化地埋下了将姜家制茶技艺传承下去的种子。大学毕业后，便学习制茶、评茶，多次参加专业技能培训，并获得"国家二级评茶师""评茶教师"等资格证。一旦时机到来，便顺势接力，扛起"姜氏藏茶"的重任。

2015年，在国家"大众创业、万众创新"的号召下，万姜红毅然转身，辞去了稳定的工作，创办了吉祥红（北京）互联网科技有限公司，主要致力于科研成果转化和家乡特色农产品的品牌塑造与文化赋能，藏茶自然成为其首选。2020年4月，万姜红、姜雨谦两姐弟开始筹建公司。

通过大数据分析，万姜红找到了属于姜氏古茶独特的属性和品牌定位。采自荥经的高山有机茶，经全发酵，富含茶多酚和茶多糖，对人体无刺激，更健康，存放的时间越长，价值越高；其安神、驱寒、温胃、提高机体免疫力，且饮后不影响睡眠等养生功效也越好，堪比"酒中的茅台"。

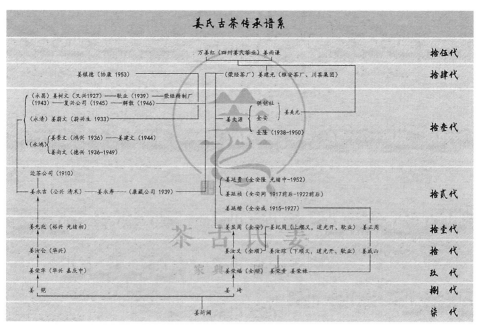

姜氏古茶传承谱系

康定西康省政府（孙明经摄， 1939 年）

　　追溯姜氏茶业厚重的历史肌理和文化根基，讲好姜氏茶业的故事，做好姜氏古茶的文化传承，一路走来，万姜红怀着感恩的心，在"裕国·兴家"的信念中，铸造她的茶马人生。

第二节　姜氏古茶与汉藏友谊

　　世间最珍贵的感情当属夫妻之间的爱情，以及由此而衍生的家庭亲情。若论汉藏民族间的兄弟情谊，有无数的方式表达，也有无数的物化载体，但茶马互市及由此而形成的茶马古道，无疑是最为重要的纽带。在数千里的川藏茶马古道上，康定，肯定

位于康定城北的木家锅庄
（来源：龚伯勋《锅庄旧事》）

位于康定城北的木家锅庄
（来源：龚伯勋《锅庄旧事》）

是这条纽带上最为重要的节点，而把这个节点牢牢地焊接起来的，是康定锅庄。

一、何为锅庄

字典解释"锅庄"，说是一种舞蹈，又称为"果卓""歌庄""卓"等，藏语意为圆圈歌舞。是藏族三大民间舞蹈之一。整个舞蹈由先慢后快的两段舞组成，舞者手臂以撩、甩、晃为主，变换舞姿，队形按顺时针行进，圆圈有大有小，偶尔变换"龙摆尾"图案。

但康定的锅庄可不仅仅是这个意思。康定锅庄因各种不可抗力，现在已难觅其迹，只能在有限的文献里，寻觅它的遗踪；从锅庄后人的追忆里，解读它的传奇。

《西康史拾遗》中说，锅庄系明正土司下属的头人所建，供来康朝见土司的土千户、土百户等住宿之所。后土司被缴印夺封，无人来朝，锅庄遂招待往来康贸易的藏族商人，形同旅店。藏商与汉商交易，语言不通，需锅庄主人为之翻译；行情不熟，依靠锅庄主人为之做出决定。一切交易，都听命于锅庄主人。而汉商与藏商交易，也要锅庄主人作为媒介，亦须曲意逢迎，唯命是从。故锅庄主人实际掌握了汉藏交易的命脉。由于康定是一座因茶马互市而兴起的城市，锅庄也是茶马互市的产物。

这些大锅庄，所住多系昌都、德格、甘孜、理塘等县的富商巨贾，或是给大喇嘛寺，如甘孜寺、大金寺、理塘寺等，以及和土司经商的经理。他们资金雄厚，运来的都是名贵药材和黄金白银，数量多，价值大。其他粗药如大黄、秦艽、羌活及牛皮羊毛等粗货，更是成批运来，一次多达数十驮或上百驮。这些商品在康定出售后，又需购买边茶、布匹、绸缎、百货等藏族人民的日需品，运回西藏销售。每个大商人每次售出和购进的商品，金额达数万元或十余万元。锅庄对商人进出的商品，要按金额收4%的"退头"（佣金）。商人售出十万元的商品，锅庄收退头4000元，再买进商品10万元，锅庄又收退头4000元。10万元的商品，一进一出，锅庄净得退头8000元。因此，这些大锅庄，都很富有。藏商一般对付出如此巨额退头，当非所愿。所以规定藏商售出之货，退头由买方汉商支付；买进之货，退头由卖方汉商支付。这样，形式上退头藏商一文未付，实际上汉商在成交时已将退头计入货价，锅庄主对此也心照不宣。当时无论汉藏商人，都称呼锅庄主人为"阿家/佳卡巴"，或简称"阿家"（阿家卡巴是藏语译音，意为尊敬的主人）。藏商来康定贸易，住在锅庄内，不但未付一文退头，且居住时间，动辄一年半载，也不付一文房租。而且，阿家还按藏人生活习惯，随时酒肉款待。如要同汉商交往，有阿家陪同翻译交纳税金，收付货款，结算账目，货物包装交运，一切都由阿家包办。到康离康，阿家还要出城迎送，不受关卡为难。所以，藏商住在锅庄内，一切都感到方便如意，真有"宾至如归"之乐。

龚伯勋著《锅庄旧事》对锅庄历史沿革概括道：锅庄，为打箭炉特有。清雍正年间置打箭炉厅，1908年改设康定府。历史上多将打箭炉称作"西炉"。"西炉"是川藏间重要的古边城，故称"炉城"，也就是今天的康定城。

锅庄的历史，从某种意义上说，就是一部有极其深厚的人文内涵的西炉兴衰史，汉藏间政治、经济、文化的交融史。

1959年，著名的五大锅庄之一，木老爷锅庄（炉城人习惯称其为"木家锅庄"）完成了它的历史使命，成了康定县委机关宿舍。龚伯勋家即是这座锅庄大院里的居民，他在这里一住就是三十年。

二、锅庄之兴衰

作为康定这个特殊地理区位上形成的特殊的社会经济文化形态，康定锅庄无论在过去和现在，都是文化焦点，关于它的研究考察及形成的文献也较多。

贺觉非(1910－1982年)，湖北竹溪县丰溪乡人，曾任理化县(今四川甘孜藏族自治州理塘县)县长。他是个有心人，在任职的三年时间里，走遍全县，实地勘查山水、物产，深入访问藏胞、高僧、老吏，搜集民俗轶闻，独力完成十余万言的

《理化县志》。他留心考察西康的山川隘要、民生疾苦，成绝句百余首以记之；继而博征文献，撰为《西康纪事诗本事注》一卷，《康定锅庄题名》即其中一首。其诗曰："炉城四十八锅庄，故事而今半渺茫。门内标杆非旧主，木家有女字秋娘。"

"本事注"对那故事已"半渺茫"的锅庄烟云，多方寻找，悉心求证，追其本，溯其源，打箭炉的锅庄，其实就是在茶市上以桶形大锅取暖熬茶为标志的庄户。以锅计户，一口大锅就算一户。十三家锅庄，便是大院坝里用石板铺地、历史最久、地位最高、规模最大，可称"古曹"的贵族庄户。在炉城，不管是早期的十三家老锅庄，还是"西炉之役"后出现的那些锅庄，其建筑规模，都远非一般住户可比。锅庄院内，都照例立有木旌杆。这杆做何用，贺先生没有细说，想必是用来挂经幡的，因锅庄主人和驻庄的"冲本"都信奉喇嘛教。到贺先生进炉时，锅庄的性质多有改变，已"由招待所而变为行栈"，且多已衰败。那些"累世不移"的顾客，最早也是由明正土司根据其主人的地位和与自己关系的亲疏而圈定的。到后期已不完全如此了。鉴于此，先生不禁发出"标杆易主"的感慨。

三、茶叶贸易与康定锅庄

打箭炉的锅庄是如何走向衰落的呢？任汉光在1936年12月所作的《康市锅庄调查报告》中列了十条原因，归结起来主要是康定茶市的动摇与衰落。茶市为何衰颓？不外乎三个方面的原因：一是交通变化，印度把铁路修到西藏边境，方便印茶进藏，加之少数生产边茶的不法茶商在茶叶中掺杂使假，藏商便不愿来康定买茶；滇越铁路修通，云藏商贩取道盐井、昌都，不再绕道康定。二是社会不稳定，民国以来，川藏纷争，军阀混战，边乱不歇，民不聊生，盗匪横行，旅途不安，加之官场腐败，横征暴敛，茶税畸重，茶价奇高，一时间川茶竟比云茶贵一倍，茶商难以承受，只得出道云南。三是内地省份商号向西北扩展，如天津的天兴商行就设分号于兰州，西宁方向的行商纷纷到青南、康北收购皮毛、麝香、鹿茸，于是康北和西藏的这些货物部分不再来康定。

当然，这些都是表象，究其根本在于晚清的腐朽衰败难敌列强侵略。直接原因在于英人撞破我喜玛拉雅的国门，"刺刀指向拉萨"，逼迫清政府在光绪十六年（1890年）和十九年（1893年）相继签订《印藏条约》《印藏续约》。之后，印茶随之而入，挤占西藏市场。边茶贸易举步维艰，年销量从10万引、千余万斤，跌

康定西康茶关（孙明经摄，1939年）

到8万引、960万斤；后经赵尔丰苦心经略，总算恢复到10万引、1200万斤。民国之初，军阀混战，边事多变，边茶贸易又遭打击。民国七年（1918年），边茶年销量降至800万斤。民国二十七年（1938年）年销量仅有400万斤。而此时印茶在西藏的销量，已占到藏茶总销量的40%。"皮之不存，毛将焉附"，赖边茶贸易而生的打箭炉锅庄，自然随边茶贸易的衰落而走向衰落。

　　　　　　　第四章　姜氏古茶"仁真杜吉"的前世今生

四、荣经姜氏茶业的锅庄情结

锅庄作为历史上边茶贸易的主要经手者，是沟通汉藏交易的关键枢纽。民国时期，最令旅行家们感到惊奇的便是在几十家锅庄中有不少女性经营者。其中，嘉绒色锅庄的主人措英卓玛（汉名木秋云）、瓦斯碉锅庄的主人央金（包云环）等，都是康定无人不知的人物。穆静然《家屋与主客：康定锅庄"女性当家"与"权威中介"的再思考》认为，与男性作为一家之主在汉藏社会普遍享有较高的地位不同，锅庄中的女性并非只有出嫁的命运，她们同样可以作为父亲或母亲的继承人，招婿上门，亲自主管家中的一切事务。她们作为交易中间人，会得到冲本和汉商两方的尊重。在基于"商"的利益关系之外，还存在着以"家"为基础的主客情谊。"锅庄背后的组织形式，也就是在人类学文献中被称为'家屋'的社会建制"。

家屋社会的一大特征在于其整体主义取向，即家屋里的个人是不重要的，"这是一种'抽象家庭'，家庭中的'分子'"即个人是游离的，而基于土地的房名则是永恒的。历史上，一家一庄是康定锅庄的基本格局，而房名是维持自身边界的原则。例如，"嘉拉"（明正土司之房名）、"瓦斯碉"（包家锅庄之房名）、"嘉绒色"（木家锅庄之房名）、"效白仓"（铁门槛锅庄之房名）就是他们常常挂在嘴边的名字。尽管这些房名的具体含义不同，但它们作为抽象的概念相互区别、相互界定，不同房名之间以相互联姻为纽带，共同构成了一个地域社会的完整"系统"。这便是康定传统社会结构的基本特征。

康定锅庄汉姓的来源主要有两种情况：一种为附会，另一种为随汉族上门女婿改姓。其中附会又分两种：第一种，附会清朝皇族的名号或御赐汉姓，在康定的家庭中，主要有嘉拉、嘉绒色和瓦斯碉使用这种方法来说明自家汉姓的由来；第二种，附会藏族历史上的大人物，比如萨根果巴家的汉姓为"罗"，这是因为他们自认为康藏大商人罗布赞布的后裔，于是音译其名字的首字作为自家的姓。除附会外，清末民初以来，锅庄也借由婚姻获得汉姓，其主要方式是招赘汉族女婿。锅庄改姓意味着"交出主权"，即锅庄的主人从女儿变为了上门女婿，主理锅庄内外事宜，"招有赘婿而不曾改的，便是主权未曾转移，依然在女主人手中的表示"。嘉绒色锅庄便是一个例子。清末时其女主人夫死，遂招一蒋（姜）姓汉人，生一女名木秋云，父母又为她招赘邱家锅庄之

汉藏同胞在木家锅庄共饮酥油茶（孙明经摄，1939 年）

1944 年 8 月木秋云（前排中）借给金大电专师生康装并合影（孙明经摄）

第四章　姜氏古茶"仁真杜吉"的前世今生

木秋云与二子尼玛（余宝泰）（孙明经摄，1939 年）

　　了，生一子白玛（木向荣），后夫死又招赘西康政府军官、时任当地法官的余姓男子为夫，生子尼玛（余宝泰）、降泽、罗布，女玉露志玛、益西志玛。从母亲到木秋云，嘉绒色与数位汉族男性联姻，但锅庄的汉姓未曾发生变更，人们还是称该户为"木家锅庄"。

　　这位蒋（姜）姓汉人，就是公兴茶号老板，被称作"茶状元"的姜氏十二世姜永寿之子的十三世姜雄文。

　　姜永寿经理裕兴茶号、公兴茶号期间，其侄姜永吉，子姜郁文、姜桂文先后在康定负责茶号业务，并担任商会总理。姜家是木家锅庄的固定客户，姜雄文随兄往康定协理茶号业务，与锅庄女主人产生情感纠葛，并育有木秋云。《姜氏族谱》2009年记载："十三世姜雄文，三女木秋云。"

　　木秋云的后人现在经营着一个叫"央切尔"锅庄的服务型企业，"央切尔"意为财富和人才汇聚的地方，以传播、弘扬康定锅庄文化为己任。之所以不使用木家锅庄的品牌，是因觉得其积淀太深厚，当以珍惜为重。若经营不好，砸了招牌，有愧先人。

　　2024年3月17日，康定木家锅庄后人、木秋云之孙、尼玛（余宝泰）之子余阳，携家人到姜家大院寻根认亲。他们参观了藏茶产业园、姜家大院，了解家族文化历史，并希望通过自己的努力，重续亲情，让茶马古道精神焕发新的时代光彩。

清朝嘉庆年间，打箭炉"五属"茶商已达70余家，锅庄48家，有陕帮、云帮、府货帮（成都）、藏帮，还有赵尔丰组建的边茶公司。经营的货物，民生品类俱全。姜永吉能在这庞大的群体中脱颖而出，出任总商会会长，可见他的人脉之广。而经营茶业，主要的商贸对象是藏商，能得他们的首肯和支持，说明姜永吉与藏族同胞的关系是融洽而友好的。姜氏与大金寺均驻木家锅庄，这为姜郁文后来参与类乌齐、大白事件的调解打下了坚实的基础。

五、姜氏茶业康定商会的奇事

雅安营茶商号都在康定设经销点，其功能就如同现在的销售窗口，经理的能耐至为重要。

据《康定县文史资料选辑》第一辑记载的1904－1949年历任康定商会负责人名单如下：

姜谦六，荣经人，（1860－1920年），姜裕兴茶店老板。光绪三十年－民国三年（1904－1914年），任康定总商会会长。

姜青垣，字郁文，荣经人，（1880－1944年）。工书法，姜公兴茶店老板。民国四年－八年（1915－1919年），任康定总商会会长。后代表陈遐龄住北京，民国十九年（1920年）当过德格县县长。

姜联五，字桂文，荣经人，姜青垣之弟，1886－1931年。工书法，姜公兴茶店老板。民国九年－二十年（1920－1931年），任康定县总商会总理。

从1904－1931年的二十七年时间里，姜氏家族有三人连续担任康定商会的会长，这在当年堪称奇事。

康熙三十五年（1696年），朝廷准"行打箭炉市，番人市茶贸易"。康熙四十九年（1710年），在康定设立管理茶叶交易的监督机构。雍正初年（1723年），设打箭炉厅，隶属雅州府。次年，在东南北三处修建城门、城墙、整修街市，康定逐步有了城市的模样。雅安各大茶号纷纷在康定设立分号，通过康定锅庄与藏商们开展"茶土交易"。拉萨的布达拉宫，日喀则的扎什伦布寺，昌都的强巴林寺，也在康定设有商贸机构。他们购进的茶叶都是大批量的，运输队伍也很庞大。从经营物种来分，有茶叶帮、金香帮、邛布帮、制革帮、纸瓷帮等；从商人籍贯和组成者分，有汉源帮、川北帮、成都帮、陕帮、重庆帮、藏帮、喇嘛帮等计有21个商帮，商贩3000多人。但人流最旺、生意最红火的，还是康定茶店街和茶店后街里大大小小的茶号。来来往往的人多了，就有了不同的文化，不同的信仰，不同的生活习惯，康定成了民族大交融的地方，最终形成了独具特色的多元文化带。

清代晚期，开放西藏亚东为商埠，英印商品进入西藏，且不收税，大量英货从亚东入境，运至康定。一时间，康定既是南路边茶交易中心，又是英货流入中国的重要集散地和中转站。这一时期，在康定交易的商品除了汉地的茶叶和西藏特产外，还增加了许多英货，如棉纱、纸烟、手表、西药等。随着商业贸易的不断发展和扩大，清末民初，国内有名的四大银行和成都、重庆的一些金融机构相继在康定开设分支机构，拓展业务。

中国早期的商会，是商人、手工业者为了互相帮助，维护同行业的利益，建立的同业性组织，称为"行会"。行业组织为首者有"行头""行首""行老"之称。所谓"三百六十行，行行出状元"，即指各行各业的魁首。1874年，辽宁工商界成立了"公议所"，是中国最早的具有近代意义的商会组织。1900年，清朝商务大臣盛宣怀在上海修订对外商约时提出成立商会主张，1902年上海商业会议公所正式成立。1904年，清廷颁布了《奏定商会简明章程》，向全国商人发出建立商会的号召。在随后的几年里，全国商会和分会发展到800个，康定商会也在此时成立，姜永吉被推选为会长。1911年辛亥革命后，国民政府和各地商界不承认由清廷组织的商务机构及其委任商会负责人，纷纷改组，改组后的康定商会，仍由姜永吉担任会长。社会的巨变与动荡，并未妨碍姜永吉的当选与连任，说明他的能力得到了大家的认可。

《荣经县志》（民国十七年版，2015年重印）记载：姜永吉，字谦六，商界巨子也。家营茶业，每年市打箭炉夷人，值数十万两，握算持筹，均一身肩之。性好读书，雅重文艺，故与游者多当时知名士。驻炉关日，尹经略以下，日接踵其门，门外车马如市，自旦至暮不息。经略常倚之以财政，一日而事毕举办事之敏妙类此。炉关与夷互市，繁盛类成渝，番汉杂居，利恒十倍。四方来营业者，皆资本大家。公创立商会，被举为总理，好义急公，为诸商导。

当初姜先兆决定专营输藏茶叶贸易时，举步维艰。既欠官方的茶引税课，又负西藏商人的债务。他派大儿子姜永昌、侄子姜永吉去西藏协商商务事宜，可是家里只有一头瘦驴，根本没钱给两兄弟做盘缠，便蒸了几袋玉米馍馍，由瘦驴驮着，步

左起：李太本、余阳、姜建光、周安勇在央切尔锅庄前（夏彬摄）

行去西藏。

从荥经到拉萨，这条川藏茶马古道常被人称作"天路"，两兄弟完全是用双脚去丈量的。饿了吃点玉米馍馍，渴了只有凉水和冰雪，晚上睡在荒郊野外，或是在旅店、居民住家的屋檐下睡觉。几个月之后，两兄弟拜访了各大寺庙，找到达赖和班禅，告诉他们，姜家欠的债会由他们来还，而且还会继续做高品质的藏茶供应。由于被姜家的诚信精神打动，班禅又借了一些金银和药材给永昌、永吉哥俩，还送了鼻烟壶给他们留作纪念，送哥俩踏上返家之路。永昌、永吉在康定将金银和药材换为流通的钱后，回到荥经。

几个月之后，凭借着这些借来的钱和姜家吃苦耐劳的实干精神，以及精良的技术，茶业又重新开工，逐渐走上正轨。几年间，把欠债还清，而且有了盈余，生意大大好转，姜家就此发达，并生产出"仁真杜吉"品牌茶。

进入康区的汉人商贾面对的是在文化与生活习俗方面与自己迥然有别的藏民。为克服族际通商的障碍，赢得藏民的信任，交易双方的关系不可能仅仅停留在经济来往的层面，需要充分发挥各类文化与社会资源的作用，以便有助于其在康区的商贸活动。

熟练掌握藏语藏文，是进入康区经商的第一步。姜永吉年纪轻轻就跟随堂哥永

昌 "徒步蛮荒"，学会了藏语，还能听懂各片的藏方言，能直接与藏民接触、交谈，并且对于商场风雨、人情世故，早已通达。姜家能得到达赖和班禅的接见与支持，"仁真杜吉"茶能得布达拉宫的青睐，姜家有三人长期在康定商会担任会长，这乃是一个家族用心耕耘，得到各界信任的结果。

第三节　姜氏古茶技艺

"西域吐蕃，托命于茶。荥经所产，品味孔嘉。"民国二十七年（1938年），《建设通讯》第六卷第二十期《四川邛名雅荥四县茶业调查报告》中说："荥经之腹岸茶，外观色泽及水色为各县冠。盖本县园户初制均利用炭火，搓揉后，立即烘干，不如他县之长时间晒于阳光之下也。砖茶则惟芽砖一种，为该县之特产。"这表明荥经所产之茶，无论内销还是边销，在"雅属五岸"中都是独树一帜的。这与"清风雅雨间"的物候气象，与匠人匠心，与荥经悠久的历史文化有着直接的关系。

一、茶山问古

荥经因水而生，因水而名。

方其挺秀山阿，含英水涯，随风披靡，奄叶重葩。绿云纷溶而绮合，香芬馥瑟而交加。于是神鸟回翔，珍禽迁逐，恋林飞鸣，是饮是啄。醴泉沸其右，甘露零其麓；日月酿其精，烟霞护其谷；玉芝杂袭以丛生，朱草晻蒌而并育。谷雨既降，春

新添镇太阳湾茶房上有着300余年树龄的枇杷茶树（周安勇摄）

位于民建彝族乡的大坪山有机茶园（姜氏古茶供图）

位于民建彝族乡的大坪山有机茶园（姜氏古茶供图）

日载阳，杏花染艳，桃叶芬芬，乃有静姝提箔，村妇拾筐，沿绿条而上升，攀青干以徜徉。采玉叶，掇金英，颉布裙，剪芽萌，语语言言，如秋田拾穗之人；唧唧唽唽，如春蚕食叶之声。

清王朝治咏叹荥经茶叶生长环境的骈赋，以浓墨重彩描写茶树在山间茂盛生长，在水边吸取天地的灵气，随风起伏，经历凋枯，再生返荣。那绿树如变幻的云锦，或聚或散，它散发出的清香与灵秀之气时交相合。引来天上的神鸟飞翔、珍禽追逐。甘甜的泉水在树边流淌，晶莹的露珠在山麓的草木上凝结，让这里的茶树聚积了日月精华；烟霞萦绕于山谷，如玉般贵重的灵芝在草丛中生长，这红色的茶叶如瑞草在蔼岚中摇摆。山水秀丽的荥经，连绵起伏的茶叶郁郁葱葱。云雾缭绕之中，暖阳照耀之下，处处是山、水、茶、人和谐交融的景象。

任何一种食品的品质大致都是由两方面因素决定的：一是原料，二是工艺。原材料差，手艺再好，也做不出好产品来；原材料好，手艺不行就是糟蹋。姜氏古茶的技艺，不仅体现在世代相袭的制作工艺，更体现在对原料品质的把控。无论历史上的姜家藏茶，还是如今的姜氏古茶，对原料的要求都非常高，一以贯之。

虽然茶叶在我国北纬30°以南，青藏高原以东的广大地区都可以种植。但不同地区、不同气候土壤条件，同一地区、不同海拔，出产的茶叶品质是不一样的。

姜氏茶叶原料，在裕兴、公兴、全顺时期以本县收购为主，也在雅安望鱼、大兴、和龙及洪雅的炳灵寺一带采购。业界将这些以周公山为中心的茶，称为"本山茶"，为第一等级；产于青衣江上游、濆江、陇西河两岸的多营、七盘、太平、对

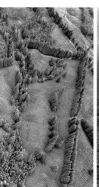

位于花滩镇大理村美丽社的有机茶园（姜氏古茶供图）

位于牛背山的有机茶园（姜氏古茶供图）

岩、紫石、观化、河北、孔坪、李坝、严桥、晏场等茶区的茶，称作"上路茶"，为第二等级；产于青衣江中、下游两岸的合江、水口、凤鸣和上里、中里、下里等茶区的茶，称"横路茶"，为第三等级。古时，没有农药、化肥，茶园管理粗放，基本属于自然生长，选好料场，就是选好了原料。

为了保证原料品质，姜氏古茶直接从农民手中承包茶山作为基地。其选择的标准是海拔1200米以上，川茶群体种，无农药残留，历史沿袭的产茶区域。这四个标准是产品质量的根本保障。

海拔的提升总是伴随着显著的气候变化，故荥经农谚说："山高一丈，土冷三尺。"高海拔地区，大气压强降低，温度随之呈现递减趋势，日温差较大，夜晚温度较低。白天充足的光照有利于光合作用的进行，夜晚低温则抑制了茶树体内有机物质的分解过程，使得茶叶中的氨基酸、儿茶素等有益成分得以更充分地积累。荥经处于"清风雅雨间"，是北纬30°线、胡焕庸线、华西雨屏带的"三线交会"地带，高海拔茶园往往云雾缭绕，这种湿润的气候条件不仅减少了日照强度，避免了茶叶过度蒸发水分和灼伤嫩叶，还为茶树提供了适宜的湿度环境，促进了茶叶内含物的形成和转化。这种环境中生长的茶叶，外观青翠欲滴，芳香物质多，所以高山茶香气较高，冲泡后杯底留香，持续时间较长。荥经高山地区多以腐质砂石土壤为主，土层深厚，酸度适宜，质地疏松，有机质和矿物质丰富。这种生态环境下，生长旺盛，芽叶肥壮，内含物也很丰富。高山地区，人迹稀少，空气质量良好，几乎没有污染，少有病虫害的干扰，是真正意义上的天然、有机。

老川茶，泛指自古生长在巴蜀地区，经过漫长的自然演化物竞天择后遗留的群体种茶树。广义的老川茶包含大叶种和中小叶种，可分为乔木型和灌木型。荥经新添镇太阳湾的枇杷茶就是大叶种、乔木型。狭义的老川茶为灌木型，中小叶种，多分布于偏僻的高山茶园，品种多样，性状不一。

老川茶大多生长在酸性土壤，通过有性方式（茶果）进行繁殖，幼苗主根发达，对环境的适应性较强，在寒冷的高山地区仍然能顽强生长。老川茶进入秋冬后，休眠期长，发芽晚，产量低，积累的内涵物质丰富，氨基酸含量偏高，具有苦涩味较轻，口感醇厚等特点。

荥经的老川茶，大多种植于民国时期和20世纪五六十年代，老川茶由于发芽晚，产量低，虽有品质优势，但不能为茶农带来实际的经济利益，逐渐被良种茶和外来品种淘汰。20世纪八九十年代，乡镇企业蓬勃发展，国家实行退耕还林政策，在可比效益的冲击下，许多茶园变成了林地。目前，小叶老川茶的存量，仅分布于山野林间或海拔较高的茶区。姜氏古茶的作为，既保障了自身产品的质量，也是对老川茶品种的有力保护。

荥经茶史悠久，沿袭的茶区都有历史文化底蕴，这为姜氏古茶增加了厚重的文化底色，也说明这些地方出产的茶历来品质都好。

在牛背山的建政村，有姜氏古茶的原料基地。建政村有条河叫茶河，有个山岗叫茶合岗。民间传说，原来官府规定，茶种不能进入西藏，明朝时在这里设飞水关查验茶引、茶种。居住在这里的紫眼番人利用自身的便利走私茶叶，引起纠纷。为了妥善处理这个问题，汉藏双方、官民之间共同在这里协商处理，握手言和。为了纪念这件事情，就把这条小河命名为茶河，山岗命名为茶和岗，有"汉番和好""茶和天下"之意。

北宋王存《元丰九域志》记载："雅安芦山郡一寨一茶场，名山百丈二茶场，荥经一茶场。"荥经的这一茶场就在五宪镇阳春坝村的官山上，姜氏古茶和背二哥在这里都有自己的茶场。居住在这里的曾昭秀老人讲，她夫家的祖辈李雅轩曾到某县为官，后辞官归家，买了官山上很大一片土地种植茶叶，直到她公公这辈家道才衰落。当年，自家门前十数亩的田，一直叫作"晒茶田"。

民建彝族乡的大坪山和塔子山，历来为荥经产茶重地，因土质、气候非常适宜茶树生长。1956年，在这里建起了"雅安专区第三茶场"，为四川省七大农垦茶场之 。1962年下放荥经，更名荥经县塔子山茶场。受塔子山茶场的影响，这里的农民种茶具有普遍性，且技术水平较高。

花滩镇历来为荥经产茶大区，据《花滩镇志》记载：

民国时期，花滩先后有14家较大的茶叶收购茶商。他们是：刘国祥、王作芝、董正芳、王才杨、刘学尧、王梁氏、杨仕明、刘安和等，每年农历三月至八月属茶会期。每逢花滩场期（农历每月三、七、十），茶市热闹非常，花滩的茶商们将收购的茶叶集中后，运往县城的兰云泰、世昌隆、姜兴公、兆裕等茶叶商行。

民国时期，每年从农历三至八月，为期六个月，属茶会会期。又以农历每月三、七、十场期，境内茶农、茶商活跃于花滩市场，进行茶叶交易，特别是农历三至四月调茶（毛尖会），更为热闹，除县境内茶商，有来至汉源、雅安、邛崃等外县茶商来此购细茶，购销两旺，均属全县之首。

同时并有茶神会，祭祀茶神陆羽。

二、竞唱山歌来采茶

历经千年的传承和发展，雅安南路边茶已形成一套独特而完整的制茶技艺。其中，茶叶的采摘也有特别的要求，这是质量保障的又一道关口。

和"明前茶"只采芽头不同，荥经南路边茶的主要原料是茶树的叶子、嫩枝条和茶果，有"全株全季"入茶之说。"全株"是指茶树身上被证实对人体健康有益的部分；"全季"指被采摘的原材料具有完整的生长周期，即从萌芽到秋天结出的茶果，果实主要用于拼配。

南路边茶的采摘期限，古代曾有严格规定。按农时、节气，立夏至白露是采

采茶图（孙明经摄，1939 年 8 月）

摘边茶的最佳季节，过了白露就封山了，封山后再采摘会受到惩罚。此规定是保证茶叶在茶树上有足够的生长时间，但又不至于太老。

南路边茶原材料，按成色有白苔、红苔、青苔之分，按采摘方法有"手捋茶"和"刀子茶"之说。

苔类，是按茶叶的枝条成长状况划分的。白苔最嫩；其次是红苔，表皮呈紫红色，内含丰富的营养物质；红苔之下更老的枝条，叫作青苔。制作南路边茶时，要按一定比例掺加红苔，这样做成的茶砖才具有持久发酵、陈化、留香稳定、经煮耐泡、香气浓郁等特点。

所谓"刀子茶"，是用特制的茶刀收割茶叶。荥经最大的特点是很少用刀割，多用手捋，称为手捋茶。手捋茶之意是在"捋"的过程中，利用手的力感，自然地滤掉过老的青苔，只捋绿苔和部分的红苔，其品质自然

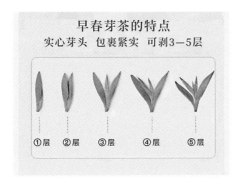

早春芽茶特点

卫国指导采茶图（周安勇摄）

1970 年代采茶图（王磊供图）

高于刀子茶。

采茶的日子，家家户户都是屋不留人，山坡上、茶林里到处都是采茶之人。白天采茶，晚上做茶（初加工），一派紧张、繁忙的景象。"采茶歌，采茶歌，采茶采茶上山坡。采得一树影婆娑，采得百树快吟哦。朝出野鸟唤，暮出夕阳多。不去采桑叶，不去采芰荷。采桑供蚕蚕丧命，采荷助兴兴几何？采茶可解渴，采茶养太和。采茶歌，采残明月上庭柯。"由此，何绍基说"吾民不肯做人家""竞唱山歌来采茶"。能将茶事写得如此生动，可知茶在荥经人心中的分量和深情。

三、姜氏古茶的工艺流程

"始以巨灶大釜，炽炭积薪，取龙洞之寒泉，受宏气以熏蒸。香风四散，白雾沸腾，缩板以载，筑之登登。"这是清人王朝治《荥经七问》中对藏茶加工过程的描写。但无论"巨灶大釜"，还是"龙洞寒泉"，在现代工业技术的加持下，已难觅身影。只有在加工车间里，才能感受到"香风四散"，直入喉舌的舒坦与惬意。

藏茶的制作工艺，在千余年的历史进程中，也在不断地改进提升。特别是随着现代科技与交通的发展，藏茶在产能、技术、运输上都有新的突破。但作为一项特殊的商品，其基本的工艺流程至今仍是该产品的核心技术要求，所以它能成

车间之一

车间之二

为中国非遗、人类的非遗。

追述藏茶技艺的文章很多，但都基于两个理论研究基础：一是文献资料，二是计划经济时期雅安、荥经、天全茶厂的技术规程。

文献资料因为调查的时间段不同，被调查的茶号不同，以及调查者的认知不同，而各有说法。但总的说来，是大同小异。进入计划经济时代，边销茶的定点生产企业都有许多技术革新，也有自己的技术规程，当代的传承人各有各的绝招。所以，除基本的质量技术规程外，有的说18道，有的说20多道，有的30多道，有的40多道，不一而足。

民国十七年（1928年）《农林新报》第789期刊登了王一桂《南路边茶中心产区之雅安茶业调查》，该文对雅安茶叶的分类与工艺流程记载都很明晰。

按栽培地点不同，王一桂将雅安的南路边茶原料分作本山茶，即雅安周公山一带所产之茶；横路茶，即雅安邻近各县，如名山、洪雅所产之茶。依制造地点不同，分为大路茶，即雅安、荥经所产之茶；小路茶，即天全所产之茶。依采摘时期不同，分为毛尖茶，为清明前所采之茶；芽子，为谷雨前所采之茶；芽砖，即谷雨后所采之茶；金尖，为立夏后所采之茶；金玉，为端阳后所采之茶；金仓，在夏季中随时采摘之茶。又依品质粗细不同，分为细茶、粗茶；依掺假成分不同，分为黄熬头，即桤木叶之掺入成分，约占2/10；红熬头，即桤木叶之掺入成分，约占4/10。

车间之三

检测茶叶农药残留

在清初以前，南路边茶尚为散茶。迨至清初，天全乃设架制造包茶，每包四甑，蒸熟以木架制成方块，每甑六斤四两。时恐包同易混，乃各编画天地鸟兽人物形制，上画番字，以为票号，故有大帕、小帕、锅焙、黑仓、皮茶等名。锅焙上，大小帕、黑仓次之。雅、荥、邛诸邑茶商，以天全造包之法，颇便运输，遂相仿造，于是南路边茶遂由散茶而改造为包茶。

现代藏茶工艺，已无毛庄茶、做庄茶的概念之分，厂家须按照标准的工艺流程生产，这种流程继承了南路边茶的传统技艺，又融合了现代科技，大体相同。所不同的是，各自的操作层面，就如同厨师制作菜品，公开、透明的，可以参观学习，可以模仿，但做出来的成品肯定是不一样的。

2022年5月，姜氏茶业为促进荥经茶行业高质量发展，发起"精制藏茶·严道古茶"团体标准的制订工作。2023年4月，中国食品药品企业质量安全促进会发布了"精制藏茶·严道古茶"的团体标准。该标准规定了"精制藏茶·严道古茶"的原料要求、加工工艺、产品分类和实物标准样、产品要求、饮用方法、标志、标签、包装、运输、贮存和保质期等。这是对企业最基本的要求。在此基础上，姜氏古茶又制定了更加严苛的企业标准。

比如，原料要求：鲜叶原料选取自海拔 800 米以上，符合 GH/T1245要求，无污染的中小叶种茶树；采用当年谷雨前后新梢嫩芽至一芽三叶，完整、匀净、无劣变、无污染；依嫩度分为特级、一级、二级。鲜叶原料经过摊放、杀青、初揉、初烘（或晒或炒）、渥堆（发酵）、复烘（或晒或炒）、复揉、足火等工序加工成初制原料。初制原料要求品质正常，无劣变、无异味；洁净，不含非茶类夹杂物；不得加入食品添加剂；按感官品质特征，分为特级、一级、二级。但姜氏古茶选取的都是海拔1200 米以上的茶山。

加工工艺：使用南路边茶核心技艺与现代技术相结合形成的独有的藏茶精细制茶技艺，全流程约含36道工序。包括散茶工艺、紧压茶工艺两种。具体的流程为：

散茶工艺：采青→净茶→匀干→摊晾→头青→散热→初揉→二青→回软→复揉→三青→摊晾→渥堆→一次发酵→一次翻堆→溜茶→二次发酵→二次翻堆→三次发酵→散堆→蒸茶→烘茶→关堆→初陈→筛分→风选→拼配→关堆→计重→包装。

紧压茶工艺：采青→净茶→匀干→摊晾→头青→散热→初揉→二青→回软→复揉→三青→摊晾→渥堆→一次发酵→一次翻堆→溜茶→二次发酵→二次翻堆→三次

发酵→散堆→蒸茶→烘茶→关堆→初陈→筛分→风选→拼配→关堆→计重→蒸香→紧压→封包→出包→定型→烘干→包装。

如此复杂的工艺流程，即便是在茶企内，也只有大师们才能掌握全部流程，其余人员只能在大分工中做好自己的环节。而对于喝茶的人来说，知道其工艺特征，了解其产品特性，找到适合自己的茶品就行。

所谓特征、特性，就是区别于其他商品茶的地方。

姜氏古茶以海拔1200米以上，无农药残留，生长期6个月以上的成熟茶叶为原料。初制品加工后，须经长三年以上的陈化，才能成为深发酵成品。因此，茶叶内含物发生多种生物生化反应，充分激活微生物分泌胞外酶，作用于茶叶中内含的儿茶素、多酚、多糖、纤维植物素、蛋白质、脂类、醇类、酮类、维生素、量有酸等500多种物质，使之转化、异构、降解聚合耦联，合成多糖、茶红素、茶黄素，以及以菇烯醇类为主体的香气，并富含纤维素、维生素和微量元素等。雅安藏茶通过长期陈化、发酵和特殊工艺制作后，具有十分稳定的色、味、气，便于生产、运输和保存，有着存放数百年不变色、不变质、不变味的特质。饮用时，可按个人嗜好，加入牛奶、糖、盐、酥油、水果等进行调味，有着其他成品茶所不具备的包容性。

含水量不同，采摘时间不同，都反映在萎凋时间、杀青火候、揉捻轻重度、堆芯温度等方面，只有做好每一步，才会出好产品。

姜氏古茶的工艺可概括为"三杀三堆"，即三次杀青，三次发酵，核心工艺为渥堆、拼配。

所谓渥堆，也即发酵，是将茶叶按照一定的体量堆积在仓库内，让其自然发酵。茶叶在渥堆发酵过程中，为使温度均匀、发酵完全，必须不断翻动，称为"翻堆"。

过程就这么简单，但每次如何堆，如何翻，堆的时间多长，果胶块如何处理，堆芯温度怎样把控；用什么水，茶怎么泡，主要是依靠大师们丰富的实践经验。

"一雨所润，万物不同。"即便是同一片茶山，其向阳与背阴处，品质都是有差异的；采摘的时间不同，产地不同，杀青、发酵程度不同，茶的口感是不同的。"羊羹虽美，众口难调。"拼配，就是由大师们将各种不同的茶叶进行组合，调制出适合不同层次、不同地域的消费者习俗的茶叶。

姜氏古茶有强大的专业队伍，其人员分别有万姜红，国家二级评茶师，评茶教师、市级非遗传承人；姜建光，姜氏茶业十四世传承人，曾任国营荣经茶厂副厂长、雅安茶厂厂长，川茶集团首席技术顾问，现为公司技术指导；卫国，省级非遗传承人，高级评茶师、茶艺师，"十佳匠心茶人"，现为公司技术指导；姜雨谦，高级评茶师；邬婷，高级评茶师、ACI高级营养师；吴羽琴，高级茶艺师。其他级别的茶艺师、评茶师五人，茶叶加工工四级三人。

四、姜氏古茶的品质特征

无论汉藏，茶之为饮，始之于药用。传说中，神农氏为了给百姓治病，不惜亲身验证草木的药性，历尽艰险，遍尝百草。一日遇七十二毒，舌头麻木、头晕脑涨，正值生命垂危之际，一阵凉风吹过，带来清香缕缕，有几片鲜嫩的树叶冉冉落下，神农信手拾起，放入口中嚼而食之，顿觉神清气爽，浑身舒畅，诸毒豁然而解。就这样，神农发现了茶。

（一）姜氏古茶的独特魅力

一千多年的历史光影中，茶由药而为饮，由汉藏共饮，到各族共饮，世界同饮，其间有太多的故事。而在姜氏古茶的三百年悠悠岁月中，这个古老的茶业世家演绎了一个又一个的传奇，用"桤木叶治痢疾"，就是其众多传奇之一。

故事记录于荥经姜氏族谱，并被姜氏后人津津乐道。大意是说，一段时期，西藏流行一种叫"马虚寒"的疾病，表现为腹泻、发冷，又叫火症。藏医不能医治。姜家经过调查研究后，特制一批砖茶，治愈了这种病症，其功德，类于当初的神农及为都松芒布杰含茶的小鸟，故西藏布达拉宫、哲蚌寺、扎什伦布寺联合特制铜版"仁真杜吉"赠予姜氏。姜氏以此为商品标识，藏人非"仁真杜吉"不买。

查骞著《边藏风土记》中，有这样记述："盖夷人一日缺茶饮则病。故西洋印度产茶，加工拣择，力求胜我川茶，夷人服之，患泄泻，改服川茶，则平复。是以西人运茶入藏，遍赠番人，卒难夺我利权。夷人日嗜乳酪、稞麦粉，性皆燥腻，非涩茶难于消导利寒，此川茶之所以为贵。"查骞，清光绪三十一年（1905年）曾任理塘粮务同知，民国五年（1916年）任邓柯县知事。以此阅历观其所述之事，当属不虚。

95岁高龄的荥经县青龙镇柏香村五组余启文说，他也曾经勒（捋）过桤木叶卖给姜公兴，说是康定的少数民族得了痢疾，喝了加桤木叶做的茶就能治好。只有姜公兴家做这种茶有效，背茶拢康定，当地的人们都在说这件事。其他人也就比照着

采访95岁老背夫余启文（张宇摄）

做，好像都没得姜公兴的有效，不晓得姜家是咋整的。这大概是1937年的事，那个时候余启文十八九岁，已经背了三年的茶。

网上解释说："桤木树皮平肝利气，用于鼻衄，崩症，风火目赤；嫩枝叶清热降火，止血止泻。"李贵平著《历史光影里的茶马古道》中，对此诠释道：长期以来，荥经茶叶在制茶配方和经营理念上形成了许多先进的理念，制定了广受认同的行规。虽关山重重，荥经茶叶、茶商均为遥远的康藏同胞熟知。这当然不是一朝一夕形成的。荥经边茶具有良好的生态环境，鲜叶质量好，做工考究，工艺独特，特别是在茶商兰云泰手中达到新的高度。这也是荥经边茶受到藏族同胞喜爱的重要原因。抗战时期，许多地方的藏民感染了"火症"（现称痢疾），荥经数家生产茶叶的厂家闻讯后，根据古法紧急配制了湫（桤）木茶，运送西藏，让患者们迅速得到康复，及时抵御了瘟症疾患的侵

使节茶·国书（姜氏古茶供图）

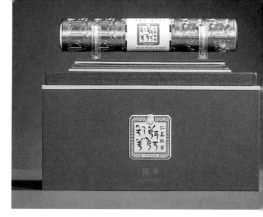

使节茶·吉祥八宝（姜氏古茶供图）

扰。这种根据需要研制的配方，是荥经茶叶加工生产销售的灵魂，也是姜氏茶业的独特魅力。

（二）糯香——姜氏茶的独特标志

茶因香而贵，茶叶中有约700种香气化合物。这些香气的类型，包括清香、花香、果香、木质香、蜜香、陈香等。茶叶的香气成分被吸入人体后，会引起脑波的变化，神经传达物质与其受体的亲和性产生的变化，以及血压的变化等。不同的茶叶含量各不相同，这些成分的绝妙组合形成了黑茶的独特的品质风味。但如何组合，就是"绝活"了。

饮茶分喝与品。喝茶，主要是为了解渴，满足生理需要，一饮而尽最爽。品茶，重在意境，将饮茶视为一种艺术欣赏，要细细品啜，用心体察品味，包括观色、闻香、知味。

历史上的姜氏茶叶就以糯香驰名，"因'熬头好、味醇和、汤色红亮，且带老茶香气'的独特风格，深得藏胞好评"。

姜氏古茶别于其他茶类的特点是，无论是喝是品，那似琥珀、如玛瑙的汤色，红艳、明净；那浓郁的糯香弥漫开来，由鼻而直冲脑门，瞬间就会有一种浑身通泰，神清气爽的感觉。所谓"熬头好"，就是随着闷、煮次数的增加，汤色衰减而滋味不改。初泡醇香带陈，中期陈醇兼而有之，后期陈香突出。初泡入口甜、润、滑，味厚而不腻，回味甘甜；中期甜纯带爽，入口即化；后期汤色变浅后，茶味仍沉甜纯，无杂味。

（三）寻根茶、专供茶、使节茶，中国藏茶之最

中国茶的品类太多，无法用文字说明哪一款茶的独特性，因此只能以类来说，或者以标志性产品来宣传。

向布达拉宫管理处捐赠的寻根茶 1

向布达拉宫管理处捐赠的寻根茶 2

指定用茶（姜氏古茶供图）

　　　　　　　　　　第四章　姜氏古茶"仁真杜吉"的前世今生

川藏经济协作藏茶产业园区

姜氏古茶按其所承载的文化内核，以及用料品质、做工精细程度、价格、供给对象来分，其顶尖的产品有寻根茶、专供茶、使节茶。

2023年7月30日上午，"历史开启未来——布达拉宫·姜氏古茶'仁真杜吉'联名产品发布会"在西藏拉萨布达拉宫举行。活动中，姜氏古茶传承人万姜红、姜雨谦向布达拉宫管理处赠送了寻根茶。

"寻根茶"，这是一款无法用价格来衡量的茶，因为它承载了太多的文化内涵，让人不忍喝它，只得将其作为藏品，于闲淡时光里，细吮它的味道。

在《故宫贡茶图典》一书中，有这样的介绍：观音茶，盒长32.5厘米，宽9厘米，高24厘米；茶叶罐长11.5厘米，宽4厘米，高10.5厘米。清，故宫博物院藏。观音茶产自四川蒙顶山，一说出自原四川雅州府荥经县，文献参考观音茶暂未详其名称由来及产地，疑为雅州府荥经县所产，待考。

这款茶其实产自荥经。吴觉农在《茶经述评》记述："原雅州所属的产茶各县中，以荥经县的观音寺茶和太湖寺茶较为有名。观音寺茶，产于荥经县箐口驿观音寺。清宗室果亲王入藏时，曾品尝过观音寺茶，后来便采茶入贡，成为定例。"这就是故宫所藏观音茶的由来。

川藏经济协作产业园区全景

在2020年的拉萨"雪顿节"上，万姜红展示了祖上留传下来的"仁真杜吉"标识图形。之后，在西藏自治区文物局、布达拉宫管理处的积极寻找下，上百年的"仁真杜吉"茶终于重见天日。

2021年4月10日，"见证历史·携手共进——非遗藏茶姜氏古茶'仁真杜吉'寻根交流会"在布达拉宫举行。交流会上，随着"红盖头"的缓缓揭开，带有朱红色"仁真杜吉"标识的姜家藏茶，在一百多年后，重新与世人见面。

2021年7月，对于广大藏族同胞来说，是一个重要的时刻，也是全中国人民共同的盛大节日。因为这个月的首日7月1日，是伟大的中国共产党诞生100周年的日子，也是西藏和平解放70周年，姜氏古茶成为此次庆典活动的指定用茶。

2021年4月13日，布达拉宫管理处与姜氏茶业签订战略合作协议。同年7月23日，布达拉宫文创向姜氏茶业颁发品牌授权书，并签订合作协议。

历史上在中国与世界的对话中，茶叶始终是最为重要的载体之一，今天，在世界茶市场的竞争舞台上，中国如何突围？这是一个重大命题。作为"一带一路"青年使者，万姜红倡导向世界表达中国元素——"和"与"善"，不以营利推销，只是友好推荐，选择权在你手中；茶是自然之物，我们推荐"道法自然""以和为贵"的人文精神；我们不争第一，只做唯一。

2023年12月12日，由北京外交人员综合服务公司定制，姜氏茶业出品的"使节茶"在北京外交人员服务局正式发布，100多位各国驻华高级外交官参加了活动，"使节"茶"国书"款是一款超国标三等级的茶，卷轴上赫然用中英文刻着"茶和天下，美美与共"，这是中华民族的美好愿望，也是姜氏茶业三百年不变的初心。其中"吉祥八宝"是一款特级茶，宝伞、金鱼、宝瓶、莲花、白海螺、吉祥结、胜利幢、金轮为西藏吉祥八宝图，藏语称"扎西达杰"，在藏族文化中有深刻内涵。"吉祥八宝"使节茶的发布，是向世界昭示汉藏和睦、中华民族一家亲的历史与现实。

（四）现代茶园

姜氏古茶能够保证品质，不仅在于家族悠久的传承，还在于能与时俱进，与时代、时尚相结合。从产地的选择、茶园的管理到茶叶的生产，都充分利用了社会发展和科学技术进步的成果。

位于荥经县新添镇、宝峰彝族乡的川藏经济协作藏茶园区，1.3万亩标准化茶园和5000亩核心区茶园。园区围绕建设"一心一线三区"，打造了茶叶加工园区和智慧农业中心、茶旅融合环线，以及茶叶高新技术集成展示区、茶叶育种及循环模式创新区、高山有机茶标准化示范区，是雅安市三星级现代农业园区，省级现代农业园区培育区。

园区结合荥经特有的"双黑"（国家级非遗黑砂、黑茶），对传统制茶工艺进行挖掘与发扬，按照"以茶为本、文化为魂、茶旅融合"思路，推进"茶叶加工+技艺传承+产品研发+文化体验"的融合发展。同时，采取"县属国企+园区""服务中心+基地""龙头企业+农户"模式，坚持市场化运营，有效地带动全县茶农增收致富及产业发展壮大。

这里搭建有数字农业管控平台，通过对荥经县茶叶种植基地的物联网大数据的采集、整合，构建统一的数据中心，实现对荥经县数字农业的综合管控，主要包含数字农业、园区作业、产品溯源等9个功能板块，能够实现同时服务政府端、生产端、销售端等不同端口。

数字农业部分，以宏观的方式，对荥经概况、产业概况、主要农产品价格趋势做了综合分析。目前，已经将建设村、田坝村的智慧茶园种植基地集成到系统平台，并在系统平台上实时显示茶园气象监测数据。

在"园区导览"模块，人们可以通过VR方式，查看每个种植基地美景的VR图像，并可查看智能化设备的分布。

在"园区作业"板块，系统平台通过种植基地的物联网大数据，辅助农业生产，实现茶叶茶树的精准种植。

在基地的GIS图上，可以看到基地部署的气象站、土壤墒情、视频监控等设备，点击视频监控图标，即可查看基地的实时视频图像。通过环境监测、土壤监测等物联网大数据，结合茶树的生长特性，在茶树生长的不同阶段，建立科学的种植模型，并将种植模型输出给茶树种植者，指导田间生产，能够有效提升茶叶品质和产能。

在"农资管理"板块，针对荥经的农药投入品进行大数据分析，包括农药种类、剂型、过期情况、出入库情况等，从而实现对投入品的有效管控，合理减少投入品用量，助力荥经县绿色农业生产。同时，系统平台提供"农资供应商地图"及"农资使用分析"，方便农户购买农资。同时，也对荥经县主要使用的农药、种子、种苗、化肥进行大数据分析。

通过"产品溯源"板块，可对荥经县的主要农产品做溯源分析和跟踪，包括生产企业、产品、质检情况，也包含茶树的生长环境、生长过程、加工过程等，消费者通过扫描二维码，就能够在手机上对产品的种植、加工过程进行全流程可视化溯源。

在行情分析部分，通过农产品价格指数曲线，可以了解荥经县的农产品价格变化趋势，方便从宏观上全面掌控荥经县农产品的营销数据。

在"技术服务"板块，农户、生产企业可以通过种植技术的学习，提升农业生产技能。技能学习过程中，可以通过种植技术图文资料、培训视频、专家咨询、线上问诊等多种方式，让专家的科技支撑赋能于农业生产，提升农业生产效率和农产品品质。

在政策资讯部分，包含了政策导向、行业资讯、招商引资等模块，可对荥经县农业相关政策、招商引资资讯进行实时更新和查看。

平台也提供"社会化服务"功能，企业可以通过系统平台发布，诸如耕地、农药施放、采收等服务需求信息，农户可以在移动端进行接单，并对农事服务的整个过程进行全程记录。

在智慧中心，可以看到通过互联网远程控制的茶园，随时对其温度、湿度、

PM2.5、光照度等详细数据进行监控，并结合大数据科技，实现全方位全时段的园区信息监控。同时，这里有完全自动化的施肥、打药、浇水设备，大量节约了劳动力，实现了现代茶叶生产的降本增效。而施肥、施药等设备的浓度是经过精确计算的，完全依靠计算机计算出最科学、最合理的浓度配比，一改以往人力施肥打药全凭农户经验的劳动方式，进行科学化、精准化的管理，从而达到绿色健康的标准。在采摘时，除了最高端的芽尖、一芽一叶、一芽二叶需要手工采摘以外，其余则是自动化采摘，两位茶农，一人提着铁口兜，一人掌握收茶机，一会儿就能采摘完一片茶田。

凭借现代化茶园，姜氏茶业如虎添翼，坚守高标准、高品质，在特色发展之路上奔驰。

第五章

布达拉宫与姜氏古
茶『仁真杜吉』

天界享用之甘露，偶然滴落到人间。

——达仓宗巴·班觉桑布《汉藏史集》

2021年4月11日，雅安日报报道一则消息称："日前，'见证历史·携手共进'——非遗藏茶姜氏古茶'仁真杜吉'寻根交流会在布达拉宫举行。随着'红盖头'缓缓揭开，带有朱红色'仁真杜吉'标识的藏茶，在一百多年后再与世人见面。在2020年的拉萨'雪顿节'上，姜氏后人展示了祖上留传下来的'仁真杜吉'标识图形。其间，获悉布达拉宫的地宫中可能还有'仁真杜吉'茶。在西藏自治区文物局、西藏自治区布达拉宫管理处的积极寻找下，上百年的'仁真杜吉'茶重见天日。"这一消息，一时间在社会上引起了巨大反响，人们对于神秘的"仁真杜吉"藏茶，展开了各种想象和讨论。古往今来，藏茶商标"仁真杜吉"的名声，一直响亮于西藏各个阶层，且在当下以此为依托的茶类商品层出不穷。但是真正要了解"仁真杜吉"古藏茶的历史，特别是布达拉宫馆藏"仁真杜吉"文物茶背后的故事，还得从布达拉宫的相关茶俗说起。

　　布达拉宫作为世界义化遗产，国务院公布的第一批全国重点文物保护单位和全国5A级旅游景点，以其雄伟壮观的建筑外观、丰富的馆藏文物，以及其特有的文化内涵，成为人类文明的一大奇迹。作为藏族建筑的典型代表，布达拉宫在拉萨红山上彰显出"山是一座宫，宫是一座山"的雄伟气魄和巍峨壮观的气势。然而，布达拉宫不仅仅是一座单一的建筑物，自"布达拉"这一概念形成之后，人们为这一建筑物赋予了丰富的文化内涵，形成了特殊的文化现象。各个历史时期，收藏于布达拉宫内的珍贵文物，数不胜数，许多珍贵文物保存时间相当长。如今每年来自全国和世界各地的千千万万游客一到拉萨，不畏布达拉宫的一票难求，都要排着长长的队伍买票进入宫里，一睹为快。因为这座世界文明的宫殿历史悠久，珍藏着许许多多不同历史时期的各种珍贵文物，布达拉宫管理处正在进行一项令人兴奋不已的文创项目，这就是让这些多年累积收藏的文物活起来说话。笔者如今生活工作在布达拉宫，深感它不仅诉说着一段段鲜活的历史，也映射出了西藏地方社会变迁的缩影。在当下，我们立足于馆藏文物的研究，探索、挖掘、整理和宣传馆藏文物的保护与研究动态；利用文物研究的最新成果，为更好地讲述以文物为纽带而展现丰富多彩的中华文明记忆，特别是文物背后所蕴藏的我国各民族间的文化互动、文明互鉴和情感交流的历史事实，尤其是历代中央王朝颁授给西藏的馆藏文物，为铸牢中华民族共同体意识的实践提供了"原真性"的文物证据。

在本文中讲的是布达拉宫发现的盖有"仁真杜吉"印章的一包茶叶背后的精彩故事。当然，要揭开这个宫藏茶叶背后的神秘故事的面纱，就要首先了解布达拉宫涉及吃喝拉撒方面的风俗习惯和管理这些的膳房组织。

第一节 布达拉宫膳房组织

在过去，布达拉宫作为原西藏地方的行政中心，其内除了设立"噶厦"和"译仓列空"等地方政权的核心机构外，还有其他许多重要的附属机构。其中，布达拉宫内主要有三种为地方政权统治阶层及宗教场所服务的膳食机构：一是专门为达赖喇嘛提供日常膳食服务的"孜索坨"，即达赖喇嘛膳食机构；二是为地方政权的摄政王及"基巧堪布"（西藏地方僧官系统总堪布）提供膳食服务的"巴坨"，即中间膳房；三是专门为布达拉宫专属僧院"朗杰扎仓" 提供膳食服务的朗杰大膳房。

一、布达拉宫膳房的基本情况

达赖喇嘛的膳食机构，最早成立于五世达赖喇嘛阿旺洛桑嘉措时期。17世纪，随着布达拉宫的正式修建，五世达赖喇嘛等人随即把原西藏地方政权中心迁移到了布达拉宫，于是宫内形成了许多功能齐全、结构复杂的地方政权职能机构。从此，作为专门服务于上层阶级的这一膳食机构也得到了不断的完善，成为布达拉宫内最重要的日常服务机构之一。该膳食房位于布达拉宫白宫顶层东北处，建筑保存完整。大门朝南，其内主膳房门朝西，有2个大柱和8根小柱的面积，目前内部基本按照当年使用时的原状进行陈列。厨房中间设有巨大的藏式土灶台，周围摆放着木质通柜，柜内整齐地码放着材质各异的厨房用具，体现了该膳房的规模。该区域除了主膳房外，还有其他功能的房屋依次坐落周围，统称"孜索坨"，即达赖喇嘛专供膳食房区域。这里所提供的膳食，以优质的选材，制作手艺的精良，以及严苛的膳食供奉习俗而闻名内外。

布达拉宫不仅仅是达赖喇嘛生活起居、处理地方政务的中心场所，也是西藏地方政权的摄政，以及地方僧官系统中"基巧堪布"等高级官员，生活起居与处理公事的场所。故此，也形成了为这类统治阶层服务的完备组织机构。

1757年，七世达赖喇嘛格桑嘉措圆寂。同年藏历四月八日，位于拉萨的丹杰林寺的第穆·阿旺降白德乐嘉措，成为代理达赖喇嘛行使西藏地方政教权力的摄政呼图克图，清政府称之为"掌办商上事务"。[①]清代西藏地方历史上的"摄政"制度就此诞生，且在此后的漫长时间里，这一制度发挥过重要的作用。 摄政在布达拉宫的办事系统及其区域，称作"杰布仓"， 即摄政王之所居，位于布达拉宫白宫从上往下数的第二层。该层朝西大门为"森嘎"（བཟིམ་འབབ），即摄政卫士系统所在之地，其内南朝东联排窗户为摄政的寝宫。门外左右两侧，当年有两位身材高大的"旭森嘎"（ཤོད་བཟིམ་འབབ）守卫着摄政的安全，闲杂人员不得靠前。因此，摄政办事机构及其区域，又称为"旭嘎"，即下层被守卫严守的禁入区域。

"旭"（ཤོད），在藏语中，是一种相对的方位词，有"之下"或"下面"之意。与布达拉宫白宫顶层达赖喇嘛活动区域"孜"（རྩེ），即上方，形成"一上一下"的不同方位之概念。布达拉宫内，用"孜"和"旭"两个表达相反方位之词，体现了西藏地方两位最高政教首领的系统。众所周知，摄政及其办事系统在达赖喇嘛未亲政或圆寂后未寻找到灵童之前，行使西藏地方政教大权，是极其重要的内侍系统。"旭嘎"设在布达拉宫白宫东面顶层大殿之下，建筑结构上呈现一种承上启下和"一人之下"的寓意，体现了布达拉宫建筑设计和机构设立上的用心之处。

除了地方摄政办事机构"旭嘎"之外，布达拉宫内还有一处高级僧官的办事之地，称作"堪布仓" 。也就是"基巧堪布"，即西藏地方僧官系统中总理堪布的办事系统。"基巧堪布"大约是从19世纪八世达赖喇嘛降白嘉措时期逐渐形成。其

---

① 邓锐龄、冯智分册主编，拉巴平措、陈庆英编著：《西藏通史》（清代卷上），中国藏学出版社，2015年，第 247 页。

办公地点位于布达拉宫白宫顶层往下数的第三层十八梯出口朝西门内，占地面积57.13平方米，当年内设有办公场所、寝殿和管家房等。该系统配备了"仲译"，即文书等不同职级的办事人员。①而上述的"巴托"，即中间膳房，位于布达拉宫白宫顶层往下第三层处，是根据膳房在布达拉宫建筑群落中所处位置来命名的。这同样为该区域的"堪布仓"提供专门的食材服务。从"巴托"膳房直达"堪布仓"，也通过沿梯直通上面的摄政活动区域。

布达拉宫内除了上述三座专门膳房外，在红宫西南角也专设有布达拉宫"朗杰扎仓"膳食房。布达拉宫的朗杰扎仓，位于白宫南侧较为突出的建筑群内，专门为僧院提供日常膳食服务的膳食房就位于大殿后面。从僧院大殿往里可直通僧院膳房。该膳房大门朝东，中央摆设巨大灶台，周围同样设有木柜，其内摆放各类厨具，规模也是相当巨大。当朗杰扎仓内举行相关佛事活动时，膳食房工作人员把酥油茶和膳食等，从膳房直接送到扎仓大殿，以供僧众食用。僧院是布达拉宫规模巨大的宗教活动的场所之一。扎仓膳食房平常所需的茶叶从选材到制作要求严格，且膳食房相关制度也是极为严密的。据记载，该膳房有三名执事人员，即侍从司祭堪布、轨范师、领诵师。他们不仅负责扎仓各项佛事活动，而且"基巴"掌管僧院公共财产，"格归"则专门管理僧院教规戒律事务和掌管僧院的公共财产。

该膳房有关奉茶等习俗的规定，也是极为严格的。比如，在扎仓内举办相关活动，向达赖喇嘛等人奉茶时，首先扎仓膳房大厨从膳房端着金茶壶，缓步来到大殿宝座前，此时副索本需从大厨手中小心翼翼地接过茶壶，移步到达赖喇嘛座前上茶。正式上茶之前，副索本先从金茶壶里给自己倒出几滴酥油茶，并一饮而尽。此举最早为了查察茶餐是否有毒之俗，后来成为奉茶礼俗的环节之一。副索本随后向达赖喇嘛三稽首，然后回自己坐垫上。当然，酥油茶作为奉茶礼俗中的"主角"，由朗杰扎仓膳食房进行精心熬制。

二、布达拉宫膳房职责

膳食房负责达赖喇嘛的日常食、饮、膳、肴，以及节日期间举行政教活动时安排宴席和供应茶点等事务。膳食房供职人员多为僧官，官阶从大四品官到七品官不等，其组织严密，日常任务繁重。按照史料记载，膳食房设有司膳官一位，

---

① དགེ་རྒྱས་ལ་བཟང་འཇིགས་སྨེ་ཇི་ ནེ་ཤུའི་བོད་ས་གནས་སྲིད་གཞུང་གི་སྐྱིག་གཞག ཀྲིས་མ་ག 2015年，第247页。

主膳房

称作"索本其莫"，或"索本"。官阶为四品僧官，为膳房总负责人。其下配
有小四品僧官"索本琼娃"，即总副手一位。此二人统领膳食房的一切事务。膳
食房其他工种有：一个官阶五品僧官的藏餐大厨，主副膳食司库官二人，正副侍
水官二人，侍肉官一人，糌粑官一人，正副侍奶官二人，挤奶官一人，侍茶官一
人，正副侍水、运水马官二人，酥油官一人，中餐厨师一人，清洁员一人，以及
糕点师四人。①

　　膳食房每一个成员的出身和经历等均须详细注册登记，分别存档于"孜恰列
空"内。膳食房人员编制是固定不变的，因去世等缺额需补时，由索本大堪布物色
人选后，报达赖喇嘛审批。增补人员必须是从膳食房最低职位升始，不准借故中途
插补。出现职位缺额时，不论出身高低，均按级、按资历依次晋升。新增和晋升人
员须履行一整套的严格手续，即先经达赖喇嘛在呈报名单上圈定，再由正、副索本
堪布将被认定者带去朝拜达赖喇嘛，当面对其交代工作，然后选定吉日良辰，向孜
恰列空奉献哈达，递交保证书。次日，按所定品级穿戴官服，前往大昭寺朝拜释迦
牟尼像，并从孜恰列空租借"曼扎"和"旦松"等仪式器物，向达赖喇嘛履行敬献

---

① 　参见西藏自治区政协文史资料编辑部：《西藏文史资料选辑》，民族出版社，2007年，第619 –
　　623页。

礼仪。提拔、增补人员就职之日，需得向正、副索本堪布及膳食房其他官员，按品阶一一馈赠礼品，然后就座于各自位置上，饮茶、享用人参果饭。膳毕，索本大堪布对新任交代应遵守的纪律和注意事项。几天之后，新任者要在罗布林卡设宴招待来友，也要在家中设宴，供茶，款待近邻，以示庆贺。[①]

布达拉宫膳食房的日常工作，以制作酥油茶为主要任务之一，首先由正副侍水官负责供给达赖喇嘛的日常用水。如饮用水、制作酥油茶的茶叶水，洗漱、洗澡和佛事用水等，统称"圣水"。"圣水"均取自拉萨药王山下的泉眼处，一般每天取水两次。取水时，侍水官必须将官服穿戴严整，胯下乘骑也要佩戴显示其品位的胸缨。驮水骡子由两位终生专事驮水使役牵引，这两人要穿黑色藏袍，佩戴碗套和盛盐碱的小布袋。侍水官出行，需有两位佣人陪同前往，且两人要着黄色氆氇上衣，骑乘也得吊挂胸缨。一名在前开道，另一名则在押后，这也成为当年拉萨城内，人们闲暇之余，得以静静远眺的亮丽风景之一。达赖喇嘛住在布达拉宫时，侍水官一行人马要从后山缓坡道路上下，陡峭处需人背水过去。遇宴会用水量大时，一日需运水四次之多。达赖喇嘛住在罗布林卡时，除牵骡者外，这一行人可以骑马到膳食房门前，而其他任何人都必须在罗布林卡大门口下马。清脆的骡蹄声，在静谧的罗布林卡院内响起时，人们就知道，运水骡队已然到达了。"圣水"运到膳食房后，由膳食房主厨亲手操制达赖喇嘛日常食用的酥油茶。酥油茶作为达赖喇嘛必不可少的日常饮品，选材严格，制作讲究。

每逢达赖喇嘛前往大昭寺、哲蚌寺、色拉寺，乃至数十里以外的甘丹寺，例行佛事时，侍水官都需得事先准备，并带足往来所用之水。

膳房主厨每天领取高级新鲜酥油和四川雅安等地所产的高品质砖茶，比如，雅安荥经县境内的"仁真杜吉"牌等砖茶，这也是"仁真杜吉"砖茶目前依然保存在布达拉宫文物库房内的原因。再结合着取自药王山的泉水，加上盐、碱等其他原料，经过三次以上的挑选，再由正副索本堪布、"基巧堪布"会同达赖喇嘛的大管家和五品大厨师们最终选定后，由主厨亲自按照比例将原料打成酥油茶。制作完成的酥油茶倒入碗后，要求既要不见浮油，茶之浓、淡、色、味也都要恰到好处，才算制作完成。

---

① 参见西藏自治区政协文史资料编辑部编：《西藏文史资料选辑》，民族出版社，2007年，第619－623页。

除了专门为达赖喇嘛和其他高级官员奉茶之外，膳食房日常值班员清晨6:00起床，生火烧水。7:00，大厨师带领相关执事清洁膳房卫生。之后，四个人打制酥油茶，先给值班员送茶一壶；再给正副索本堪布送一壶；给膳食房全体工作人员准备40磅的酥油茶；为本房佣人和招待外人也要准备酥油茶40磅；给"孜康列空"送一壶，为早会、拜众僧俗官员准备好茶点和其他饮食。保障达赖喇嘛及其近侍官员的饮食起居，是膳食房最主要的任务。

虽然，布达拉宫膳食房为达赖喇嘛提供专门的餐食，但是在布达拉宫举行早茶会时，参加早茶会的官员们也能得到膳食房提供的美味可口的酥油茶。早茶会也是原西藏地方政权议事制度之一，形成于第五世达赖喇嘛时期，被称为"仲甲"即早茶会。仲甲，也可直译为地方官员茶。每日清晨，一般由卓尼钦莫（人管家）组织安排所有大小随从、内侍、政府官员，集中在布达拉宫白宫大殿外廊道内饮茶，即举行僧官早茶会。有时，达赖喇嘛亲临早会；未能亲临时，将其法衣置于法座上以表亲临。第十三世达赖喇嘛图登嘉措时期，僧官早茶聚会时间持续两个小时，这正是达赖喇嘛日常处理地方公务的时间。由于达赖喇嘛办公地点随冬、夏换季分别在布达拉宫和罗布林卡，所以这种僧官早茶聚会地点也随之迁移至布达拉宫和罗布林卡日光殿。早会时间为每天上午9:00，此时全体僧官、值班噶伦轮流当值，"孜恰"、抬轿头人等也会集中在"孜嘎"内，诸执事官员负责给早会提供早茶。参会官员则各自按里外座次入席。"森嘎"即达赖喇嘛侍卫手持念珠，维持早会纪律。其余人则不能持念珠，更不能随意谈话和喧闹等。

三、布达拉宫的茶俗一瞥

作为西藏各族人民历来视为生命的饮品，酥油茶与生活在高原上的每一个人息息相关。《汉藏史集》将茶称为"天界享用之甘露，偶然滴落到人间"。历史上，西藏地方上层社会中，酥油茶不仅作为日用饮品，还成为举行各种政教活动的习俗内容之一，在各项活动中随处可见奉茶习俗的影子。

根据目前看到的零散材料发现，布达拉宫内的茶俗活动随处可见。以原西藏地方上层人士在布达拉宫内一天为线索，奉茶习俗几乎贯穿着一整天。比如，每天早上5:00多，统领布达拉宫膳食房正副索本堪布即开始负责奉茶事宜，他们按时把膳食房制作的酥油茶奉与达赖喇嘛和近身侍从官员前。此时，从膳食房到达赖喇嘛寝宫，穿戴着整齐黄色袈裟的副索本捧茶缓行，先由一人开道，身后膳食房官员们随着鱼贯行进。副索本捧着镶嵌珠翠的银壶，右手执壶把，左手托壶底，表情要异常谦恭而从容，还必须将面颊侧在一边，以口咬肩头袈裟角，不准对着茶具呼吸。走到达赖喇嘛面前时，将银壶递交给正索本堪布，自己从怀中取出茶碗，倒上第一碗茶，先喝以示安全和冷热合口，然后再倒第二碗茶，躬身双手捧献给达赖喇嘛，再依次向高级官员和达赖喇嘛经师等人一一供奉茶点，幽暗且相对狭窄的寝宫内，这一仪式每天清晨都在重复着。

当布达拉宫内举行重要活动或者欢度各种节日时，奉茶更是重要环节。比如，以藏历新年初一为例。藏历新年作为西藏地方一年中最为重要的节日，当日达赖喇嘛要在凌晨3:00起床。盥洗毕，索、森、曲三位堪布在总理堪布示意下，按各自位置，静坐于达赖喇嘛床前和左右。副索本身着新袈裟，并将绣花锦缎披袈罩在左肩上，手捧镶有各色宝石的金茶壶，向达赖喇嘛献上第一、第二道酥油茶。二道茶后，总堪布和索、森、曲三位堪布要依次向达赖喇嘛祝贺新年，敬献哈达；达赖喇嘛赐给每人一条打结的红绸丝带，叫"护身结"。紧接着，向达赖喇嘛献早餐和第三道茶。大约在凌晨4:00，达赖喇嘛及其两位经师、朗杰扎仓执事及近侍诸僧开始诵经。接着，噶厦、译仓列空、孜康列空等全体僧俗官员到达赖喇嘛寝宫门外，按品级排坐，恭候拜礼。东方发白时，地方宫廷乐队奏乐，首席噶伦、基巧堪布二人以双手衬托哈达，左右搀扶达赖喇嘛步上黄色地毯，登上红宫大殿最高点，众僧俗官员依次尾随而至。达赖坐在朝东方向的宝座上，接受地方官员们的叩拜，这是开年的第一次朝拜。四品以上僧俗官员，依次向达赖喇嘛敬献哈达，然后全体就座，朗杰扎仓八名僧人，奉上供品祭神；领诵经的僧人以开钹奏佛乐，示意上茶，这是众官员共饮的大年初一的第一道茶。随着酥油茶香飘荡在布达拉宫的上方，预示着新的一年正式拉开了帷幕。旭日东升后，达赖喇嘛起身离开宝座，司寝堪布为他换上通天冠和法衣，然后由他亲自向殿内佛祖像奉献供品，尔后归座，由朗杰扎仓代表僧人向达赖喇嘛敬奉各种果品。在钹声起、佛乐齐鸣中，饮用第二道茶。至此，祭祀仪式完毕。然后，达赖喇嘛起身到布达拉宫各大殿拜佛，并在僧俗众官簇拥下，回到寝宫，再依次就座饮茶、尝果、用早餐。当天使用茶、餐具规矩也极为严格，对正副司膳官、大小堪布献上以金盘、金碗所盛六种不同的膳肴，对达赖喇嘛正副经师、司伦、品阶高贵的僧官和"扎萨克"亦同样，但须使用银质碗碟。堪穷（小四品僧官）和四品俗官是两人一份，使用铜质的碗碟。紧接着，当天其他仪式按规进行。

大年初二，称为"法王年"，或称俗官年。这一天上午9:00，布达拉宫东大殿内准时举行早会，届时僧俗官员们一起进行早茶。而当天最重要的仪式之一，就是穿戴着珍宝服饰者，出席布达拉宫东大殿举行的活动。穿戴珍宝服饰，是西藏甘丹颇章地方政权时期，在布达拉宫等地举行新年庆典时相关人员所穿礼仪服饰，进行展演的礼俗之统称。该类服饰展演，是根据西藏地方早期宫廷服饰穿戴习俗演变而来的一种仪式活动。第五任第巴·洛桑图多时期，重新厘定了这一习俗的用途及特定场合，确定了具体珍宝饰品数量、参与人员及仪式中的角色等。主要角色有法台或主持、搀扶员、司膳官和管家等角色。此外，还有5－7名一般的珍宝服饰者。其中，法台或主持角色者由一名四品俗官担任，管家一角由一名五品官担任，搀扶员和司膳官担任者皆由未入正职的年轻贵族子弟充当。当天，珍宝服饰者们要向达赖喇嘛奉茶，酥油茶由达赖喇嘛膳房提供。当鲜甜可口的酥油茶倒入金质茶壶后，由上述珍宝服饰穿戴者向达赖喇嘛奉茶，仪式自始至终保持着一种神秘感。①

藏历新年初三，叫作"次松桑热"。早上7:00，达赖喇嘛便在相关人员的陪同下，在布达拉宫自言白度姆像前念经祈祷，并将卜问新一年的吉凶祸福，以及未来一年的收成等情况。祈祷仪式完毕，膳食房即行送茶，茶后进早餐。在上述这段时间中，噶厦全体僧俗官员到乃穷寺内祭祀护法神。祭过护法神，再到次松塘（ཚེས་གསུམ་ཐང་）广场举行新年团拜。这时，所有僧官折返布达拉宫再拜达赖喇嘛。紧接着，开始早餐，饮年茶、食肉粥和"切玛"、油炸果，然后饮茶，礼毕。从这天起便开始了拉萨传召法会。

藏历三月，要举行达赖喇嘛从冬宫布达拉宫到夏宫罗布林卡的迁居仪式。第一天，达赖喇嘛在罗布林卡格桑颇章宫内，接受全体僧俗官员的朝拜。第二道茶后，膳食房要向达赖喇嘛献十七层油炸面点和十七层荞麦面饼。第二天，起床先饮头道茶，膳毕即接受噶厦新任僧俗官员们的朝拜，以及为新任宗本谿本们的赴任辞行、赐茶饭。第二道茶后，达赖喇嘛同众官一同进食，吃油炸面点和荞麦面饼。膳食房向达赖喇嘛奉献七层点心，向司伦、噶伦、扎萨克和其他高级官员献五层点心；向四品、五品官献三层，向六品以下官员各献点心一个。接着，进行饮年茶、吃糌粑、肉粥和食用面块肉粥；接着，奉两次酥油茶。第三天，各种仪式仍与前两天相同。

藏历五月五日为"藏林吉桑"，意为世界煨桑节。由当世达赖喇嘛之父尧西

---

① 多吉平措：《华冠丽服与堆金叠玉——布达拉宫藏珍宝服饰及其相关问题初探》，《故宫博物院院刊》2022年第10期，第113页。

公爵主持进行。公爵主仆一大清早就到罗布林卡的寝宫内，朝见达赖喇嘛，膳食房要以丰盛的早餐款待之。早会毕，僧俗众官员饮茶、吃肉粥，向达赖喇嘛和相关官员奉献油炸面点。第二道茶过后，食用糌粑等主食。第三道茶后，继续上述人员献各种形状的油炸供品。

藏历七月三十日为"开禁节"。按照西藏地方宗教教规，每逢夏季要有几十天的时间禁止僧众出门，在此期间僧众们要行三件事，即长净、夏居和开禁。到了开禁的日子，举行完相关仪式后，僧人们则可纷纷离寺下山。这一天，达赖喇嘛要接受哲蚌寺下山僧众的朝觐，在罗布林卡格桑颇章宫内举行朝拜仪式。膳食房招待僧人们第一道茶及肉粥。达赖喇嘛进入大殿，朗杰扎仓组织僧众奏乐，达赖喇嘛升上法座，接受哲蚌寺高僧及官员们的朝拜。然后到日光殿设宴，由堪布诵经祈祷达赖喇嘛长寿。喝过第二道茶点，继续给众僧摸顶。摸顶毕，饮第三道茶。接着，达赖喇嘛继续进行其他仪轨和活动。

藏历八月二日至八日为传统沐浴节，沐浴仪式共持续七天。以原西藏地方上层集团为例，沐浴节头三天是噶厦全体僧俗官员一起举行沐浴活动，后三天是达赖喇嘛的内侍官单独举行。第一天，全体官员食用面食之后，朝拜达赖喇嘛，然后饮茶、享用米饭。稍歇，再饮茶，进入参果饭，向达赖喇嘛献银盘果品十七层，其他官员按等级依次供奉，席散后众人喝茶。当日二次献食，众人继续食用油炸点心等，膳毕后饮茶，接着散席。其余时日仍进行同样仪式。在藏历八月沐浴节前后，众官员按规定都要在布达拉宫西面甲热林卡沐浴七日，膳食房官员亦不例外。沐浴时，在"林卡"（ གླིང་ཀ ）内搭帐篷。在沐浴间隙，以正副索本堪布为首，按品级就座，午宴在露天就餐。按惯例，八月的沐浴活动，膳食房需得以一天的时间宴请众噶伦和基巧堪布。当诸官到达时，膳食房正副司膳堪布要列队于膳食房大门口迎接。如果在罗布林卡夏宫办席，就在大殿设座位，献年茶和各种油炸果品，一日三餐的宴席都会很丰盛。宴毕，噶伦和基巧堪布特地给中餐大厨师赐挂哈达表示谢意。大厨师们在这时则更换常服憩息、饮茶，并向正副基巧堪布献哈达、送钱钞。向膳食房全体官员挂哈达、送钱钞，最后，噶厦大管家到大殿，将哈达挂到房柱和宝座上，沐浴节的宴请仪式到此结束。

藏历十二月二十五日为格鲁派创始人宗喀巴圆寂纪念日，取名"噶丹昂曲"。早晨，全体僧俗官员一起用早茶，吃纪念粥，内外侍也都参加。当天，达赖喇嘛于布达拉宫日光殿接受全体僧俗官员朝拜。拜毕，奉一、二道茶。上午10:00，全体僧俗官员随达赖喇嘛到布达拉宫圣观音殿及前世灵塔殿进行参拜。最后，再奉茶一次，至当天仪式结束。毕后，达赖喇嘛回到布达拉宫的寝宫殊胜三界殿。当晚，在寝宫内行完最后一道茶，且给予小四品以上僧官们摸顶祝福后可就寝。

藏历十二月二十九日是"古多节"，即年跳金刚法舞。当天，地方上层的僧俗官员及拉萨城的百姓齐聚布达拉宫东欢乐广场，除了进行跳神等一系列宗教仪轨活动外，膳食房要为全体观看跳神官员们奉茶一次。晚间进茶时，还要给每位官员按官阶高低散发数量不等的干果等食物。达赖喇嘛一直在看台上看完最后的"驱鬼"活动，才与众官一起食用"古多（ དགུ་ཐུག ）"饭。

藏历十二月三十日，按传统规格向达赖喇嘛献供品，噶厦所属各机构呈送新规文案。膳食房全体官员要在这一天准备好各种各样的供品、食品、点心和干果，准备好新年大宴、吉祥八宝、七正宝和八善品各种名目的宴席点心，各种大、中、小型供品配料，以便在新年节日时迅速摆出。相关官员们都身穿节日盛装来到膳食房检查准备情况，看所准备的一切东西是否合乎要求。然后，亲自和膳食房官员们一起将食品分类装入100多个黄缎子口袋中，由相关官员清点后交给糕点师和藏餐、中餐大厨，供他们随时装配、制作使用。

通过上述零散材料看出，当年布达拉宫内的茶俗活动琐碎且重复无新。但是相关人员则通过这一简单的日常茶俗，极力维系着高低尊卑、上下阶级的政教关系，恪守本分，循序往复地操持着布达拉宫的日常活动。

第二节 布达拉宫与川茶

过去，用于布达拉宫膳食房制作酥油茶的茶叶，选用四川等地出产的高级砖茶。"孜差德列空"，又称"孜恰列空"，意为立付局，负责征收和采购膳食房及其他用途的高等级茶叶。该机构每年派一名商办官赴康区采购茶叶，通过严格甄选后，藏族马帮将把高级砖茶通过崎岖而延绵的茶马古道运送至西藏。用于布达拉宫膳食房的茶砖由孜恰列空进行严格把关后收入库房，以备膳食房制作酥油茶。而其他用途的茶砖，基本通过盐茶局等机构完成验收等事宜。史料记载，20世纪上半叶，西藏地方的许多贵族和寺院组建自己的商队，大规模参与茶叶等贸易，以此获得丰厚的利润。他们的贸易网络广泛，不仅与内地其他省份，还与印度、尼泊尔、锡金、俄国，甚至日本等国，有所往来。商队把西藏的羊毛、土盐等特产贩运到印度、尼泊尔等国，将棉布、毛料、金属制品、茶叶、奢侈品及印茶等贩回西藏，利用各种途径避免缴税，赚取差价，获取利润。这成为许多西藏贵族和寺庙财富的一大来源，并因之建立了与国外势力的"密切"联系，[1]增加了部分西藏贵族与英属印度的贸易往来与利益联系，甚至滋长了"亲英"风气。因此，西藏地方成立了茶盐局，旨在将大宗出入关卡货物的征税途径正式化，凡从印度等国进入关卡的茶叶等货物，以及出关之土特产，皆在抵达第一道税卡时按货物数量征税。为此，西藏地方茶盐局不仅在阿里、帕里等地设盐、毛税卡，在那曲等地设立茶税卡，以征收盐茶税；还在亚东、帕里等地设立货物税卡，征收进出口货物过境税。每年征收税款十几万大洋。[2]这不仅增加了西藏地方的财政收入，在一定程度上，还对西藏地方贵族和寺庙与国外的贸易往来形成了约束。

为了能够在西藏本地种植高品质川茶，西藏地方的茶盐机构还专门负责从康定等地引进茶树种，试图在贡布、恰隅、波密、墨脱、察隅等温暖湿润的地方试种茶树。[3]当然，这一举措终究未能实现。而从各地选购的茶叶，首先会集中在布达拉宫山脚下的雪城内。由于茶叶数量庞大，由管理布达拉宫日常事务的相关部门，专门组织人员进行搬运，有时茶叶搬运人员数量达400人。众人把布达拉宫各膳食房所需茶叶，从布达拉宫山脚下搬运至布达拉宫德央厦（བདེ་ཡངས་ཤར）广场西侧库房，各大膳房负责人则从库房领取每日所需茶叶。

一、川茶经过康定而来

茶叶在西藏的传入已经有漫长的历史。到了17世纪中叶，为了获得源源不断的优质茶叶，加上入关不久的清朝中央无暇顾及西南边陲政务之际，蒙藏联合的西藏甘丹颇章地方政权，一度派遣"营官"到达打箭炉等地，操控茶叶等贸易活动。[4]根据藏文史料的说法，为了能够增加汉地茶叶贸易所带来的可观赋税，西藏地方把打箭炉等地视为极其重要的边贸之地。据记载："鉴于康定（茶叶）市场对于双方的重要性而自成惯例。然而，茶叶作为政府赋税的重要来源及法事活

---

① 王强、谢金勇：《民国时期西藏茶盐局成立时间与官职考》，《西藏大学学报》2018年第2期，第56－57页。
② 王强、谢金勇：《民国时期西藏茶盐局成立时间与官职考》，《西藏大学学报》2018年第2期，第57页。
③ 西藏自治区政协文史资料编辑部：《西藏文史资料选辑Ⅱ》，民族出版社，2007年，第290页。
④ 罗布：《吴三桂与五世达赖喇嘛——清初西南边疆多元关系之一角》，《思想战线》2017年第5期，第32页。

"三石一锅"的独吉

动时无可替代的用物，也保障了地方政府的经济收入。"①据《雅州府志》记载：
"自明末流寇之变，商民避兵过河携茶贸易，而乌斯藏亦适有喇嘛到炉，彼此交
易汉番杂处。于是始有坐炉之营官，管束来往贸易诸番叠经更替，历有年所。"②
可见，随着西藏地方派遣专门的管理人员，打箭炉等地短暂恢复了类似早期茶马
互市之情状。③通过打箭炉等地进行的茶叶贸易，保证了川茶源源不断地运往西藏
的通道之通畅。打箭炉在明清时期属于明正土司的具体辖地，在各种势力交错纵
横的历史长河中，明正土司虽有兴衰成败，但在该地始终扮演着重要角色。清政
府亦循惯例重新确立了明正土司的地位。此后的近二百年，明正土司在充当汉藏
商品贸易集散主身份之功能愈发凸显，直至民国末期。

---

① སྨྱུག་མདའ་རུས་རྒྱལ་རྒྱུ་མཚོ། རྒྱལ་དབང་ལྔ་པ་བློ་བཟང་རིན་ཆེན་ཚངས་དབྱངས་རྒྱ་མཚོའི་རྣམ་ཐར་དད་གསལ་མེ་ལོང་གི་མ་ཚུལ་དམ་པ།། བོད་ལྗོངས་དཔེ་རྙིང་དཔེ་སྐྲུན་ཁང་། སྤྱི་ལོ་1989ཟླ་6ཚེ235。

② （清）曹抡彬、曹抡翰：《雅州府志》卷之十，成文出版社，1969年，第249页。

③ 郑少雄：《汉藏之间的康定土司——清末明初末代明正土司人生史》，生活·读书·新知三联书店，2016年，第64－65页。

明正土司作为古老的地方政权，土司内部组织严密，辖属范围广阔，地理位置重要。除了中央封有土司之外，其下土千户、土百户等各级地方政权也是由中央分封，隶属于土司统一管理。此外，明正土司辖内汉藏双方商贸往来的重要地点，设有专门负责管理辖地内商品贸易的"锅庄"组织。根据藏文资料记载，早在14世纪，明正土司下属就有十三个"多巴"（ བདོ་པ ）的专门组织。[1]藏文中以"多巴"来代指打箭炉等地的商户组织。对于"多巴"的最初形成，研究人员给出了极为有趣的解释，最早跟藏族马帮在外行商的生活方式有关。早期，藏族马帮商队到达打箭炉时，扎营歇脚的固定驻处，立三个石头为灶台，马帮们围坐在灶台周围，架锅烧火，煮茶做饭，形成"三石一锅"的合伙团体。久而久之，在商队内部形成一种习惯性的生活组织，藏语叫作"独吉"。[2]"独吉"二字到底如何解释，相关材料中并无清晰的交代。根据藏文词音推测，"独"应为藏语"石头"之谐音，指石头垒立之灶台；"吉"应为藏语中的"吉度"组织。"吉度"是指"被认作是一个个参与者从各自的动机出发相互作用形构出的一种自然秩序"。[3]它是自发的民间组织，在特定的时间和某些特定的事务处理上，以"吉度"这一组织形式出现的局部圈子。照此，上面的"独吉"可能就是源于藏族马帮在外谋生时，以一定区域内的熟人作为组织而形成的内部团体。这一形式慢慢地变成"锅庄"，后期每个锅庄所要接待的马帮户籍是固定的习惯也许源于此举。比如，"藏族住锅庄，第一次在哪家，几辈人都在哪家。锅庄为藏商无偿提供骡马和饮食"。[4]另外，"独吉"的"独"也可能是指"多巴"。根据上文所引材料中，早在14世纪，在康定进行交易物资的康巴商贩被称为"多巴"。因此，"独吉"也可能是源于这一康区商贩在外贩卖货物时小圈子所组成的"吉度"组织。

清代汉文史料中，逐步以"锅庄"二字来指明正土司下属"朵巴"组织。可见，原本藏族马帮在打箭炉形成的"多巴"组织的运行模式，逐渐被当地明正土司吸收或接纳，成为其下属专门接待马帮商队的组织。而"朵巴"或"独吉"主要的

---

① ཨིས་ནེག་ཐུན་བསྐན་ཆོས་དག་། ཁམས་མི་ཉག་ལྱང་གས་མཁ་རྐ་འི་རྒྱལ་རབས་གསལ་བའི་མི་ལོང་། མི་རིགས་དཔེ་སྐྲུན་ཁང་། ལྱ་ལོ 2016ཤ 1ར 103。

② 杨绍淮：《川茶与茶马古道》，巴蜀书社，2017年，第134页。

③ 旦增遵珠：《西藏农村民间救助活动的比较制度分析——以巴日库村"吉度"现象为例》，《中国藏学》2010年第4期，第61页。

④ 齐桂年：《川藏茶马古道上的背夫、锅庄及寺庙茶文化》，中国茶叶学会、台湾茶协会：《第四届海峡两岸茶业学术研讨会论文集·历史与文化》，2006年，第633页。

歇脚贸易地也在明正土司辖内。明正土司为了给"朵巴"马帮提供更加便利的，且相对稳定的歇脚之所，"在马帮经常落脚之地，修筑起碉房，专供各地来康定的头人和商旅居住，相当于是明正土司家的接待站、招待所。再后来由于茶市贸易的发展和扩大，来康定的客流剧增，锅庄便由单一提供住宿，逐步演变成为一种集中介、食宿、货栈、加工（更换包装）、金融为一体的经纪行业"。[1]由此，康定锅庄逐步登上历史舞台。到了18世纪，官方档案中明确记载了明正土司下设十三"锅庄"。据记载："该司所管拾三锅庄，头人十三名，共四百六十五户。"[2]直到民国时期，调查人员依然能够在康定境内认定明正土司下属四十八锅庄的具体位置等历史信息。

目前，"锅庄"一词根据不同族群、不同地域，以及不同文化背景的影响，呈现出不同的解读。部分学者认为，"锅庄"一词来源于拉萨语中"古曹"的谐音，为代表之意；[3]又或是"古扎"，即贵族之意。表明"锅庄"作为明正土司的代表，负责处理汉藏贸易。而"锅庄"在藏语语境中，一直称作"阿佳卡巴"。这是带着一种隐喻之词，说明这些锅庄主能够自如地斡旋于汉藏商户的贸易事务之中，他们精通汉藏各种方言，以娴熟的语言沟通能力来组织、联络、接待和参与汉藏双方贸易，展现出了超强的商务交际能力。

明正土司下属的各锅庄，也以一种"中间人"的身份负责接待汉藏两地的商户，并且每一个"锅庄"所要接待的商户户籍也有相当明确的规定，久而久之形成一种惯例。鉴于打箭炉的特殊地理位置，至少从宋代开始形成了较大规模的商品贸易集散中心。[4]在各个时期，不同民族、不同政权对于该地的争夺和控制从未间断，但是以茶马互市为主的商品贸易则是一直没有改变，越到往后，其作用愈发凸显出来。如上面所介绍，清代初期，西藏地方甚至直接派遣官员掌管该地，把茶叶贸易作为西藏地方赋税的主要来源之一。这一过程中，西藏地方又把以格鲁派宗教势力扩张的这一惯用手段强有力地推行到了该地。早在五世达赖喇嘛到北京觐见顺治皇帝的途中，经过打箭炉时，亲自选址修建格鲁派寺庙安觉寺。不

① 杨绍淮：《川茶与茶马古道》，巴蜀书社，2017年，第134页。
② （清）曹抡彬，曹抡翰：《雅州府志》卷之十，成文出版社，1969年，第273页。
③ ཀྱི་ཉིན་ཁྲུ་བ་བཟོད་ཆོས་དང་། ཁམས་ཨི་ལུག་སྐྲུན་ཁང་རྒྱུ་རྐྱེན་པོའི་རྒྱལ་རབས་གསལ་བའི་མེ་ལོང་། མི་རིགས་དཔེ་སྐྲུན་ཁང་། ཀྲུ་འ2016རི1ད104。
④ ཀུན་ཙ་འོ་ཟིད། ཆོས་འཕུང་། དགེ་ལུགས་ཚུའི་དབུ་ཁྲད། བོད་ལྗོངས་བོད་ཡིག་དཔེ་རྙིང་དཔེ་སྐྲུན་ཁང་། ཀྲུ་འ1988རི3ད421。

久之后，又在明正土司家庙金刚寺之旁修建了南无寺（སྤྱོ་མོ་དགོན།），并由五世达赖喇嘛亲自命寺名"呷登竹批林"（ཉམས་བཏན་འགྲོ་འཕེལ་གླིང་།），成为布达拉宫朗杰扎仓的支庙。[①]可以推测，当时西藏甘丹颇章地方政权除了派遣营官，专属于布达拉宫的朗杰扎仓宗教机构也会派遣或者任命僧人，担任寺主持或者管理寺庙。这些僧官自然也会参与到打箭炉等地进行的茶叶贸易当中，特别是甄选和把关专供布达拉宫等地的优质茶叶，也在情理之中。这些线索为我们进一步解读目前荥经县姜氏茶商手里所持的"仁真杜吉"品牌，有所帮助。同时，从材料中得知，明正土司自明代起开始信奉藏传佛教宁玛派，后期把当地宁玛派多吉扎寺作为土司家庙进行修缮和供养。金刚寺，藏文称作多吉扎（རྡོ་རྗེ་བྲག་དགོན།）寺。多吉扎寺历史相对久远，后来成为明正土司的家庙。以藏传佛教文化传承习惯上来看，不同宗派的僧侣在冠取法名上也有一定规律可循。如，通常自各教派主要人物或者寺院名讳中，摘取部分字词以此冠之。因此，我们所要讨论的"仁真杜吉"人物之名讳，从藏传佛教宗派属性上，更像是属于宁玛派僧人，或者信奉宁玛派的人，这跟明正土司家庙多吉扎寺也许有一定关联。因为，明正土司通过下属各组织机构在汉藏贸易中充当中间人，负责集散商品，帮助协商货物价格等工作。特别是查验货物的质量，以便让每次贸易顺利进行，也是他们的重要职责之一。虽然汉藏双方商旅依靠的还是一种早期"契约式"的沟通方式，通过"中间人"即锅庄主来促成交易。"由于锅庄主服务周到，讲究信用，深得藏族茶商和汉族茶号双方信任，常有茶商委托锅庄为其担保，向茶号赊茶。凭着锅庄的担保，茶号也不怕收不到钱，这样一来锅庄又兼具了钱庄和银行的作用"。[②]因此，"藏商还是茶号都信赖和尊重他们。藏商通过锅庄，希望买到价钱合理、质量上乘的茶叶；茶号也是希望通过锅庄的担保和寻找好的买家，商品尽量能卖到好一点的价钱"。[③]锅庄已然是促成双方一次次交易的重要桥梁，也是得以进行长期贸易的无形保障。

然而，光有锅庄的保障难免生出纰漏，特别是在大的政局发生变化之际，劣质茶叶充斥市场、相关人员私带茶叶，相关检验搪塞过关，茶号随意出入关卡等乱象随时出现。这会直接冲击作为中间人的明正土司及其锅庄的信誉，乃至会影响他们

---

① 郑少雄：《汉藏之间的康定土司——清末明初末代明正土司人生史》，生活·读书·新知三联书店，2016年，第94页。

②③ 王开队：《康区藏传佛教历史地理研究（公元8 - 1949年）》，暨南大学 2009年博士论文，第36 - 37页。

未来的生计。因此，明正土司及其下属各级组织，包括土千户、土百户和锅庄，为了境内茶叶贸易得到长久的保障，也会向双方做出一些明文规定。比如，针对茶号的信誉、茶叶质量及其其他事项等，做出相对严明的规定。其中，针对各个组织所要接待的茶号发放一些凭证信件，或者手牌，肯定该茶号所经营茶叶的质量，进而将来可以继续交易的证明，防止茶号偷工减料，以次充好。这些为进一步解读"仁真杜吉"牌上所透露的信息，有了相对清晰的线索。

二、何谓"仁真杜吉"

目前，位于四川省雅安市荥经县境内，世代从事茶叶贸易的姜家后人手中，保存着姜氏全隆号的"人徵杜吉"和全安号的"仁真杜吉"牌商标印版。社会各界对此印版的由来、功能、意义，以及何时由何人颁造等，充满各种想象。

历史上，雅安荥经县姜氏下设有裕兴号、全安号、全隆号等大规模茶号。其中，全安号的"仁真杜吉"牌商标印版牌，目前在姜氏第十五代传承人万姜红手中。此木牌呈六边形，正面又被分割为四格，其中正上方梯形格内从右到左有"全安号"三个大字，其下方正方形格内有藏文吾金体撰写的"ༀ༔ སྐྱ（？）ལ་རྒྱ་འགྲོན་རྒྱ་འགྲོ་དངས་ཆབ་མདོ（？）མི་སྣ（？）ཚོ（？）དཔོ་རིན་འཛིན་རྟོ་རྗེ་ནས་བསྐར（？）བའི་གསེར་ཊ་ཙ་འཛུར་བའི（？）དགས༔"字样。木牌下方又分成两格，右侧有"本客精造荥经县茶麒麟为记"两竖字，占据下方格整体的约1/4，下方左侧方格内雕刻着一位骑麒麟者形象，且在此方格四角处有"必定如意"四个汉字。上述图文皆为版刻阳文。从木印板图文信息来看，可以确定的是这块牌板属于荥经县姜氏下设茶号全安号所拥有。而从其藏文内容上看，也是信息量十足。其中"སྐྱ（？）ལས་"，或为"སྐྱ་ལ་"，即"甲拉"。很有可能是指明正土司，然而拼写上出现了别字。"རྒྱ་འགྲོན་"字面意思为"汉族或者汉商之知宾"。其中"འགྲོན་"字为"མགྲོན་"的别字。"བླ་འགོ་"从字面理解可能为"བླ་འགོ་"，意为"喇嘛与头人"。其中"བླ་"也可能出现了别字。"དངས་ཁ་"可能为正统或无别之意。"ཆབ་མདོ་"中的"མདོ་"应该是指"ཆབ་མདོ་"，即昌都，"མདོ་"字出现了错误。"མི་སྣ（སྣ？）"中"སྣ（སྣ？）"字难以确定，若能理解为"མི་སྣ་"，那么是指"人马"。若是"སྣ་"，那就是指"人神"。"ཚོ（ཚོ？）དཔོན་"一词也难以理解，要是认作"ཚོ（？）དཔོན་"，可能是指（མཚོ་དཔོན་），只不过同样出现了别字。或者为"ཚོ་"，是"མཆོག་"字的别字，意为"人之主"。"རིན་འཛིན་རྟོ་རྗེ་"为具体人名，只不过"རིན་"和"རྗེ་"同样出现了别字，正确的拼写应为"རིན་"和"རྗེ་"。"ནས་བསྐར་བའི་"中的"བསྐར་"刻字时

全安号牌（姜雨谦供图）　　　　人徽杜吉号牌（姜强供图）

出现了错误，应为"བཤད"，意为"由其所颁"之意。最后为"གསེར་ཇ་འགྱུར（འགྱུར）བའི
（？）དཔང༌།"，其中"འགྱུར"出现了错字。正确拼写法为"འགྱུར"，意为"变化"。这句
话意为"金茶不变之记"。

　　木牌正面下方刻写了根据牌面藏文内容翻译的基本意思，为正楷体"本客精造
荥经县茶麒麟为记"字样。相比牌子上方藏文字样，汉字字体刻写规整得体，牌子
刻画图文空间利用恰到好处，字面意思更是一目了然，说明了这一块木牌应当出自
技术娴熟的汉族刻板人之手。除了汉字字体镌刻得工整得体外，所雕刻的麒麟及其
骑手形象更是栩栩如生，惟妙惟肖，显示出了极高的刻版工艺水平。由此可知，当
时主持刻造者对此印版牌的重视程度。

　　结合牌面上的汉文"本客精造荥经县茶麒麟为记"内容，对于上述的牌面藏
文"༄༅། ཞུག་ལས་རྒྱ་འགྲོན་ཀྲུ་འགོ་དང༌ས་ཆབ་མོང་མི་ལུ་ཚོག（ས？）དཔོན་རིན་འཛིན་རྡོ་རྗེ（རིག་འཛིན་རྡོ་རྗེ）ནས
བཤད（བཤད）པའི་གསེར་ཇ་འགྱུར（འགྱུར）བའི（˙）དཔང༌།"。 除了前面"ཞུག་ལས་རྒྱ་འགྲོན་ཀྲུ་འགོ་དང༌ས
ས་ཆབ་མོང་མི་ལུ"难以确定意思之外，剩余"ཚོག（ས？）དཔོན་རིན་འཛིན་རྡོ་རྗེ（རིག་འཛིན་རྡོ་རྗེ）ནས
བཤད（བཤད）པའི་གསེར་ཇ་འགྱུར（འགྱུར）བའི（˙）དཔང༌།"，这段意思几乎没有疑义。据
此，我们大致解读出其内容为"明正土司专属汉商知宾昌都司祭主仁真杜吉所颁
金茶不变之证"。由此确定，这块木牌就是由一位称作"仁真杜吉"者的相关人
员，颁发给姜氏下设全安号茶号，认可了其所经营的茶叶质量上乘而特此发木
牌，作为长期为西藏提供高等级茶叶的证明。同时，也是希望该茶号以此为殊
荣，将来继续用原有高等级茶叶作为边疆地区销售茶叶的保证和期许之情。可

见。这一块小小的手牌所蕴含的多种关键信息。

姜氏下属全安号和全隆号茶号所拥有的"仁真杜吉"和"人徵杜吉"牌，从此成为荣经姜氏经营藏茶的重要商标。以此为标记的高级别茶叶，通过藏族商家即马帮在康定等地采购后，源源不断地销往西藏，成为西藏地方各族人民所推崇的上乘茶叶之一。自古以来，许多西藏达官贵人、商号马帮及其后代在列举西藏高级茶叶时，"仁真杜吉"就成为能脱口而出的茶叶商标之一。比如，西藏地方的大商贾邦达昌等商号所经销的茶叶中，随处可以见到"仁增多吉"牌茶，即雅安荣经姜氏茶号所销售的"仁真杜吉"牌砖茶。至今，布达拉宫文物库房内也依然可以见到标有"རིན་འཛིན་རྡོ་རྗེ"商标的茶叶文物。

从印板牌的藏文字面意思来看，这位"仁真杜吉"者在茶叶的把关、筛选和认定方面具有很大的话语权，且以己之名号作为担保，留下保证之言辞。从该牌面藏文出现不规整，甚至有错字和别字的现象可以推断，最初可能是口头表述或并非特别正规的书信样式，来认定了荣经姜氏下属的全安号、全隆号等茶号所经营茶叶之品质。而姜氏茶号认准其主要信息"仁真杜吉"后，在荣经境内通过技术娴熟的刻板工匠之手，制作印板木牌，由姜氏茶号久久传承。这点与藏文牌面文字表述相比，汉文的"本客精造荣经县茶麒麟为记"，内容显得更为直接明了，且刻板之时做了精心的设计，把它当作最有力、最直接的证据，保留了原貌。

一来在同行业当中，作为区别于其他茶号经营茶叶的标识；二是把它作为一种至高无上的荣誉，进行代代相传。再者，也把这一块牌，作为前往康定等地进行茶叶贸易的"通行证"，不管双方人员如何更换，此牌以其影响力，能够保障汉藏商号之间茶叶贸易顺利进行。

根据姜氏后人手中现存的这两块牌子的图文信息来看，姜氏全安号茶号所拥有的"仁真杜吉"刻板时间稍早，而全隆号只有"人徵杜吉"四个字，形成年代可能相对较晚。且在全安号的"仁真杜吉"确立之后，既体现全隆号与全安号同属一个家族即荣经姜氏，且唯有姜氏一家所属茶号之事实。同时，又为了区别两家茶号具体之间的区别。因此，在印板牌面"རིན་འཛིན"相应的汉字刻写为"仁真"和"人徵"两种名词。

根据资料显示，荣经姜氏大约在清朝嘉庆年间，正式创立了"仁真杜吉"。据记载："在荣经众多茶号中，名气最大的是姜姓华兴茶号，创办于清朝嘉庆年间，商标叫作'仁真杜吉'，是雅安边茶八大名牌之一。"①直到民国时期，虽然姜氏茶号各大茶号受到不同程度的挫折，依然"凭借着姜家'仁真杜吉'老招牌生产砖茶销往藏区"。②可见，源于姜氏所经营的茶叶质量一直受到推崇，因此具体负责茶叶贸易和茶叶商品质量检验的人员，即这位"仁真多吉"以其名讳作为担保凭证，遂即成为姜氏茶号所仰仗的法宝。不仅如此，历代姜氏茶号主也直接把自己称作"仁真杜吉"，或"仁真杜吉"茶主，名正言顺地进行各种社会活动。最为有名的当属民国时期，西康各法团民众发起西康公民调节和平会，公推前参政院参政、荣经姜氏主人姜郁文，以"大白事件"调节员的身份前往康区，与西藏地方的军官琼让代本等人进行艰难的谈判。在相关藏文史料中，则把姜郁文称之为汉族茶主"仁真杜吉"。③可见，姜郁文仰仗着"仁真杜吉"牌号，不仅在茶马古道上进行商业贸易，其影响力被大家公认，一致被推举为行政院参政。因此，他当时也积极参与民族团结和维护祖国边疆稳定大事当中，做出自己的贡献。

至于历史上的"仁真杜吉"到底何许人？这点还得从茶马古道的宏观历史视角来寻迹。自古以来，以打箭炉为中心的汉藏交界之地，形成了历史久远，规模庞大，秩序良好的茶马互市，南来北往的各地商客、马帮汇集于此，进行商品贸易。久而久之，双方贸易伙伴的具体关系处理方面，除了约定俗成的地方性习惯之外，朝廷也推出了一系列的规定。《清史稿·食货五·茶法》记载，从康熙四十年（1701年）起，朝廷指定产自雅安、荣经、天全、名山和邛崃五县的边茶行销康藏地区，称"南路边茶"；产自灌县、大邑的边茶行销松潘、理县一带，称"西路边茶"。④西路边茶和南路边茶的汉商汇聚于打箭炉。而"作为五方杂处的商业重镇，人们似乎有理由期待，汉藏商人们逐利而来，自然会淡化自身的地域身份，以一个'经纪人'的统一形象出现。但是，打箭炉最大的特征，恰恰在于它在贸易中形成的地域区隔和对方内部分化的强调。汉藏区分自不待言，锅庄的存在本身就是对这一区分的确认。在汉人这边，陕商、晋商、川商、滇商的区别也很明显。其最强烈的特征就是各省会会馆林立；即使在茶商内部，也有严格的雅安、名山、荣经、天全、邛崃'五属茶商'之别。与之相对应，在藏人这边，不仅仅不丹、

① 杨绍淮：《川茶与茶马古道》，巴蜀书社，2017年，第96页。
② 杨绍淮：《川茶与茶马古道》，巴蜀书社，2017年，第97页。
③ 参见西藏自治区政协文史资料编辑部：《西藏文史资料选辑Ⅲ》，民族出版社，2007年，第13页。
④ 杨绍淮：《川茶与茶马古道》，巴蜀书社，2017年，第65页。

西藏、青海、康区的区别很明确，即便在康区内部，因为来自不同的土司或寺庙领地，各家冲本（藏语'商官'的意思，专指代理土司、寺庙或大商帮到打箭炉贸易的代理人）也清晰地维持着他们各自的身份认同。而这种区隔，恰恰是通过和不同锅庄相对固定的主顾关系得以确认的"。①在这一背景下，明正土司设立的锅庄针对性地对两地往来的马帮商户，不仅提供住店歇脚的便利，更是通过锅庄或是明正土司高级别人员，专门负责双方交易物资的质量把关和担保等事宜。而"仁真杜吉"大概率就是明正土司下属土千户、土百户、安抚司，或具体某一位锅庄主，也是情理之中。根据有限的线索，"仁真杜吉"这位神秘人物为何许人，我们权且推测如下：

由于明正土司下属众多锅庄在具体接待、协调和充当"中间人"身份时，每个锅庄与汉藏双方商客之间形成了特定的对接关系，即一户锅庄对接的汉商茶号是相对固定的，通常有几家，或者几个专门的茶号；而在藏族马帮也是根据来自不同地区的马帮，按照习惯联系自己驻足的锅庄。比如，"西藏昌都来的藏商和各大喇嘛的寺庙商，多选择歇住大一点的锅庄。而且是第一次歇住的那家锅庄，第二次就会再来，再不改变"。②长此以往的过程中，汉藏双方把锅庄认定为完成一次次贸易的一种全面的保障。而每个锅庄在不断壮大发展过程中，一部分也与明正土司、汉族茶叶商号，以及藏族的马帮间，形成了如联姻等错综复杂，杂糅相互的关系网络。比如，"邱家锅庄，芒康邦达昌有9个子女，三孙子在不丹，是活佛，博物馆馆长。大瓦斯家大儿子为金刚寺的活佛。木家锅庄。锅庄主木秋云，藏名秋雍卓玛，曾入私塾学习汉、藏语言；父余默侯，留日，日本士官学校毕业，余孚和家老五，余孚和商标为弥勒佛。和姜家祖上有姻亲（与明正土司有关的家族，有木、姜、瓦斯、名正四家）"。③以及木家锅庄与荥经姜氏之间的特殊关系等。④因此，"仁真杜吉"在如此复杂的背景下，是明正土司下属专门管理茶叶贸易的人物，或者，是某一位信奉宁玛派的锅庄主也是有可能。因为，除了荥经姜氏的"仁真杜吉"之外，目前发现荥经另外一个茶号"兆裕茶号"所持"扎西达

① 郑少雄：《汉藏之间的康定土司——清末明初末代明正土司人生史》，生活·读书·新知三联书店，2016年，第130-131页。
② 杨绍淮：《川茶与茶马古道》，巴蜀书社，2017年，第135页。
③ 齐桂年：《川藏茶马古道上的背夫、锅庄及寺庙茶文化》，中国茶叶学会、台湾茶协会：《第四届海峡两岸茶业学术研讨会论文集·历史与文化》，2006年，第633页。
④ 根据荥经姜氏第十五代传承人万姜红的口述。

杰"即"吉祥八宝"牌，是由拉尕尔家颁发。根据牌面藏文"ཡུལ་རྗེང་ཇ་བཀྲ་ཤིས་རྟགས། བརྒྱད་ཅན། འབྲུ་དང་དང་ ཚ་ཤིང་ཚས། བསྐྲུ་མིད་རོ་དང་རོ་བ་ཞིང་དུ་ཞིམ་པ་ཁ་དོག་ལེགས་ཆེན་ཀུན་གྱིས་ཕྲུགས་ལ་བབས་པའི་གཟེར་ རྗེ་འཁྱུར་བའི་བདགས། ལ་དགར་ཚང་ནས་བཟགས་པ་དགོང"，意为"荥经'吉祥八宝'牌茶，根、叶纯
正，色香味全，宜众人口味之不变金茶证，由拉尕尔家所认"。更能说明，在康
定，锅庄根据各自接待的双方商户之情况，不仅提供住宿，也对汉商茶号的茶叶质
量进行检查。以"仁真杜吉"为例，各自习惯性地为茶号提供的茶叶进行把关后所
得到的肯定，留下相关凭证，茶号以此为证，制作自己家族或者茶号独属的茶叶
商标。这里的"拉尕尔"，大概率是康定锅庄中的其中一户。因为，根据"康定
四十八家锅庄"①等材料来看，各大锅庄的藏文名称基本上以"仓"ཚང"即家或户
来表示。

　　总之，经过几百年的沧桑变迁，很难梳理历史上"仁真杜吉"的生平履历。然
而，可以想象，这位早已销声匿迹在茶马古道上的"神秘人"，一定是一位旅行
家，他多次风尘仆仆地穿梭于古道之上，日复一日，年复一年。凭借着娴熟的溜索
技术，横渡过巨浪滔天的大江大河；手握一根木棍，循着背夫们留下的一戳戳"拐
子窝"，穿梭在云雾缭绕的大相岭山间；冒着凛冽的寒风，哆哆嗦嗦、蹒跚步履地
翻越过大雪纷飞的折多山。同时，他肯定也是一位睿智而健谈的中间人，时而出现
在雅雨滋润的荥经城中，闲适地坐在裕兴茶店的大堂内，与姜家茶号主，品茗闲
谈，评论蒙顶山雨前茶的香味；时而在康定土司的寨院内，围着篝火，借着微醺的
酒劲儿，与土司老爷、锅庄阿佳策划着一单单生意。他当然也到过拉萨，夜幕下的
拉萨街头，借着油灯的微弱光线，在小酒馆中，与达官贵人、大商巨贾们谈论着茶
马古道上的奇异见闻，时不时地遥望着布达拉宫。更是在森严的布达拉宫寝殿外，
在飘荡的酥油茶香中，拘谨地等候着下一道指令。

　　同时，这位"仁真杜吉"也是幸运的。凭借当年的一纸潦草信件、一块小小的
茶标印牌，在当下架起了荥经姜氏茶号与布达拉宫间的时空桥梁，把自己扑朔迷离
的生平完全融入"仁真杜吉"茶标之中，使得后人久久传颂在茶马古道上。

---

① མི་ཉག་ཕྲུན་བཟང་ཆོས་དང་། ཁམས་མི་ཉག་ལྷགས་ལ་རྒྱལ་པོའི་རྒྱལ་རབས་གསལ་བའི་མེ་ལོང་། མི་རིགས་དཔེ་སྐྲུན་ཁང་། ལྕགས་ལོ་2016 ལྟ་1 ་
　111－134。

布达拉宫收藏的"仁真杜吉"古茶

三、"仁真杜吉"在布达拉宫

"仁真杜吉"茶在西藏有着很大的影响力，在过去的西藏商贾、相关家族后代，以及寺院的老人们谈吐中，都能听到有关"仁真杜吉"的只言片语。然而，当下无人能够说得清楚有关"仁真杜吉"的具体情况，更没人见过"仁真杜吉"茶。而雅安荥经姜氏家族后代拥有"仁真杜吉"牌，他们一直坚信在西藏能够找到这一流传百年的"仁真杜吉"文物茶。2021年初，在布达拉宫众多馆藏民俗文物中，布达拉宫管理处工作人员找到了标记着"仁真杜吉"牌文物茶，这一消息顿时在业内掀起一场不小的轰动。布达拉宫存有许多形状不一、保存程度不同的古砖茶，唯独标记着"仁真杜吉"的这块砖茶，保存完整。其裹在一张正面正方形红框内印有藏文"རིན་འཛིན་རྡོ"、背面印有藏文"ཅང་ཡུན་ཤིད།?"字样的黄色包装纸内，根据砖茶包装纸上的两种文字可以断定，该砖茶出自雅安荥经姜氏所经营的裕兴茶号。当年4月，西藏自治区文物局、西藏自治区布达拉宫管理处、雅安市荥经县委县政府和姜氏古茶公司等单位，在布达拉宫内举办了"见证历史·携手共进——非遗藏茶姜氏古茶'仁真杜吉'寻根交流会"。会上，正式举行了布达拉宫馆藏"仁真杜吉"文物茶的揭幕仪式。它标志着传承了十五代的姜氏非遗藏茶"仁真杜吉"，在跨越千里之外的雪域高原上得到了完美衔接，以千里之外的两块茶叶文物，唤醒了以茶叶为媒介的汉藏民族间亲密无间、往来不断的历史事实。

当年，布达拉宫各膳食房每次启用新砖茶用于制作酥油茶时，有将砖茶内所附带的说明纸牌顺手粘贴在膳食房墙面的习俗。直到今天，布达拉宫的朗杰扎仓大厨房四周墙壁上，依然粘贴着雅安等地的茶叶说明纸牌。从墙面上的这些密密麻麻的茶叶纸牌看出，布达拉宫内所保存的茶叶品种的丰富性。原布达拉宫内各种机构每日所进行的各种活动，都有着相对清晰的记录。然而，作为每日所耗食材茶叶等，实不能与其他事宜相提并论，更无法留下精确档案，膳食房相关人员每当开启新的茶叶后，随手把砖茶包装内附带说明牌粘于墙面，变相为后世保留了这些茶砖的产地、茶号等重要信息。布达拉宫膳食房墙面上的茶页纸片信息中，以及布达拉宫文物库房内发现的"仁真杜吉"茶，说明来自四川雅安荥经姜氏茶号的各种茶叶在西藏有着巨大的影响力；也为我们还原了姜氏"仁真杜吉"在西藏的大量使用，特别是以布达拉宫为代表的西藏地方的高等级场所的普遍使用。同时，也对于荥经姜氏一直所传承的"仁真杜吉"茶号牌在时空上形成了完美的证据链。

布达拉宫内的文物数量庞杂，质量精美，一尊造像、一件瓷器、一卷绸缎、一部经书，都有着独特的背后故事。特别是布达拉宫内的许多珍贵文物，或来自历代中央政府的赏赐，或源于汉藏民族间千百年来经久不衰的往来互动之结果。布达拉宫保存的"仁真杜吉"牌文物茶，就像布达拉宫内保存的其他文物一样，也在诉说着，远在千里之外的雅安荥经姜氏一脉，通过一代代人，秉承着工匠精神，在这一块神奇的"仁真杜吉"商标的护佑下，匠心不改，品质为上，一直为西藏地区提供源源不断且质量上乘的川茶。同时，布达拉宫作为西藏地方重要的机构所在地，在日常茶叶需求上，一直信赖来自遥远的"仁真杜吉"茶的品质，选购一批又一批优质川茶用于宫廷生活的历史。从这块珍贵的文物茶，我们能够感受到汉藏两个民族间以茶叶为媒介，通过悠长的茶马古道，一驮驮茶叶包装，囊装着汉藏民族间最真切的情谊。

从布达拉宫所保存的"仁真杜吉"文物茶与荥经姜氏拥有的"仁真杜吉"牌印板，我们可以回顾和梳理西藏地方与内地省份之间茶叶贸易的变迁史，为当下以挖掘文物背后的鲜活事实，促进各民族交往交流交融、铸牢中华民族共同体意识的主题，提供了强有力的实物证据。

第六章

『仁真杜吉』生产
基地——姜家大院

正堂宽敞出贵人，堂屋有量不出灾。

——民谚

1939年，中国抗战时期，孙明经带着珍贵的1000多个胶卷，无畏千难万险，走向边远的西康地区进行科考，欲为灾难深重的中国找到一条拯救之路。在荥经的大街小巷，他拍下了家家户户门前的匾额，"德为福基""名第南宫""居卜德邻""春暖太和""云程初步""女史留芳"等，这些充满祥和优雅之气的匾额，在那个硝烟四起的年代，独具平静而安宁的意味，显现了这片土地普通百姓源远流长的文化修养和精神气质。

　　当年孙明经所拍摄的房屋大都荡然无存，唯有挂着"裕兴茶店"匾额的姜家大院，历经几百年的风吹雨打，依旧傲然挺立。如今从这个大院走出来的姜家后人仍在继续演绎激动人心的茶人故事。

第一节　茶马古道上的文化坐标

　　姜家大院位于荥经经河北岸的四平山下，人们习惯上称为"后街"。这条街上原本有很多清朝、民国时期的建筑，甚至还有些明代建筑。在近几十年的城市化进程中，这类建筑的大多数都变成了高楼，所幸仍有四幢建筑被完整地保留下来，其中有两处为全国文物保护单位，即开善寺和作为茶马古道公兴茶号遗址的姜家大院；一处为省级文物保护单位，即茶马古道刘家大院遗址；还有一处是民国时期荥经商会会长、铁业巨头、桥梁专家刘成功的住宅，人们称之为"刘公馆"。

　　梁思成谈到中国建筑时称："建筑是'衣食住'中的第三项，是一个民族在整个地理、地质、气候、政治、社会、宗教和一切问题影响下的产品。人类在物质或思想上有任何的变迁，建筑便极忠实地反映出来，所以欧洲的史家称建筑为'历史之镜'是一点不错的。"①的确，从荥经留存至今的这些古建筑，人们可充分了解这个茶马古道重镇文化生活的历史变迁和至今仍然鲜活的方方面面。

一、裕兴茶店姜家院

在姜家大院内放置着一口光绪年间的太平缸，阴刻"富贵吉祥""光绪十九年""天水氏主人制"的字样，这个天水氏主人到底是谁，现在已没有人说得清楚，但它仍透露出有关姜氏家族来龙去脉的遗传密码。

荥经著名乡贤朱启宇在光绪年间所著的《荥经县乡土志》中，收录了当地的十三个望族，其中的姜姓是这样介绍的："姜姓，太岳之后。乾隆中，自洪雅迁来，相传八代。"

太岳者，本炎帝生于姜水，因以为姓，其后子孙变易他姓。尧遭洪水，炎帝之裔共工的从孙伯夷，佐禹治水有大功，被封为四岳之长，以其主四岳之祭尊之，故称太岳，武当山曾被封为"太岳"。

神农，也就是远古三皇之一的炎帝，生于陕西宝鸡姜水，葬于湖南茶陵。神农氏本为姜水流域姜姓部落首领，后发明农具以木制耒，教民稼穑饲养、制陶纺织及使用火，功绩显赫，以火德称氏，故为炎帝，尊号神农，并被后世尊为中国农业之神。

唐代陆羽《茶经》称："茶之饮，发乎神农。"传说"神农尝百草，日遇七十二毒，得茶而解"。"荼"，即为今之茶叶。如果说神农即姜家之祖的话，那么早在远古时期，姜氏就与茶结下了不解之缘。

姜氏族谱将自己诩为炎帝后人，在长期的发展繁衍过程中，形成的郡望有天水郡、广汉郡、河南郡。历史上的姜姓著名人物有姜尚、姜肱、姜维、姜公辅、姜恪、姜夔、姜才、姜立纲、姜震英、姜锐堂等。来到荥经的姜氏既为自己是炎黄子孙而自豪，更因世代制茶以茶的传人而自居。

明末清初，经历了张献忠剿四川之后，整个四川人烟稀少、民生凋敝。《四川通志》记载："蜀自汉唐以来，生齿颇繁，烟火相望。及明末兵燹之后，丁口稀若晨星。"为了复兴"天府之国"，同时也为了缓解湖广等地的人口压力，清王朝颁布了一系列优惠政策，鼓励外省民众迁入四川繁衍生息。这就是著名的"湖广填四川"，数量巨大的外来移民创造了近世四川的繁荣，姜氏家族正是当年移

---

① 梁思成：《谈中国建筑》，《梁思成全集》第三卷，中国建筑工业出版社，2001年，第135页。

民大潮中的一员。

明朝末年，姜加有由甘肃天水经由湖北麻城孝感来到了今眉山洪雅止戈乡莲花村，以做银匠开银铺为生，成为姜氏入川籍一世祖。经二世姜广、三世姜有桂、四世姜起番、五世姜振翮、六世姜灿六代人的努力，积累了一定家底。所谓家底，资金固然是第一位的，但仅有钱是远远不够的。对于一个商业家族来讲，家底还包括经营能力、文化底蕴、洞察力、家族凝聚力等。

姜氏"始以铸银为业"，与当时的国家政治经济形势有着极大的关系。那就是清政府在与瞻对、大小金川战役中投放了大量白银。

瞻对是四川西部的一块藏族聚居地，其居民甚勇悍，常抢劫骚扰地方、行旅，甚至公然劫掠清政府驻防台站，威胁到了打箭炉及藏路安全。为稳固藏路，保障川藏贸易线畅通，乾隆十年（1745年）二月，清政府决定进剿瞻对，并预拨白银一万两，在雅安、荥经、清溪三县购买米粮一万三千石，运储打箭炉。进剿瞻对，从出兵之日到乾隆十一年（1746年）三月的九个月里，清政府共花费白银一百余万两。

乾隆十二年（1747年）四月，大金川土司进攻明正土司所属之鲁密、章谷，直接威胁到打箭炉的安全。为安定西藏，保护打箭炉和川藏茶道，清政府在当年九月发动大金川战役。这次战役用时三年，花费白银两千万两以上。

乾隆三十六年至四十一年（1771－1776年），清政府发动了大小金川战役。这场战役历时五年，耗费白银七千万两。通往大小金川的军事供给线，先后形成五条：成都至桃关为西路；成都经荥经、汉源、泸定至打箭炉为南路；成都至杂谷脑为北路；成都经雅安县城至木坪为中路；成都至桃关，分路至杂谷脑，经杂谷脑出口新路，称为新西路。其中，南路、中路都过雅安境。据陈志刚《明清川南茶道的市场与社会》书中统计，南路、中路仅军粮运送脚价的白银投放量就达四百八十万两。

如此大量投放的白银，在流通市场过程中，需要分割、重铸，这就直接刺激了雅安、荥经银铺的发展。当时的银匠大多来自下游地区的洪雅县，姜氏则是其中的代表。

据姜氏族谱记载，最早是姜圻阔带着儿子姜琦、孙子姜荣华来到边茶生产基地荥经。最开始凭借自己的手艺，以铸银为业。姜荣华继承家业以后，为人大度，坚守诚信，善于经营，资本渐有积累，于嘉庆年间买下台子坝（老菜市）上侧一火麻林地修建了"华兴号"老院。他的妻子郑氏也像他一样待人和善、周到，建筑工人无不尽心尽力，因而华兴老院的质量、工艺在当时堪称全城之冠。

在清政府历次用兵的同时，川藏茶叶贸易也兴旺起来；日益繁荣的川藏茶叶贸易又为清政府统治西藏提供了坚实的经济基础。

姜家九世祖姜荣华敏锐地捕捉到其中的商机，在京立案请"引"，开始兴办茶店，生产销往西藏的边茶。茶的"一引"为五包，每包16－20斤，凭"引"销售和上税。经营边茶不久，姜荣华的次子姜汝仑便买下了墙后头徐土司家大院作为生产茶叶的后店。不过，此时姜家仍以铸银为主，兼营边茶。直到姜汝仑的儿子姜先兆长大成人，姜氏古茶及姜家大院双双迎来了自己的鼎盛时期。

姜先兆，生于1832年，卒于1909年，字瑞廷。民国《荥经县志》将其作为当地重要人物辑录其事。称其少有天性，善事父母，初学儒术，后操弓矢，得为武博士。还说他生平急人所急，饥无食者，寒无衣者，丧而不能葬者，辄济之助之，且书法雄秀，不类武人，等等。

咸丰十一年（1861年），姜先兆30岁，掌管银铺家政，其时正值蓝大顺、李永忠农民起义军和石达开太平天国军相继进入雅州，荥经县的富户大多亡路而去。胆识过人的姜先兆则选择了坚守，带领团练防卫地方。事后，荥经知县向朝廷上报，为其申请了"尽先都司并赏戴蓝翎"的奖赏。从名的角度说，这已是很高的荣誉了；从利的角度来看，姜先兆很清楚，这只是一个虚名。于是，这位文武双全、心思缜密的姜家杰出人物做了一个重要决定：从铸银业转而专营输藏茶叶贸易。

当时要专营茶业，并非易举之事。同治初年，川藏茶叶市场供需波动大，茶路也不算畅通，行情时好时坏，生意时起时落。姜先兆充任荥经县茶商首领，既欠官方的茶引税课，又负有西藏商人的债务，在如此大的压力下，旁人都担心他的茶叶生意能否继续，他却镇静处理：组织子侄们分工合作，或负责从嘉定府采买茶叶，或负责在荥经县加工茶叶和转运茶包，或负责在打箭炉出售茶包。辛苦经营，数年之间，华兴茶店就成为"南州冠冕"的富商大贾。生意兴隆、财源广进的姜家也不断置业，扩大生产。同治末年，姜先兆因生产所需，对大院进行改造，于光绪元年（1875年）秋天完工，形成了前明后清的风格，并将华兴号更名"裕兴茶店"，县长彭祖寿亲自为其题写匾额，这就是"裕兴茶店"匾额的由来。

直到1939年，这块"裕兴茶店"的门匾仍清晰地出现在孙明经的镜头中。这张照片中，悬挂在大门上方的"裕兴茶店"四个字，漆面脱落，匾木龟裂，刻满岁月的痕迹；左边的门枋上隐约有用粉笔写的"姜寓"二字，右边门枋则挂着一个新簇簇的"康藏茶业股份有限公司第一制造厂"的招牌。更有意思的是，大门两边各放着一背茶包，均为9条。左边有一个背夫，正在整理着茶包。地上还放着一条茶包，这个在背夫的行话中亦称作"匾"，需单独绑于顶端前方，既可调节茶包重心，也便于放置粮食、衣物等捎带运送的货物。

如今，姜家大院已成为姜氏古茶旗舰店及中华地理标志优秀传统文化国际交流中心。可见，这个建院资金来源于藏茶，也因生产藏茶而兴起的大院，始终与藏茶

原裕兴茶店大门口（孙明经摄）　　　　　　　　　　康宁桥（孙明经摄）

相随相伴，相辅相成，密不可分。

二、沟通天堑刘公馆

荥经现存的另一处旧宅也跟茶马古道的道路有关。这就是民国时期荥经的铁商、桥梁专家刘成功的宅院，过去人们称之为"刘公馆"，现在是荥经县民俗博物馆。

刘成功，号益斋，荥经花滩镇米溪村人，清宣统二年（1910年）毕业于四川法政学堂。先后任荥经县铁业公会主席、商会会长、康熔铁厂理事长、西康铁业公司理事，西区团总、区长，县参议员、副议长等职。

川藏茶马古道之艰难凶险，不但在所有茶马古道居于首位，也在世界的商贸之道中极为罕见。恐怕没有多少人知道，这种艰险从茶叶的产地就开始显现。直到民国时期，原荥经南门经河的南北交通还只有一船可渡。民国十四年（1925年），众

议修建铁桥，却缺乏主持施工的专业人才。刘益斋本无建桥的工程技艺，但为乡人之利，自告奋勇，担此重任。他常终夜不寐，静坐深思，并细致考察经河涨落情况、流速等，从而确定铁桥跨度、桥墩厚高，反复斟酌，细心设计，致工程全面展开。民国十五年（1926年），铁桥建成通行，名"康宁桥"。乡人不再受经河阻隔之苦，皆感其德。为此，刘文辉赠以"功在桑梓"金匾。

自此，刘益斋先后主持修建了荥河铁桥、新庙铁桥、雅安文辉桥、天全永晖桥、荥经花滩桥、乐山五通桥铁索桥、大邑文彩铁索桥，对这些地方的经济发展，民生改善，发挥了重要作用。

民国三十二年（1943年），值雅安文辉桥全面施工之际，重庆《新华日报》记者以此桥是扼守西南边陲的交通要道，对设计施工极其关注，数次莅雅访问。刘益斋讲述工程全貌及施工情况，详尽无遗。由此可知，这位"土工程师"虽未受过正规桥梁建筑专业训练，但其在实践中获得了不寻常的成就。而且，他对铁矿的开发、冶炼，具有丰富的经验，曾集资合办康熔厂、铸锅厂、米溪铁厂，雅安观化的民生铁厂等。

刘益斋能够担当修建铁桥的重任，那是因为他生在荥经、长在荥经，对荥经十分发达的冶铁业非常了解，并善加应用。始于唐代的以马易茶的互市活动，令地处川藏之间咽喉之地的打箭炉发展为贸易重镇，川茶源源不断地由此进入西藏。康熙初年，打箭炉已形成汉藏间最大的茶叶贸易市场，每年经此发往西藏的茶包达80余万包。

但是，深切在二郎山和贡嘎山之间的大渡河，水流湍急，从泸定进入打箭炉经过的沈村、子牛、烹坝三个渡口，长期以来只能靠溜索或牛皮船来渡过，交通极为不便。为了满足不断增长的边茶运输需求，保障川藏道上的军需供给，建桥之请即被列入议事日程。康熙四十三年（1704年），四川巡抚能泰向康熙帝奏请建桥。康熙帝很快准奏，"诏从所请，于是鸠工构造"。以当时的技术条件，要让天堑变通途，铁索桥是唯一的选择。

泸定桥由13根铁链连接两岸，有12164个铁扣环，包括落井中的铁长扣，共用铁40余吨，这些铁全部来自与泸定一山之隔的荥经。

泸定桥的铁链由生铁制成，易锈蚀断裂，故采取三年一小修，五年一大修的办法。从乾隆六年（1741年）到1950年，泸定桥出现过十次大的故障，维修用铁也全都来自荥经。

1939年5月，以李璜为团长、黄炎培为副团长的国民参政会川康建设视察团到达荣经，刘益斋就荣经铁矿的蕴藏、开采、冶炼、铸造等，做了详尽介绍。李璜称赞："荣经煤铁旧知名，茶叶输边亦有声。"黄炎培留下了"荣经之水，岩石嶙峋；荣经之城，空气氤氲，赤铁褐炭天所珍"的诗句。

1939年8月，民国政府教育部组织的川康科学考察团来到荣经，孙明经作为这次考察团成员之一，不仅拍摄了各式铁索桥，还用胶片仔细地记录了从铁矿石运输、初加工，到炼铁、出铁、称重、入库的全过程。当他看到背负100多公斤边茶的背夫们，以冲刺般的速度踏过荣经之康宁桥、泸定之泸定桥时，那因承载着背夫们沉重的脚步而铿锵作响的铁索，让他领悟到什么是"边茶生铁""边茶生金""边茶生马""边茶生桥"！直到今天，回顾孙明经拍摄的"围木成炉"等情形，仍有震撼之感。

三、勤勉陕商刘家院

与姜家大院相连，还有一家经营边茶的四合院——刘家大院。历史上曾有陕商以此为店，现为省级文物保护单位。

刘家大院于光绪年间，由刘怀仁出资修建，建成之初以"德安店"为商号名，经营边茶。这是一座典型的川西明清豪宅风格的四合院。大院坐北朝南，占地约1200平方米，以穿斗木结构为主要特色，由两个天井组成，其平面中心轴将两个天井串联起来，有两个厅、一个主房。中间一进为堂屋，堂屋两侧为主居室，整体结构保存较好。

刘家大院建于荣经边茶贸易全盛时期，是店铺作坊与家居混合的代表。因资金雄厚，在房间的通风、采光、防火、防盗等各方面都特别用心，设计巧妙而实用，充分显示出陕西商人的精明和细致。

最早的茶马古道曾以陕甘道为主，在"马道梗阻"之后，茶马互市的重心才转向川藏道上。元代，川陕曾合省而治，这给陕西商人来川做生意提供了便利。陕商作为康区汉藏商贸的主要开拓者，直到民国时期，始终在汉藏贸易中占据重要地位，其足迹几乎踏遍整个康区，对汉藏经济交流的贡献颇大。

《荣经县志》称，在明朝万历年间，荣经就有"商人领南京户部引中茶，其中，边引者，有思经、龙兴之名。思经产雅州，龙兴产洪雅""明社屋后，清廷始定边引一万五千六百六十四张。雍正五年，增边引二千二百四十三张，代销开县等处边引四百三十七张。七年，拨还代销处。八年，认销名山边引一千张，雅安边引六百零七张，请增边引一千五百张。其时商人川陕各半（陕商行引一万四千八百五十一张，川商行引八千四百六十三张）。乾隆五十六年，川商始盛。"

历史上，陕商和晋商齐名，他们资金雄厚、经验丰富、管理规范、相互照应，很快就在当地的商人中占据了统领地位。为了加强交流、沟通和联络，陕西商人还出资先后在雅安三元街和城西三官祠修建了两座颇具规模的陕西会馆。康熙三十四年（1695年），在荥经县城西门上修建了坐南朝北的陕西会馆。

赴康调停康藏"大白"纠纷的唐柯三在其日记中亦称："关外经商多陕人，都以小贩起家，深入蛮荒，练习土语，往来各处，以货品互异，日久居然成为富商。"最早到打箭炉定居的汉人就是陕西客商，那里的老陕街遍布他们来来往往勤奋奔忙的脚印。

据《荥经县茶业志》记载，民国时期，荥经的陕商有四丰合，业主陈兴元，民国二十年（1931年）前后开业，民国二十五年（1936年）左右歇业；世昌隆，业主胥梓良（疑为舒梓良），民国三十六年（1947年）开业，1950年歇业。《南路边茶史料》中《二十世纪五十年代初期南路边茶企业概况一览表》则记载：世昌隆茶号，创办时间1945年，经理姓名舒瑞洁，固定职工人数15人，资本额2767元，注册商标狮龙滩牌。徐世度1946年所撰《发展康藏贸易略论》中就有世昌隆的记载，说明胥梓良当是在1942年废除"包票制"后就加入了这个行业，且在雅安（雨城区）创建了一个5000包的工厂，在荥经建了10000包的工厂，可见其资金雄厚，规模宏大。

李韶东著《茶马古道上的陕商》对世昌隆茶号进行了详细的考察，认为：世昌隆茶号在雅安的地址，起初曾在大北街，聚成茶号的北侧。中华人民共和国成立前，又出现在恒泰茶号北侧，占地均不大。世昌隆原来也是以经营布业为主，与天增公相似，布业不景气后，于1945年创办茶号，转行茶业，注册商标为狮龙滩牌。该茶号总厂设在荥经。中华人民共和国成立初期，世昌隆茶号的管理者和东家是舒瑞洁，公私合营后，他愿意退职返回陕西。

尽管曾在荥经风生水起的陕商最终回到了陕西，但他们在茶马古道上留下的痕迹终将为后人永远铭记。

四、佛佑茶事开善寺

"开山寺前石如镜，照见形容可端正。纷纷儿女叩观音，保佑年年茶事盛。观音有灵应叹嗟，吾民不肯做人家，多年抛废蚕桑业，竞唱山歌来采茶。"这是清朝何绍基的诗句。其中的开山寺，又名开善寺，既是"开山寺"的谐音，又有倡导善心，体现善行，成就善事之意。按《荥经县宗教志》所载，大明正德年间，富顺儒士何健所撰《崇建圆照寺碑记》称："予游荥经，与一庆讲道于开善禅寺。"可见，开善寺向来有举办宣讲会的传统。这里也是荥经信众皈依佛门的首拜之地，所以，以"开善禅寺"命名，简称"开善寺"。这首诗不仅描写了荥经的茶人、茶事与寺庙、观音的关系，还隐约道出这座寺庙千百年来香火旺盛、经久不衰的原因。

所谓开山，是指开瓦屋山。瓦屋山是全国唯一的辟支佛道场所在地。开发于汉，鼎盛于唐，明时三教合一，清时扬佛抑道，遂成佛教名山。相传，在唐朝文宗时，荥经僧人蒲光于瓦屋山"见南北两岸现辟支佛像，五色圆光、圣灯、金船"而觉悟得道后，自称为辟支佛转世，最后在瓦屋山坐化，已然成佛。从此，瓦屋山在荥经人心目中的地位既特殊又神圣。宋代淳熙年间，在瓦屋山为蒲光建了光相寺，"光相"意为蒲光之相。明朝永乐年间，澄清和尚冶铁瓦2700片、铜万斤，铸辟支佛像，建成铜瓦殿、铁瓦殿。由此逐渐形成了从荥经县城开山寺起香，经云峰寺－狮子坪－山门寺－雷动坪到瓦屋山的朝圣路线，在明代达到鼎盛。

"开山"是因为瓦屋山山高路远，立秋以后山上就会飘雪，冬季积雪尤其深厚，朝山之人不能行走。为平安起见，每年八月初一就封山了。须待次年农历的四月底，香客们清理完路障，于五月初举行一个开山仪式：戒荤食素，沐浴更衣，虔诚地由开山寺起香进山，也可说这个仪式就是开山节。因而，开山寺顺理成章地成为荥经瓦屋山辟支佛道场系列庙宇的第一个进山寺院。

开善寺是四川少有的保存完整的明代木结构古建筑之一，属全国重点文物保护单位，现尚存建于明成化十七年（1481年）的正殿。中国书法家协会原主席苏士澍认为："开善寺的价值所在，是这座古建筑本身。开善寺是西南地区少有的保存较完整的明代木结构古建筑，对研究古建筑艺术、佛教文化内涵具有极高的学术价值。"这座古刹不仅具有典型的明朝建筑特征，同时也包含了从汉至元的历代特点，甚至还有雅安地方建筑特色。其前檐阑额上雕刻有精致的"双凤朝阳""二龙戏珠"等图案，前出的飞檐，八朵雕花交错的斗拱，提供了从抬梁结构过渡到穿斗结构难得的实例。而大量"皇木"金丝楠的使用，一方面显示了当时地方官员为皇家祝祷祈福的官方意愿，另一方面也是得益于当地出产金丝楠之便。另外，从开善寺的大梁、枋及天花上的墨书题记可知，出资建寺的善长仁翁不仅有本县的，还有雅州的、南京的，江西临江府的，河南登封的。

尤为引人注目的是，2008年"5·12"汶川大地震时，开善寺遭遇了数百年来最大的"险情"：屋面滑落，梁架松动，斗拱变形，翼角松动，天花板断裂，檩子脱节。所幸有苏士澍携手中华慈善总会、广东博斯公司，举办了"携手中国"慈善拍卖活动，共筹得善款300万元，用于寺院的修缮和保护工程。正因这次维修，在正殿的斗拱里发现了一个牌匾，上书"光绪三拾三年岁次暮春月榖旦，茶商姜先兆重建，主持僧会满□，梓匠吴国柱"。也就是说，远在一百多年前的光绪年间，开善寺受到损毁之时，茶商姜先兆便独力捐资进行重建，于1907年暮春完成。这是当年当地的头等大事，所以被工匠郑重其事地勒刻铭记。

由此可见，开善寺的屹然挺立，离不开虔诚拜佛的众多信徒，离不开前来祈求保佑茶事顺利的普通百姓，更离不开心系乡梓的茶商的倾力相助。

荥经现存的这些古建筑，反映了社会生活的日常、当地的出产，以及人们的精神寄托和追求，为后人留下了丰富的建筑、历史、宗教、艺术资料，堪称茶马古道上的文化坐标。

第二节 魅力姜家大院

一、七星抱月

据姜家后人描述，姜家大院原为典型的川西民居"七星抱月"式布局。这在雅安的乡间尚有些许遗存，在城市里已难见到。

所谓"七星抱月"，就是其平面布局采用正中间布置一个大天井，代表"月亮"；沿大天井周边修建房屋，因采光、通风、防火的需要，布置了七个小天井，这些小天井就像"星星"，从而形成"七星抱月"的格局。若超过七个天井，则称"众星捧月"；若不足七个，仍然叫"七星抱月"。修建这种规模的建筑，需要相当的经济实力，若实力许可，则一次性完成，如龙苍沟镇的聂家大院。同时，也要考虑子嗣的繁衍。一般情况下，一个天井就是居住一个子嗣。姜先兆有六个儿子，刚好构成"七星抱月"的形制。

姜家大院前期是购别人的房屋，还要兼顾茶叶作坊，并非一次性建成，因此其七星的布局不是很规整。从光绪初年完工，至今已有150年的历史。经历了多年的风云变幻、人事更替，已非旧时模样。

　　按照文物部门的调查，姜家大院现遗存三进四合院布局，中轴线上的主体建筑由门厅、前堂、中堂、正堂组成，二、三进院东西为厢房，三进院西侧有一别院。主体建筑朝向北偏西15°，建筑面积1025平方米，占地面积2026平方米。

　　门厅位于中轴线最前端，穿斗式木结构，地坪为青石板。面阔三间，明间施

七星抱月

木板门，次间为"八字墙"，通面阔5.5米，进深四间，通进深4.45米，建筑高5.76米，建筑面积20平方米。小青瓦屋面。门厅西侧保存一段夯土残墙，高2.24米，宽1.7米，厚0.36米，为原有院墙的一部分。

　　门厅，荥经地方称为"龙门子"。这就是族谱上记载的当初姜汝仑所购之徐土司房屋，当为明朝建筑。但现存的能证明其年代的，仅西面的一小段布满蜂窝的土墙。经几百年风雨侵蚀，无数次维修，建筑本体已没有了明朝的规制。

　　"龙门子"之于川西民居，就好比马头墙之于徽州，是川西民居中最好看，也是最有特色的部分之一。从风水的角度上说，龙门子对宅院进行遮蔽，使直冲之气迂回，既保持了气畅，又保护了宅院风水，这是川西民居中风水文化的精华。龙门子在宅院中实际是个闲置的建筑物，在农闲时，人们就聚集在龙门子中聊天。久

之，这种吹牛聊天的方式就被称为"龙门阵"。龙门子历久经年，人来人往，木橼吸附了烟火的气味，门前满是来自东南西北的风尘，它见证了市井烟火的万紫千红，见证了光景时间的流转变迁。一天忙碌过后，当太阳西斜，市井的烟尘逐渐沉淀，邻里乡亲就聚集到龙门了，点上一锅旱烟，摆起龙门阵。不管是天文地理，还是家长里短，都是龙门子不变的话题。

紧邻西段残墙为一进偏房，原为公兴茶号制茶的灶房，现为姜氏古茶的茶舍。偏房建筑朝向为北偏西10°，穿斗抬梁混合结构。地面为夯土。小青瓦屋面，面阔三间，通面阔9.95米，五柱四间，通进深7.2米，建筑高5.5米，建筑面积72平方米。

前堂为悬山式建筑，穿斗、抬梁混合式结构，面阔五间，通面阔20米，通进深8.66米，明间梁架为抬梁式，五架四步梁，其余为穿斗式结构。建筑高度6.35米，建筑面积193平方米。

二进厢房为穿斗式结构，面阔两间，通面阔6.94米，进深两间，通进深4.7米。

中堂为悬山式建筑，穿斗式结构，小青瓦屋面。中堂屋面形式近似于"勾连搭"，由两个悬山式屋面前后檐相接而成。中堂面阔三间，通面阔12.98米，通进深14.04米，前廊深2.2米，后廊深1.2米，建筑高度6.7米。中堂前后廊道均为水泥地坪，一、二层均施木楼板。次间现为青砖墙。后檐东侧次间保留原有槛窗，西侧次间为红砖墙水泥抹灰。明间与次间隔墙下部为木装板，局部人为改造为青砖墙，上部为竹编墙。两屋面交接处下方室内做一天沟，并在中部引天沟至悬山后坡面将水排出。这种室内排水通过两个连接的悬山建筑高度不同而实现：后侧悬山建筑矮于前面，后部三进院厢房脊檩又搭接于前部较高悬山梁架之上。

正堂为悬山建筑，穿斗式结构，面阔三间，通面阔12.98米，五柱四间，通进深10.28米，建筑高度7.2米。正堂廊道及明间室内前部为三合土地面，其余为楼板铺地。明间正立面保留有四扇雕工精细、内涵丰富的格栅窗。

三进西厢房为穿斗式建筑，面阔两间，通面阔5.73米，通进深4.15米，中间檐柱发生轻微位移。台基为夯土地面，室内为木楼板，柱础、连磉石轻微风化。立面整体保存较为完好，格栅门窗轻微糟朽。厢房隔墙下部为木装板，上部为竹编墙。所有厢房均施二层木楼板，当年作为堆放茶叶之用，现大多数作为居民堆放杂物之处。

三进别院平面呈"L"形，穿斗式结构。一端与正堂西侧山面相接，与西厢房围合形成天井。与正堂同向房间面阔一间前后檐墙均为青砖。长边一侧与西厢房同向，面阔五间，通面阔17.84米，进深三间，通进深4.6米。

姜家大院无处不在的穿斗结构可以远溯至两千多年前的汉朝。位于荥经附近雅安市姚桥镇的汉墓高颐阙，即在砂石上惟妙惟肖地雕出柱、阑额、斗拱、飞椽、屋顶等仿木结构，表明姜氏大院的建设形制远远超出具体的建造年代，体现了中国传统建筑的悠久历史和特色。

二、以匾证史

走近姜家大院的大门，首先映入眼帘的自然是高挂在大门上方的匾额：裕兴茶店。大门两旁则挂有"裕国原从商贾富，兴家惟望子孙贤"的楹联。门额老匾已是旧文新漆，这是光绪元年（1875年）仲秋，荥经县知事彭祖寿取楹联首字为姜家茶店题写的。光绪二年（1876年），彭祖寿又为姜氏题写了"庆有福"，这块匾额至今仍保持原貌，悬挂在姜家大院第二进正屋的门楣上。这位县太爷两次为姜家题写匾额，还将自己最小的女儿嫁给了姜先兆的孙子，全因对姜先兆为人处世的敬重赏识。姜先兆带领团丁守得一方安宁，他看在眼里，记在心里，事后即向朝廷报告为姜氏请赏；他深知姜先兆虽是武举出身，却有丰厚的文化修养，所以亲切地称之为"姜夫子"。

跨过青石板铺成的天井，透过斑驳的雕花门窗，老旧的堂屋门额上挂着"裕国兴家"四个大字。这是光绪丁丑年（1877年）八月，荥经县正堂"即补"洪芝厚取姜家大门上下联首词书写而成，由姜先兆一众门生制作为匾，为裕兴茶店"华建志喜"。

从光绪元年到光绪三年，有两任县老爷三次为姜氏题写匾额，足见当时姜氏在社会上的地位尊崇。毕竟若大产业，于政府税收，于民生就业，都是大有作为的。正如孙明经在《开发西康之意义及途径》中所说："茶由雅安等地运往康定，年役于运茶者已有四万余人。"如若计上种茶、制茶及关联产业所需要的人力，那一片绿叶给多少家庭带来生计，给国家创造多少税收。由此也可知，边茶在国家统一、民族团结中的重要作用。以此方式彰显自己亲商重商施政方略，激励企业发展，于己于他，都是政事。民不富，国不振，裕国与兴家一体两面。"裕国兴家"这一匾额之意，反映了荥经地方官吏与民间商家的共同心愿，承载着家国一致的操守，这正是茶马古道的文化精髓。

现在的姜家大院内又新添了一道"姜家藏茶"匾额，乃四川博物院魏学峰先生所书，匾中的"藏茶"二字，突出了姜家名牌产品的复兴。

姜氏族谱中还收录了姜家曾经使用过的九道匾额，分别为"杏花新枝""勤能补拙""长乐永康""为善最乐""读书便佳""恩进士""全安号""全顺号"等。这些匾额与姜氏族人的事迹互相印证，从各个方面体现了姜家乐善好施、文武并重的家风、在精神道德上的自律和追求、经营边茶的变迁等。

三、精雕细刻

作为开放式的文物保护单位，目前姜家大院是"禅关不锁任人游"，其最能吸引大众的，是门、窗、脊、檐、柱、墩各处的精工雕刻和丰富内涵。

其前堂原是购买徐姓土司的宅子，为明时建筑，装饰简单；中堂为清初所建，沿袭了明时遗韵；正堂为同治、光绪时所建，这是姜家财力雄厚、人丁兴旺、繁荣发展的鼎盛时期，无论门窗还是围栏柱檐，无不用心修饰，竭力表现。单就门窗而言，就有品类各不相同的图案：

一是传统的"四君子"梅、兰、竹、菊及"四吉神"福、禄、寿、喜。梅、兰、竹、菊以其清雅淡泊的品质，一直为世人所钟爱，成为一种人格品性的文化象征。中国的文人墨客在一花一草、一石一木中负载了自己的一片真情，使花木草石脱离或拓展了原有的意义，从而成为感物喻志的象征，也是咏物诗和花鸟画中最常见的题材。"福、禄、寿、喜"所体现的是中国人的一种幸福观，它以朴素而直白的艺术语言，表达百姓对生命的关注，对美满生活的向往，对自身社会价值的追求。

二是反映四季景物与心境的唐诗，有李白《黄鹤楼闻笛》，杜甫的《绝句》，张继的《枫桥夜泊》，杜牧的《清明》。

三是中国传统折子戏，有《赵氏孤儿》《张松献图》《西厢记》《钟馗捉鬼》《五女拜寿》《醉打金枝》。

四是表现武术场景的《射红烛》《射红梅》《射红袍》《射白虎》。这里明显透露了武举出身的姜先兆的独特经历和趣味。

在大院正堂的檐石上，则有四组八匹马的浮雕。这些姿态各异的骏马，不由得让人联想到荥经博物馆收藏的东汉石棺上的饮马图，该图中的人、物形象只占画面的1/4，主要描绘的是一匹矫健的骏马拴于一株形似三叶树上，树干刻有螺旋线

李白《黄鹤楼闻笛声》（王江摄）

杜甫《绝句》（王江摄）

张继《枫桥夜泊》（王江摄）

　　　　　　　　　　第六章　"仁真杜吉"生产基地——姜家大院

射红烛（王江摄）　　　张松献图（王江摄）

"卍"字纹 窗户（王江摄）

布达拉宫·姜氏古茶

纹，犹如棕榈树干纹。树前有一饲马人，手提一桶，似在饮马。另一饲马人正用肩担双桶做行走状。两个仆人一同饲马，说明马的尊崇地位。此图当是通过僰僮伺候筰马的劳作，记载司马相如出使西南夷一事。

据《史记·货殖列传》载："蜀之货物而多贾。巴蜀亦沃野，地饶卮、姜、丹沙、石、铜、铁、竹、木之器。南御滇僰，僰僮。西近邛筰，筰马、旄牛。然四塞，栈道千里，无所不通。"《史记·西南夷列传》云："巴蜀民或窃出商贾，取其筰马、僰僮、髦牛，以此巴蜀殷富。"唐人张说《大唐陇右监校颂德碑》曰："贾死畜贮绢八万往严道，市僰僮千口，以出滞足人，其政七也。"僰僮，僰族的奴隶，在巴蜀以南，商贾交换成为佣人。说明在这一时期严道曾有过僰僮、筰马集市贸易，而且筰马在相当长的时期内也是进献王朝的贡品。

通过这幅饮马图，可知早在秦汉时期，蜀地与外界交通发达，并与西南夷民族发生了频繁的物质文化交流，马在其中发挥了重要的作用。姜家身处茶马古道的起点，又从边茶贸易中获利甚丰，自然对马情有独钟。

荥经历史上曾有"太湖寺的木雕、兴福寺的石雕"之说，意指现今的青龙镇柏香村一带的匠人木质雕刻工艺最好；花滩镇齐心村一带的石雕工艺最好。这一说法，由孙明经1939年所拍摄的太湖寺系列图片及兴福寺的正殿所证实。

太湖寺，现名云峰寺。藏经阁为清代建筑，也是飞檐雕梁，气势恢宏。其颇具江南风格的雕花门，刻有"关羽水淹七军"的故事；表现山道上的行人，河中的行舟，一如西康实景。人物之灵动，雕刻之精美，实为罕见。曾在公兴茶号背过茶的老背夫余启文提到过姜家与这两个地方的渊源，他说，云峰寺白虎岗前，曾是姜家的祖坟；五宪镇白云院周边，也曾经是姜家的地产。多年前，本书作者

八骏马浮雕（王江摄）

之一周安勇采访留守在姜家大院的姜琳时，姜琳抚摸着雕花木门感慨地说道："当年，我的祖先请了荥经最好的木工师傅来修房子，这一扇门就雕了一年，四扇门雕了整整四年。现在太湖寺的雕花木门的图案和我家的一模一样，不过那个是徒弟刻的，仔细看就看得出不同来。"由此可知，姜家大院的木雕水平已超过了太湖寺。

姜家大院的木雕不仅工艺精细，而且木料本身质地优良。大量的金丝楠木令这座木结构为主的大屋经受住几百年风霜雨雪的考验。

金丝楠木，是中国特有的珍贵木材。《博物要览》记载："金丝者出川涧中，木纹有金丝。楠木之至美者，向阳处或结成人物山水之纹。"它"防潮湿，耐腐蚀"，木性稳定，不翘不裂，经久耐用；"水不能浸，蚁不能穴"，质地温和、冬暖夏凉，香气清新宜人；其纹理交错相连，并布满明亮的荧光物质，在阳光下金光闪闪，金丝浮现，有一种至尊至贵的高雅气息。在古代多为皇家御用，专供皇家宫殿和少数皇室寺庙的建筑所用，因而被誉为"木中之王""帝王之木"，是权力和地位的象征。

虽然楠木在东南亚地区，以及中国的东南、中南、西南地区，都有出产，但从成色、材质、观感、软硬适中等方面进行考量，只有中国四川出产的最好。而雅安出产的楠木，又是上乘之品。汉源的皇木镇就因明皇室在此采集金丝楠木而得名，荥经的新添镇有个地方叫皇木岗，传说也是过去皇家采伐金丝楠木的地方。所采之木，随荥经河漂流而下，辗转而达京城。现在的荥经云峰寺内的桢楠林，是中国最大的桢楠群落。至今姜家大院中还有三百多年的桢楠、银杏和柏树。

姜家大院最引人注目的装饰，是随处可见的"卍"字符。从前厅到正堂，共有两列18根立柱，每根柱子与楼板接合处，都有金色的"卍"字，有的显眼，有的模糊。据居住在这里的姜玠介绍，这些柱子原本是金碧辉煌的，民国时期，刘文辉的二十四军驻扎在这里，士兵们常常用刺刀刮柱子上的金粉，破坏了柱子的彩绘，以致这些彩绘的具体内容，现在已没有人能说清楚。除柱子之外，檐石上、窗户上也有众多"卍"字纹，尤以窗格最多。《茶马古道上的陕商》一书的作者李韶东说，2015年12月，到姜家大院考察时，曾见"梁柱上的藏文及佛教'万福'图案"。这些藏文和"卍"字符，可说是姜家大院非常突出和重要的装饰。

"卍"字符是中国古代传统纹样之一，或为逆时针方向，或为顺时针方向。其四端向外延伸，即可演化成各种锦纹，也叫"万寿锦""吉祥海云""吉祥喜旋"，寓意生生不息，子孙绵延，万代不绝，福寿安康，并且常与其他象征图案结合在一起使用，如：与梅花结合，象征万世长寿；与牡丹结合，象征万世富贵；与桃结合，象征万寿无疆等。在西藏，"卐"字符被称作"雍仲"，常见于大大小小城镇乡村的各个角落。据学者考证，古代西藏的雍仲标记是太阳及太阳光的抽象图案，后为苯教所用，以此表达永恒、坚固、避邪之意。佛教传入西藏后，认为它是释迦牟尼胸部所现的瑞相，有吉祥、万福、如意、喜庆之意。

姜家在建筑上使用大量的"卐"字形纹饰，用荥经云峰寺住持智灯大和尚的话来说，"卐"字蕴含了"万福、万佛"之意，一则寄托了福寿绵延的希望，二则表达了对佛的敬意。

这种敬意不但跟姜先兆出资重建开善寺相一致，并且融入姜氏古茶的生产销售过程中。万姜红所拥有的"全安号"印章上的藏文部分的末端，就有一个装饰意味浓厚的圆形雍仲符号。正如佛教徒画唐卡、塑佛像，讲求的不仅仅是绘画雕塑的技艺，更是一种一心向佛的修行。姜氏古茶能够得到三大寺院的认可，凭借的不仅仅是高超的制茶工艺，更重要的是与藏族人民精神上的沟通与契合。这才是"仁真杜吉"——"佛坐莲花台"的来由和真谛。

第三节 与乔家大院的比较对照

姜家大院因茶而兴，让人不由联想到另一个与茶有缘的著名大院——乔家大院。咸丰初年，北方捻军和南方太平军起义，南北茶路断绝，这直接威胁到乔家当时在祁县的主营生意——丝和茶。当时乔家的领军人物乔致庸做的第一件事，就是疏通南方的茶路、丝路。他以自己的家产做抵押，筹集了多位乡亲的资金，亲身前往福建购买茶叶，一路艰辛、耗时之久出乎意料。正当众人齐聚乔家，准备瓜分他家财产时，乔致庸带着为各家采办的茶叶回到了祁县。随后，乔致庸又北上恰克图，直达中俄边境，与俄国商人签订了长期合作贸易合同。至此，南至武夷山，北到恰克图的这条封锁多年的茶路被乔致庸疏通，千万茶农也因此得救。乔家成立于咸丰年间的大德兴，最初主要经营茶叶，兼营汇兑。正是在买卖茶叶的过程中，乔致庸发现票号更加有利可图，于是改成汇兑为主，茶叶为辅。

乔家大院始建于清代乾隆年间，之后曾有两次增修，一次扩建，于民国初年建成了一座宏伟的建筑群体，体现了中国清代北方民居的典型风格。与姜家大院一北

"卍"字纹（王江摄）

"卍"字纹木柱（王江摄）

一南，同样承载着浓郁的中国传统文化色彩。

一、家训传承

姜氏族谱开宗明义，罗列了十条家规家训，从各个方面规范家族子弟的行为操守、道德观念，强调尊卑有序，孝悌为先。其中的戒赌戒烟与乔家的"六不准"正好不谋而合。

荥经俗语云："三分匠人，七分摆布。"意思是说，工匠的手艺再高超，也需要主家的构思和布置。姜家十一世恩进士姜先进撰写的对联"裕国原从商贾富，兴家惟望子孙贤"已成为祖训，代代相传。姜先兆"初习儒术，鄙其迂曲，慨然投笔操弓矢。得为武博士，臂力过人，能挽六钧，有命中之技"。他在姜家华兴号屏风上写下"忠厚传家"四个字，"书法雄秀，不类武人"。姜永吉"性好读书，雅重文艺"。姜荣贵"弱冠，蜚声庠序，优游文墨之场，兼及绘事，精妙绝伦"。姜先兆的六个儿子"文经武纬，各表异材，克承先绪"。他们的人文修养和生活习俗深深印在了姜家大院的布局和装饰中。姜家的堂屋是家族举行祭祀、聚会、婚嫁大典等大型活动，以及逢年过节家人团聚的主要场所。主居室仅有长辈才有资格居住，厢房则供子女居住，或接待客人，体现了古时巴蜀"正堂宽敞出贵人，堂屋有量不出灾"的建筑理念。

乔家大院，又称"在中堂"，取"中庸""执两用中"之意。这是儒家思想的核心，乔家以此为基，形成了"和为贵"的家风，讲究和谐、平衡、圆融、稳健、包容、不走极端、不行偏激、和而不同。乔致庸自幼饱读诗书，立志仕途，只因兄长早亡，不得已挑起家业重担。他以儒兴商，更以儒治家，乔家大院的匾额、楹联大都出自儒家名言佳句，堂屋、门厅和内室的墙上，刻有朱子家训、古人修身格言等。乔致庸自己有六个儿子，加上其他家族子弟，几十口人常年生活在一起，几乎没有出现兄弟反目、妯娌交恶、婆媳不和、子嗣相争的现象，一派和睦融洽。李鸿章对此十分欣赏，特意为他家撰写了楹联："子孙贤族将大，兄弟睦家之肥。"

姜、乔两家的家族文化既融入大院的一石一木中，又逐渐渗进家族子弟的血脉里。

《荥经县志》（重印民国版）记录了两则姜氏先辈的孝悌事迹：

一则是关于姜殿周。大意是说：姜殿周，字白屏，县里面的武秀才，世代经营茶业。咸丰十年（1860年），刚满十岁，父姜汝义和两个哥哥姜纪周、显周均在外经商，母亲邹氏瘫痪在床，翻身都需人帮助。姜殿周奉养汤药，寸步不离。恰逢蓝大顺的起义军进入荥经，他的伯伯叔叔要他一同避难。他泪流满面地说："如果我单独走了，谁能给母亲一勺水？即使不遭贼害，亦会饿死啊！"众人想要强行抬他走，他伏地哀号，誓同母死。众人无奈，只好由他去了。贼兵来了，问他为什么不跑去躲藏，他如实告之。贼兵亦敬其有孝道，没有为难他。不久，母亲去世。他又接着侍奉继母范氏，像对待生母一样，尊敬有加，人们都说他是至孝之人。

一则是关于姜汝琮。大意是说，姜汝琮，字玉山。世代以读书为业。父亲姜荣贵，字仁宇。青年时就因成绩好而扬名学校，另外还善于绘画，精妙绝伦。性格谨慎、诚实。年近40岁时，逢朝廷恩惠，成为恩贡生。想不到因过于劳累，两脚溃烂生疮，从膝盖到小腿没有完好皮肤，但他仍然扶杖教读不倦。几年后，病情加剧，不能行走。姜汝琮用嘴给父亲吮吸脓血，医生怕病毒传染，阻止他这样做。但汝琮不听。父亲毒疮发作时，汝琮吸后疮口即愈合，疼痛也立刻减轻，人们都说这是汝琮仁慈孝顺的感应。无奈，父亲最终还是因病而逝。之后，家里更加困难。母亲黄氏也衰弱多病，汝琮总是和言柔声地谨慎侍奉。这时两胞弟汝翼、汝奎已经完婚，但有三个妹妹，均未嫁人，家中的大小事情，都由他一人承担。汝琮虽在童子试中名列前茅，为了纾解家庭贫困，便跟弟弟们商量，从事茶业经营。他见打箭炉地处边远，店铺经营困难，就亲自前往当掌柜，而将荥经的主店交与汝奎、汝翼两个弟弟管理。所赚的钱，都交给他们置田产物业，也不过问他们如何用钱，自己并无私蓄。他上供养母亲，下为弟妹完婚，处处周详，无论是用钱多少都中规中矩。他孝敬母亲与友爱弟妹的家风美名，为当时士林津津乐道，并引为学习楷模。

可以说，姜家雕花木门上的拜寿图等绝非一般的摆设，它的内容已刻入姜家子弟的心灵深处。

在中国人的心目中，忠孝常常难以两全，但在荥经这个多民族聚居地，形成了一种相互包容的心态，忠孝可以并行不悖。

现在的新添镇庙岗村村委会所在地，叫庙底下。过去有一庙，俗称大庙，是祠周朝大孝子尹伯奇的。《汉书·王尊传》记载，王阳担任益州刺史时，需到基层巡视，那时的刺史府在现在的广汉。一行人来到邛崃山的九折坂，感觉路太险，王阳叹息说：我的身体是父母给的，如果我死了，我的父母亲就没有人奉养，我就是不孝之子，我为什么要个冒险这个呢？于是称病辞职离去。到王尊担任益州刺史，来到这里时说：这里就是王阳不敢过的地方吗？属下官员说：是的。王尊说，王阳之所以不敢过，是因为有老父母亲的牵挂。我身为臣子，即便身死这里，也是为国尽忠，于是打马而过。后世誉王阳为孝子，王尊为忠臣。过去的邛崃山，即现在的大相岭。千百年来，"孝子回车，忠臣叱驭"一直为人传诵。在小坪山下二王驻足的地方，曾建有歇马祠供人祭祀，至今仍有忠孝桥、忠孝巷、忠孝溪等古迹。无论选择尽忠还是尽孝，都同样得到尊重和敬仰。这就是姜家孝子事迹在县志里得到大书特书的文化土壤，也是现存的姜家大院仍在持续传递的文化信息。

姜氏族谱的家规家训在涉及外人的条文中就明确要求：交友宜慎、乡邻宜和，君子因当亲之礼相与，和乐于道德。他们与人交往，上至达官贵人，下至背夫长工，无不以礼相待，以善为本。

姜家最早兴办茶店的九世祖姜荣华买下台子坝上侧乱火麻林地，于清嘉庆年前修建华兴号老院，其夫人"郑太孺人事必恭亲，克勤克俭，为人大度，善待工匠，故该院雕梁画栋神功天巧、古色古香"。

姜家既与县太爷结亲，又娶了藏族人家的女儿——先有姜廷桂与藏族萨氏女结婚，后有姜雄文与康定出名的木家锅庄的二女儿联姻。直到现在，仍有后人白玛等到荥经走亲戚，谱写了汉藏一家亲的动人篇章。

姜永吉，字庆隆。年方弱冠，即赴康定执掌商务。他"聪慧、诚实，为人大度，亲和，深得长幼尊崇"。经常穿梭于雪山莽林之间，通晓西藏各地风土人情，天文地理，能听懂各地方言，深受藏胞各界人士的器重，曾被推选为康定商会会长，世人称之为"隆掌柜"。清廷曾赐了他七品官服、玉带，达赖也曾授予藏官服、玉带、名贵鼻烟壶、戒指等。

从姜荣华创立华兴号到第四代永寿、永吉、永珍三公时，为姜家制茶、贩盐的工人、背夫上百男女，彭万清、彭万松、彭万中三兄弟都曾做过姜家的架子工（即筑茶，完成砖茶的最后一道工序），不止一次对姜炳德、姜珂称赞姜家待人厚道。姜氏富而不豪，从未做过恃强凌弱之事，也未有过官商勾结、商匪相通之嫌，更没有趁乱发过横财，而是屡行善举，赈灾救济。逢年过节，或遇到饥荒年，乐善好施的姜家定期煮好稀饭广为施舍。若有亡人，也出资送赠棺木。对在姜家茶店工作的先生、长工经济困难更是慷慨解囊。民国时期，出身于姜家的著名左翼作家周文，还在他的《茶包》一文中，详细描绘了背夫的生活、他们的命运及对下一代的期望，对背夫充满同情和悲悯之心。

乔家同样强调"待人要丰，自奉要约"。光绪三年（1877年），天遭大旱，乔致庸开仓赈济，受到清廷赏戴花翎的嘉奖。

乔家大院最终得以保存，也跟乔致庸的仁厚直接相关。八国联军入侵中国时，山西总督毓贤在山西地界杀洋人。从太原逃出的7位意大利修女，在祁县被乔致庸保护下来，藏到自家银库里，最后用运柴草的大车拉到河北得救。后来，意大利政府给了乔家一面国旗用以表彰。这面旗帜竟然在后来日本侵华来到山西时派上用场。乔家把意大利国旗挂在门口，日本人看到是盟友之家而未加破坏。

支撑姜、乔两家大院的不仅是那些砖木土石，更有他们代代相传的信念。

二、经营之道

自古以来，无论中外，凡经营成功者，眼光功夫皆远远超出经营范围，而是胸怀宽广，知晓大局，洞察人性，以诚信为本，坚守产品质量。姜、乔两家都因经商发家建屋，细究其经商成功的秘诀，不难发现，他们都在坚守为人处世的优良品质和原则。乔家秉持的是"首重信，次重义，三为利"的原则；姜家也有一套远近有名的管理、经营机制，其核心不外讲信誉、求名牌、重商德。如姜家第十一商号就有这样的规定："本号人员必须维护信用，礼貌待客，不许以假货充真，或以次充好，短斤少两等行为。"

乔致庸的孙子乔映霞当家时，遇上军阀混战，晋钞贬值，跟银圆的兑换比例从1：1跌至20：1。但是乔家坚守诚信，动用家族的全部积蓄，仍给存款户1元晋钞兑换1元银圆。足见他们重视诚信的程度：宁可少赚钱，不能失信；宁可不赚钱，不能失信；宁可赔钱，也不能失信。

同样，姜家祖祖辈辈一直在复述祖先的一个典型事迹：有一天县城一豪绅乘姜荣华酒醉，寄存碎银一封，要求加工成锭。荣华公酒醒后，一看全是假银。他不动声色，仍照数以真银换之。此人悄然离去后，情不自禁地四处传扬姜氏诚信经营、厚道待人。华兴银号从此闻名遐迩。

姜、乔两家得以蓬勃发展，还有赖于姜先兆、乔致庸的开拓精神。姜先兆在茶业局势并不明朗的情况下，毅然决定从铸银业全面转向经营边茶；乔致庸在开拓茶路的同时，发现汇票的好处——兵荒马乱时，身上带着现银容易被抢；汇票有密号，匪徒劫去也换不到银子。于是，不顾当时合伙人的反对，毅然致力于"汇通天下"的理想。姜先兆则洞察家中各子侄的脾性特长，分头安排周详。他派侄子永吉远赴打箭炉开设分号，又命侄子永珍将华兴号改营盐业，充任县商会会长。知道自己的四儿子永寿善于辨认茶叶的优劣，就让他接手裕兴茶店。而姜永寿也不负厚望，最终创立了"仁真杜吉"茶品牌。

其实，姜家先辈将客人的假银换成真银，一方面是避免失信于人，另一方面也是"宁舍银钱，不结冤家"，具有强烈的风险把控意识。这样的胸怀和格局无论从事哪种行业，都是获得成功的必备素质和重要保障。

三、家国情怀

这里将乔家和姜家相提并论，更重要的原因，还在于他们虽是商人世家，却不乏浓烈的家国情怀。

1900年，八国联军攻占北京城，慈禧太后和光绪仓皇出逃。到了山西后缺钱，山西官员在太原召集当地各商号商量"借钱"，要大家体谅朝廷苦衷，可没有谁敢开口回应，只有乔家大德丰票号的当家人当场答应。他的理由是："国家要是灭亡了我们也会灭亡，要是国家还在，钱还能要回来。"事后，慈禧太后不仅赐给乔家两盏酸枝木所制的九龙灯，还解除了各地商号禁止汇兑官银的禁令，乔家生意从此蒸蒸日上。

姜家自发家之始，就将裕国与兴家紧密联系在一起。姜家一代代子弟在经商的同时，也总是前仆后继地为国效力。清末民初发生的几件涉藏涉茶大事，姜家都有人参与其中，为平息纷争、民族团结、保家卫国发挥了举足轻重的作用。

四川保路运动发生之前，姜永吉已在打箭炉跟藏族同胞做生意，"握算持筹，均一身肩之"，每年经营的收入有数十万两。他创立了打箭炉商会，并被推举为商会总理。他慷慨仗义，热心公益，在当地颇有声望，与川边经略使尹昌衡及其部下也多有来往。保路运动影响波及川边后，是他筹划周详确保了康区的安宁。尹昌衡将他的事迹上报，为他申请了四等禾章之奖。民国四年（1915年）正月，陈步三叛乱，围攻打箭炉。他顾虑战事蔓延会带来灾难，于是自任调解人，请求陈步三不要为害民众。可惜这年冬天，他壮志未酬即卒于家中，县里人都惋惜道："善人没有了。"打箭炉众人听说后，也日日怀念其功德。

姜永寿不但很有孝心，也乐善好施，县里不论谁需要帮忙，他都倾囊相助，受到大家的尊重和爱戴。辛亥之变，驻越西巡防军统领马守成对荣经地方武装非常不满，准备剿杀。姜永寿知道后，恳请马守成保全地方生命财产，马的恨意稍解。防军进入荣经，姜永寿用自己的家财做军饷，并在各方面谋划周详，让防军不再有杀戮之心，保得荣经全境终得安宁。

姜永寿的儿子姜郁文，是继姜永吉之后的川边商会总理，曾任德格县长。在他任总理、县长两职务期间，"类乌齐事件""大白事件"相继发生，姜郁文凭借自身的能耐和影响力竭力斡旋，为民族和睦、社会稳定、人民安居做出了贡献。

民国二年（1913年）"西姆拉会议"之后，英国便暗中接济西藏当局五子步枪5000枝、子弹500万发，并在印度秘密为西藏培训中、下级军官，毕业后派回西藏，组建部队。之后，更怂恿西藏上层中的亲英派，乘云南入川的护国军与川军发生内战之机，发动一次川藏之间的武装冲突。兵锋所指，便是类乌齐。

类乌齐，位于昌都北部。清末，赵尔丰同西藏划界时，类乌齐划归川边。此时由边军统领彭日升率兵三营驻防昌都、类乌齐、三十九族一带。1914年10月，西藏地方政权委派穷然木为代本，率军300人，到三十九族布防，形成川藏边界的紧张状态。1917年9月，彭日升部下的连长余清海逮捕了两名越界割草的藏军，解去昌都。藏军要求引渡，彭日升认为川藏两军同是中华民国的地方武装力量，有犯法者按军律处理即可，并不是两个国家，不存在引渡的问题，便按律惩办了这两名藏军。于是双方兵戎相见，引起了流血冲突。藏军大举进攻，川军则因川局混乱，援助无人，接济又断，彭日升孤军作战。五个月后，弹尽粮绝，昌都失守。彭亦被俘，押去拉萨，囚死狱中。

藏军获胜后，即兵分两路继续东进。北路不但占领了赵尔丰所设金沙江西岸13个县，还渡过金沙江，攻占了德格、邓柯、石渠、白玉等县。南路则受到边军分统刘赞廷的奋力堵防。川边镇守使陈遐龄深知藏军背后的英国势力，非由民国政府出面不可，遂一面调兵支援，一面派川边财政分厅厅长陈启图为官方代表，打箭炉大茶商姜郁文、充家锅庄的老板充宝林二人为川边商界和民众代表，共同进京，请求民国政府阻止藏军东进。

时任大总统的徐世昌，听了姜郁文、充宝林的陈述，深知祸乱之源所在，遂命令外交部约见英国公使和插手事件的英国驻华总领事台克满。最终由大总统下令，边藏双方立即就地停火，所有善后问题由边藏双方派代表协商解决。

姜郁文因熟悉藏情，在川藏两边都有影响力，被选为川边重要谈判代表之一，与藏方代表在绒坝岔反复协商，于1918年10月，议定了停战协议十三条，类乌齐事件平息。

不久，甘孜县境内又发生"大白事件"。1930年6月，四川甘孜地区大金寺与白利乡因争夺差民引起纠纷，最终导致边藏冲突。因姜郁文与大金寺双方茶货交易，关系密切。1930年12月，川康边防总指挥刘文辉指派他赴甘孜，与大金寺进行和平交涉。双方打打谈谈，谈谈打打。1932年1月，刘文辉派交涉专员邓骧、委员姜郁文和达赖喇嘛所派交涉专员琼让、委员吉卜在岗拖举行谈判，签订了和平协议，史称"岗拖停战协定"。

英国人在印度种茶成功之后，作为川边商会总长的姜郁文，深知印度茶成本低、无税率的优势，积极谋划应对措施。在1925年农商部召开全国实业会议之际，他便代表川边总商会提出"减税恤商抵制印茶由"议案。议案最终获得通过，姜郁文为保护家乡茶农的利益立下了头等大功。

姜家人因茶结缘，参与国家大事的所作所为，从另一个角度表明，茶事向来与国事息息相关。姜氏茶叶不只是姜氏一家的茶，也非荣经一地的茶，更重要的是国家的茶，跟边区的稳定、安宁、祥和紧密相联，"是则山林茶木之叶而关国家政休之大，经国君子，固不可不以为重而议处之地也"。因此，这茶不仅是青藏高原各民族必需品，也是中华各民族交往交流交融的重要媒介，被赋予特定内涵，也成为姜氏古茶文化的内核。就连孙明经等人排除万难奔赴康藏边地做各种调研，也是为了寻求"茶税救国"之路。裕国与兴家始终相随相伴。

如今，乔家大院已成为民俗博物馆和旅游景点，乔家人的生活已成为过去；姜家后人仍在大院里居家过日子，特别是姜家第十五代传人万姜红在这里开辟了围炉煮茶的茶舍，令这个古老的宅子重新与藏茶紧密相连。

早在唐宋时期，寒夜围炉煮茶已是文人的高雅时尚，当时的诗词、绘画就有许多描述这一情景。如宋苏轼《试院煎茶》云："且学公家作茗饮，砖炉石铫行相随。"煮茶的器具也很讲究，要用烧炭火的砖炉和陶制的石铫。

在姜家大院围炉煮茶，用荥经砂器，取荥经的水，煮荥经的茶，不但让人可再度品尝仁真杜吉古茶的芬芳，还可以在调茶社里按饮客的心性进行组合拼配，调配出只属于饮客自家的品味。

在姜家大院围炉煮茶，谈诗也好，论道也好，闲聊也好，就是志趣相投的朋友互道衷肠，君子之交，宁静雅致。

在姜家大院围炉煮茶，用传统的茶具、木炭烹煮藏茶，再搭配干果、水果、点心等食物，在返璞归真的氛围里，忘却忧愁烦恼，"偷得浮生半日闲"，乃盛世之清尚也。

第七章

姜氏古茶正在崛起
并走向世界

裕国原从商贾富，兴家唯望子孙贤。

——姜家大院对联

一个企业在市场上可能会失败，但只要企业有故事、有文化、有精神，它就不会跨掉。正如可口可乐公司总经理说的经典名言："即使可口可乐公司把所有的家底都赔光，单剩'可口可乐'这个牌子就足以东山再起。"姜氏家族同样拥有回归辉煌的文化资本。姜氏茶叶在茶马古道繁荣了三百余年，古老的品牌"仁真杜吉"在雪域高原、布达拉宫内、各大寺院有口皆碑，姜氏茶叶的故事已经成为民族交往交流史上的佳话，直到20世纪30年代因各种原因所迫退出商业市场，但姜家的根脉、文脉和商脉并没有中断，世代所传承的姜氏家风家训，秉持不变的诚信经商精神，以及裕国兴家的远大抱负是姜氏祖先留给子孙的炼金术，是姜氏古茶能重整辉煌的文化资本和社会资本。

第一节　积累文化资本：姜氏家族的茶产业之路

　　姜氏家族的资本积累过程一开始就融入社会和文化之中，以非经济学的逻辑发展起来的，积累的不仅是经济资本，更在乎文化资本，这正好表现出东方管理的经典思维——藏富于民，利人利己。藏富于民，即儒家思想中的"因民之所利而利之"，道家思想中的"天地所以能长久者，以其不自生，故能长生"。也就是说，天地之所以能长久存在，是因为它们不是为自己而生存，所以能够长久生存。按照市场的理论，就是先解决消费者的需求和问题，就是商业最好的渠道。

华兴号

中国食品药品企业质量安全促进会示范单位

诚信文化建设示范企业

一、转行茶叶的历史必然性

1.华兴银号起家，姜氏古茶重振

姜氏家族的产业从银铺开始，最终成为富甲一方的大茶商，积累了茶叶产业化发展的经验和基础。即使现在，其经商之略对现代企业管理、产业发展仍有借鉴意义。

姜氏祖上原居四川洪雅县，以经营银铺为业，属于工商从业者。七世祖圻阔公于清乾隆中率第三子姜琦及其孙荣华公叔侄迁居荣经，始以开银铺铸银为业，创办"华兴银号"。因当时银两紧需，正逢时机，生意红火，资本渐有积累，家道兴旺，直到1953年暂时退出市场，但并没有退出它在茶行业的地位。2020年3月，姜家第十五代传承人万姜红注册成立了四川姜氏茶叶有限公司、姜氏茶叶（北京）股份有限公司，正式运营"姜氏古茶"，三百年的情怀被唤醒，有口皆碑的民族品牌重新回到历史的舞台。

2.姜氏转行茶叶的条件

首先，茶源地之利。蜀地山林皆宜茶树生长，以蒙顶山为核心及周边地区多云雾多雨，尤适合生产高品质茶叶，所以史载蒙山是世界最早人工植茶之地，因此，有言"蜀茶得名蒙顶"。

川藏茶马古道之便。唐宋以来，尤其宋神宗后"四川产茶，内以给公上，外以羁诸戎。国之所资，民恃为命"。宋王朝下令川陕茶叶用以博马，不许别用，军用战马主要以川茶换取，但道取甘青。至南宋以后。因与辽、金、西夏诸国连年战争，原从甘青所换大漠蒙古马、西域马都被阻隔，蜀地便成为以茶易马的基地，"茶马交易为西陲第一要政"，川藏道成为交通贸易主干道。

其次，荣经大茶路之盛。荣经离蒙顶山约50公里，植茶历史久远，是川藏茶马古道上的重镇。从雅安到康定的"川康古道"古已有之，宋以后在此基础上形成两条茶道，其中茶大道即从雅安出发，到达荣经，翻越大相岭，经汉源泥头翻越飞越岭，经过泸定华林坪、沈村、烹坝、日地到达康定。因此，荣经成为离康定最近的茶叶产地和供应地。"行茶之地，自碉门至多甘思藏地5000余里"。清代茶市直接迁入打箭炉，顺治年间川茶入藏约10万引，并招商凭引运售，川、秦、陇的茶马司均撤销，茶商云集于川藏道沿线，炉城（康定）最盛。

再次，茶引经商之策。南宋高宗建炎初年，主管四川茶马政务的赵开大更茶法，将茶引发给茶商经营，以获取引息，从此川藏茶马古道商人云集。后经元明清大开茶市，成为因茶马而兴的繁华商道，吸引着四面八方的商贾大户。

3.转入茶行，南州冠冕[①]

　　姜氏祖先在荣经积累了丰厚的资本基础和诚信基础上，因机会和责任促使，走出一条漫长的经商茶叶之路。从《姜氏族谱》记载姜氏祖上移居荣经后才进入茶叶行业，逐渐发展成为茶行业中的"南州冠冕"。

　　嘉庆时，始由荣华公兴办华兴茶店，并在京立案请"引"，并按"引"缴税，故荣华公实为荣经生产边茶之开拓者。后因社会不稳，茶叶市场经营困难改营盐业。咸同动乱后，茶叶市场受到极大影响，五属（邛崃、雅安、天全、荣经、名山）茶商亏损严重，多破产和转行，而姜氏家族迎来了转行机会，姜先兆勇敢担起振兴茶行的重任，将"裕国兴家"的老对联拆字，取名为"裕兴茶店"，从生产、加工、销售各环节抓起，数年之间成为"南州冠冕"。后，其侄姜永吉继承姜氏茶业，在打箭炉开设裕兴号茶店，成为五属茶在打箭炉之首。姜永吉为了改善营商环境，还带头成立商会，并任总行会会长（1904－1914年），影响力很大。姜氏祖上就深知分家经营的优势，可避免经济不佳时一损俱损，也可防止

姜家大院内院裕国兴家牌匾

———————————

① 贺泽修、张赵才等：《荣经县志·艺文志》卷十五，1925年，第643页。

"习文经商"（姜氏家族祖训）

家族间矛盾，更有利于家族产业传承发展，以七世祖圻阔子孙为主，除了裕兴号（前身华兴号、民国时改为公兴号），后辈们还开设了上下义顺号、全安隆、又新、蔚生、鸿兴等店号。

在古代没有广告营销业，产业兴旺与公认的产品质量、远近闻名的声誉紧密相关。姜氏边茶质量上乘，深受西藏各阶层的好评和信赖，故西藏三大寺活佛联合特制"仁真杜吉"铜版刻制商标赠予姜氏，至今声誉仍流传在青藏高原。秉承"忠厚传家"的家训，以"裕国原从商贾富，兴家唯望子孙贤"为经营之本，姜氏茶叶声誉广泛传播，茶叶需求不断扩大，茶号也因此散枝开叶，遂使姜氏生产销往西藏边茶在雅安地区有了一定规模。在清末民初时，整个四川只有荥经的砖茶才能进入西藏，其他只能销往甘孜。凭着姜家茶叶在西藏的信誉，每年有几万包砖茶进入西藏。

姜氏家族自经营茶叶已有两百多年历史，有过初创业的转型艰难、兴旺时的大院繁华，研制出藏茶古法技艺，留下了习文经商的经验，民族一家亲的美丽故事还在回响，"裕国兴家"的美誉在姜家大院的古建之美中依旧传扬光大。

新时代，中华文明伟大复兴的梦深入人心，茶文化作为中华优秀传统文化的组成部分体现了中华文明的重要特性，即连续性、创新性、统一性、包容性及和平性，散发着中华文化一样的醇厚之味。2004年，中国加入联合国《保护非物质文化遗产公约》，中国成为第六个加入《公约》的国家。2023年，"中国传统制茶技艺及其相关习俗"被列入人类非物质文化遗产代表作名录，雅安"南路边茶制作技

第七章　姜氏古茶正在崛起并走向世界

艺"和"蒙山茶传统制作技艺"包含在内。

姜氏茶叶传承姜氏百年"裕国兴家"的经营之本，以重振辉煌为目标，借荥经天然生态资源禀赋和茶马古道必经之地的优越地理条件[①]，不断改进茶叶制作技术，保护树种、开辟茶园、试验色香味，活态传承传统技艺，活化文化遗存，建设品牌，坚守高质量，融入中华文明复兴战略，走出一条特色发展之路。

二、百年老店的经营之道

姜氏家族留下了宝贵的商业文化遗产，经商须有"正念、正心、正法"，是姜氏茶叶持续三百年兴隆昌盛、受人尊重的内在原因。对于姜氏家族，所谓正念，即从大局出发；所谓正心，以诚信仁义为本；所谓正法，经营取之有道，坚守产品质量。

（一）正念之裕国兴家：产业化发展的战略格局

1. 辉煌时期，与国同在

乾隆年间，姜氏祖先从洪雅来荥经，无论最初创办华兴银号还是华兴茶店和裕兴号，始终把维护国家利益融入商业发展之中，如姜家大院门口对联"裕国原从商贾富，兴家惟望子孙贤"表达的含义一样，姜家祖辈凭借家国一体的心念，励精图治，富甲一方，成为当时中央和地方治理西康的重要财政收入。据《姜氏家谱》记载：裕兴茶店在西康茶商中脱颖而出，每年要在京都户部立案请"引"四五万张为边茶出关凭证，按"引"（一引为5－7钱银子）纳税，年缴纳税银2.5－3万余两。当时雅州府属茶业税银不足11万两，而姜氏茶业裕兴茶店一家就占了25%，贡献堪属西康之冠。

2. 国难当头，勇担重任

姜氏茶叶的重要代表裕兴茶号受命于西康茶叶危难之际。咸同动乱后，茶叶市场受到极大影响，五属茶商亏损严重，多破产和转行。而姜氏先兆公勇敢担起振兴茶行的重任，创建裕兴号，经营有方，振兴姜氏茶叶，兴办裕兴茶店康定转运站。后经永吉公、永寿公用心与藏族同胞建立信任，姜氏茶叶再创辉煌，仅茶叶每年生产四五万包。

姜氏家族祖训"习文经商"，所以姜氏先辈不仅擅长商业之道，也懂得国家治

[①] 2021年，荥经县被生态环境部命名为"绿水青山就是金山银山"实践创新基地；2022年，全国生物多样性优秀案例。

理之策，参与国家建设、社会稳定之事务。据县志记载："于同治初，兰、发两逆相继扰窜，先兆公带团防守，以保县邑之安，朝廷命授公尽先都司。"西康时期，姜家凭借茶叶贸易与藏族同胞建立的紧密关系，以及在西藏的影响，姜氏青垣公参与大金寺叛乱时的和谈代表，最终平息了这场叛乱。1950年，解放军进军西藏时，还特邀俊德、国光、姜莹参与解放西藏的工作。

3. 衰落之际，发挥余热

民国二十年（1931年）后，因内外因素，姜氏茶业逐渐陨落。内因主要是由于永吉公早逝，无人监督当家者的自私和贪婪，并将"仁真杜吉"的品牌拱手送于他姓，造成经营混乱；加之子孙生活奢侈、糜烂，多有吸食鸦片者，故经营渐衰。外因则是民国二十七年（1938年），南京政府欲统边茶，成立了中国茶业公司。刘文辉为对抗南京政府，又成立了康藏茶业有限公司，强令姜公兴和兰云泰并入康藏茶业有限公司，不准姜家私自制茶销售。为了窃用姜家"仁真杜吉"的品牌，又在裕兴茶店的大门上挂出"康藏茶业有限公司第一制茶厂"的吊牌。然而飘香的砖茶"仁真杜吉"却长留在藏族同胞和姜氏子孙记忆的长河中。

（二）正心之诚实守信：产业化发展的社会资本

1.守住本心：姜氏祖训的精神

姜姓始于神农。《国语·晋语四》言："昔少典娶于有蛟氏，生黄帝、炎帝。黄帝以姬水成，炎帝以姜水成。成而异德，故黄帝为姬，炎帝为姜，二帝用师以相济也，异德之故也。"[1]所以，我们自称为"炎黄子孙"。随世代变迁、发展，几千年来，姜氏儿女已繁衍于全国各地。

据祖传，荥经姜姓最早来自天水，家谱只能追溯至四川省洪雅县止戈坝。自加有公为一代祖，七世祖圻阔公于清乾隆中率第三子姜琦及其孙荣华公叔侄迁居来荥。迁移流动中关键就是如何融入当地，正如姜姓族徽的含义解释："愿团结一切可以团结的力量，有羊一般的温柔，有牛一般的诚实坚强，乐于奉献。上天入海，无所不能，敢于挑战造福人类。作为姜姓人之会徽，也表达了重视农耕但更具有开拓精神。我们姜姓人是中国历史的见证者，也是推动中国历史前进的重要力量和参与者。"

姜氏家族在荥经站稳地位正是秉承先辈遗留的开拓精神，虽以商业维生，但深知读书的必要，信仰儒家"格物致知，修身齐家，治国平天下"。明确立下传家之宝，

---

[1] 李学勤、范毓周：《周原文化与西周文明》，江苏教育出版社，2005年。

即一要靠勤劳智慧，二要忠厚本分。经过在地方上的各种考验后，姜氏家族在当地终被认可、被尊重。

2. 维护关系：富甲一方的社会力量

姜氏家族进入荥经获得地方认可是基础，但发展产业还需要开拓视野。参与社会事务、维护各方关系，是姜氏先辈经营商业的重要经验。姜氏家族另一祖训是"习文经商"，因此姜氏先辈中人才辈出。据家谱记载：早有岁贡荣贵公，恩进士永昌公清末从周公（慎子）留学日本明治大学，昆山公曾为监学，芷沅公（大亨）、树文公（德滋）皆为清末最后一科秀才，大璧公（子玉）为多所学校教授，大泉公（子渊）倡导民众教育，纯德公（叔武）原川大教授、荥中校长，汉光公为荥中教导主任，淑修姑为荥经本土第一位女校长……1943年后，大亨（芷沅）、大泉（子渊）、大璧（子瑜）、大奎、纯德（叔武）、汉光、亚光及婿吴江大、孙华羽甥张鼎元、文案、姜一德等精英，竟占荥经中学在职教师的1/3，致邑人戏称荥中为"姜祠堂"。可见，姜家诸先辈于荥经近代教育颇有贡献。重视教育、传播思想是姜氏家族精神传承至今的重要途径，也是姜氏产业能够发扬光大的重要保障。

除了稳定内部力量，姜氏先辈非常重视参与行业事务，维护社会关系。姜氏永吉公，商业巨子，首创康定商会，并被推选为商会总理（会长），团结来康定经商的各大巨商，创造了良好的经商环境。家谱中有如此记载："好义吉公，为诸商导。蜀自路事起，影响及于川边，公筹画周至，康境乂安。"姜氏先辈在其商业发展过程中发扬了团结合作精神，起到稳定社会的重要作用。除此之外，他们一边制茶一边沟通，与高原民族建立了深厚的感情，促成了汉藏联姻，促进了民族交往交流交融，共建中华民族一家亲。

3. 传承善心：持续发展的内在驱动

姜氏先兆公时茶业之盛为川南之冠，家道富裕。追溯中华农耕文化精神和祖辈家训，家族既有巨商的社会担当，也有教育者身体力行的责任，还有儒家为人处世的规范。姜氏茶叶无论在先兆公是处于"南州之冠"，还是在永吉公、永寿公之"辉煌时期"，始终以忠厚为本。于家克勤克俭，严于管教子侄；于世则赈济不吝，积巨财而不称豪称霸。在县城多有善举，赈灾救济，并承担开善寺的维修资金，直到政权更迭时。《雅安日报》曾报道，有收藏爱好者收藏的华兴号支持辛亥革命的信函、账簿等珍贵物件。

（三）正法之姜氏古法：产业化发展的活水源头

1.坚守古法：和祖先签订的契约

第一，姜氏先辈的契约

中华文明五千年不中断，时代更迭，中华民族伟大精神世代传承，如经纬织网使得中华文明有了极强的韧性和恢复力。这样的民族精神落实到具体，正好体现在家族精神和祖训中，从精神层面维系着家族的统一和团结，闪耀着家族文化的光辉，对一个家族实力的发展壮大十分重要。姜姓作为炎帝子孙之直传，姓氏似乎给他们更大的力量，也给了更大的责任。

体现在姜氏家族中，正如姜氏族谱有言"水有其源，木有其本，子孙理应知源而固本"。因此，姜氏祖训"裕国原从商贾富，兴家唯望子孙贤"更是将家国紧紧抱在一起。

第二，姜氏茶叶与姜氏先辈的契约

担负着这个责任，姜氏先辈对家族繁荣的希望寄托在茶叶的发展上。姜氏后辈坚持茶叶品质，仔细观察市场，根据消费者喜好不断改进口感，创立了近两个世纪享誉康藏的"仁真杜吉"边茶品牌，赢得三大寺院及藏族民众的认可。即使清末社会动荡，当局对茶叶的政策不断变动，市场热闹，茶叶良莠不齐，姜家茶店仍严格控制茶叶质量，以诚信经商。

如今，国家倡导大健康，要求茶叶高质量，姜氏茶叶的经营理念又一次生逢其时，新工艺、新技术赋能古法制茶，祖先留下的家训在新茶厂换发勃勃生机。

2. 创新有度：和非遗传承的前缘

雅安藏茶贸易自东汉始。隋代，大量茶叶、布绸、铜铁输入藏族地区，与藏族同胞交换马匹、牦牛、药材、动物皮毛等。雅安藏茶，曾被称为乌茶、南路边茶、边销茶、篾茶等，属于中国黑茶类。雅安是中国黑茶（藏茶）发源地，在其发展历史过程中，对于民族交往交流交融、社会和谐稳定起着重要作用。藏茶沉淀了丰富的历史文化价值，再加上藏茶的茶性功能，遂成为我国高寒地区如青藏高原、内蒙古高原等，以及牧耕各民族的生活必需品，因此也成为我国珍贵的传统技艺。2006年雅安"南路边茶制作技艺"进入雅安市首批非物质文化遗产名录，2007年进入四川省首批非物质文化遗产名录，2008年进入国家级第二批非物质文化遗产名录。经过十几年的准备，雅安藏茶（南路边茶）终于不负历史重托，于2022年北京时间11月29日晚，在摩洛哥拉巴特召开的联合国教科文组织保护非物质文化遗产政府间委员会第十七届常委会上，我国申报的"中国传统制茶技艺及其相关习俗"通过评审，列入联合国教科文组织人类非物质文化遗产代表作名录，该项目包含了来自全国15个省（自治区、直辖市）的44个小项目。本次申报涵盖绿茶、红茶、乌龙茶、白茶、黑茶、黄茶、再加工茶等传统制茶技艺，其中还包括径山茶宴、赶茶场等相关习俗，堪称我国历次人类非遗申报项目中的"体量之最"。其中，与少数民族关系最大、最具有民族特色的要算雅安藏茶。

荣经在茶马古道上坚守古法技艺，制作和供应各民族需要的茶、放心的茶，这正是非遗的初心——原汁原味。同时，姜氏的传承人和制茶大师和其祖先一样四处奔波，阐释藏茶功效、传播藏茶文化、改进制茶环境，制茶和中国传统文化一起传承弘扬，喝茶和共同富裕与美好生活一起协同发展。

3.品牌信仰：和消费者牵手

令消费者长久地信任一种品牌，既是对品牌所代表的产品的全面认可，也是商人奋斗的目标。在过去时代的藏茶市场上，经销商和消费者了解茶叶品牌，他们主要从生产茶叶地方、茶叶种类及茶号、茶商来区别茶叶的好坏，产品与生产商家是紧紧捆绑在一起的。

姜氏茶叶就和姜氏家族紧密结合在一起，和姜氏祖先们的茶叶信仰连在一起，姜氏茶叶的品牌吸引力就是姜氏家族的人格魅力。做人就是做品牌，从《姜氏家谱》记载的几件大事就可看到姜氏茶叶品牌的建设和推广：姜氏永寿公因为重视茶叶质量，千辛万苦地向消费者调查饮食风俗、消费喜好，不断改进工序，产制消费者认可的茶，被人称为"茶状元"，获得西藏三大寺院认可，将"仁真杜吉"的铜板商标赠予姜氏家族。姜氏永吉公为澄清被人栽赃茶叶做假之谣言，要求康定商会于东关聚集茶商会同官府公开检验真伪，反而扩大姜氏所产放心好茶的盛名，赢得人心，长盛不衰。姜氏先辈们世代秉承祖训，诚信经营，取信于民，藏族上层人士还提前预付款定制茶叶，说明姜氏茶叶已深得人心。姜氏茶在地方上声誉不断扩大，裕兴茶店在西康茶商中脱颖而出，成为享誉藏茶界的茶行品牌。

第二节　挖掘文化价值：姜氏茶叶的文化故事

姜氏家族发展过程中，写下了很多动人的故事，反映了文化活动与商业活动的互动。而这些对于姜氏茶叶不仅仅是故事，也是宝贵的资源。

一、茶号名称中的文化价值

在传统文化中，名称具有非常大的影响，也非常受人们的重视。这种重视常常反映在一些与文化相关的行为当中，如企业行号及产品命名都会经过深思熟虑，依据一定的命名方式，考虑一些影响因素，诸如社会环境、人生理想、经营理念、产业目标等。因为企业名号与产品品牌之称，对企业来说具有重要的无形价值，是重要的无形资产。

姜氏家族产业开始就很注重赋名，无论是主创商号还是后来的分支商号，都充分体现出习文经商的内涵，主要表现在以下两方面：

一是国为先的大局观。从姜氏先祖姜荣华在荣经开创华兴银号，到嘉庆时始由荣华公兴办华兴茶店，后以"裕国兴家"的责任担当为使命，诞生了姜氏茶叶核心名称"裕兴茶店"。从"华兴"到"裕兴"，名称首先传达的信息就是国为先的价值追求，从中体现了姜氏家族"振兴中华"的大局观。无论在茶叶为中央政府治理边陲的税收贡献，还是在茶叶行业衰落时勇敢挑起重担，姜氏先辈以此为行动准则，荣经县知县题赠"裕国兴家"的匾额名副其实。同时，家国一体的价值追求也推动了姜氏茶叶历史上的辉煌。

二是家为本的经营理念。姜氏家族茶号在后辈的继承中虽分为两大谱系，但其名称中体现出整个家族发展的价值追求和经营理念，体现在三个方面：第一，以德兴业。比如又兴店、德兴店、鸿兴店、蔚兴生。第二，家族为本。比如全安号、全安成、全安同、全安隆、全隆号等，体现家族整体性发展的愿望，产业稳定发展的经营理念。第三，传承使命。先辈的遗产如何在发展中继承和发挥作用至关重要，并时刻提醒"居安思危"，这是姜氏先辈们走过的路和总结出的经验，体现在全顺号、上义顺、下义顺等名号中。

姜氏茶叶跨入新时代，如何利用这笔先辈的名号遗产，挖掘它的故事和内涵，将是新发展的一股无形的推动力量。这些老行号背后，隐藏着动人的故事。

二、仁真杜吉：符号与品牌价值

"仁真杜吉"是姜家先辈以诚信建立的一个茶叶品牌，也是一座与西藏三大寺院及青藏高原的友谊桥梁。

仁真杜吉，意为"佛坐莲台"，或智慧金刚，既在讲一个茶叶故事，也在传播

一个佛家道理。"佛坐莲台"意味着佛在讲经说法，传播智慧，普度众生，而茶叶中有何智慧，它对茶叶有何寓意？

自唐宋以来，茶叶在青藏高原同胞的生活中不可或缺，藏文史籍《汉藏史集》记载，赞普赤都松赞（670－704年）在位时吐蕃已出现茶和茶碗，称"高贵的大德尊者全都饮用"。《滴露漫录》记载有"以其腥肉之食，非茶不消；青稞之热，非茶不解"。在青藏高原民族的生活中"不可一日无茶"，茶亦成为多个民族供奉、布施之物，与人民的日常生活紧密相关，所谓"平常茶，平常道"。

拉萨三大寺院更加注重茶的品质，选择好茶也是寺院的一件大事。在众多的茶叶中选择姜家茶叶，其茶叶品质自不可论。还要考虑能否常年稳定地供茶入藏，诚信是更加重要的事情。三大寺联合将"仁真杜吉"作为印章特制给姜氏家族，是对姜氏茶叶的品质认可，可谓事关重大，类似一种"普度"之物、"智慧"之物，使人心生敬佩。

对于姜氏家族来说，"仁真杜吉"是姜氏茶叶的品牌，是一种信仰，也是姜氏家族生产茶叶的标准和要求。因此，它融合了姜氏茶叶发展过程中的初心坚持、质量坚持，构成了姜氏茶叶的企业文化。它不仅仅是一个茶叶品牌，也是一个有历史底蕴、文化内涵的故事，其寓意深远。

三、姜家大院：故事与创意

"七星抱月"指的是北斗七星和月亮在夜空中的相互辉映，在中国传统文化也称"七星拱月""七星伴月"等。"七星抱月"的典故，最早可以追溯到古代的《诗经·小雅·鹤鸣》，其曰："七星之光，照我以明。"描述北斗七星的光芒照亮了大地，给人带来光明和希望。随着时间的推移，"七星抱月"逐渐被人们赋予更深层的意义，在绘画、雕刻、建筑等艺术中，反映中国人对于和谐团结美好生活的向往和追求。建筑空间被建成"七星抱月"形状，作为民居，表达了家庭内团结和谐的愿望；作为商人之家，也反映商业中默契和合作的希望。

姜家大院位于雅安荥经县花滩镇齐心村，整个建筑群由7个小天井围绕中间两个大天井构成，若众星捧月，故而得名"七星抱月"。齐心村于2018年入选第五批中国传统村落名录和第一批四川最美古村落名单，因此不用多说，就可以知道它具有独特的历史、文化和建筑风貌。

姜家大院虽无千年，但600年的历史足够久远，并镶嵌在古老的颛顼文化、千年严道古城和茶马古道等历史遗产中，文化底蕴深厚，文化资源丰富。被荥经河环绕，被大相岭俯瞰，龙苍沟、牛背山常年输送丰富的负氧离子，姜家大院和荥经一起受大自然垂青，矗立在一片生机当中。

这片土地生长着被称作"植物界的大熊猫"珙桐（鸽子花），形如飞鸽，每年四月间飞满龙苍沟。而在其西边的牛背山，有大熊猫的家园。所以，荥经有两个"活化石"，即龙苍沟生长着1000万年前新生代第三纪留下的孑遗植物鸽子花，生活着800万年前的中新世时期留下的始熊猫的后代大熊猫，由此它的生态环境就不用多讲。

从这多样的生态、多元的文化中滋养出来的茶叶，它的价值如何被赋予，应该是一目了然且独一无二了。

茶文化是中国传统文化的重要组成部分，与瓷器、丝绸等同为中华文化的具象和表征，体现中华文化的独特内涵，具有强大的文化力量。比如，茶常作为礼物，寓意着丰衣足食、长寿；以茶会友象征友谊与志同道合；茶道象征平静和谐、顺应自然等。

姜氏家族经营的茶叶，历史上曾叫作乌茶、篦茶、边茶等。由此可知姜氏茶叶先是国家的茶、荥经的茶，而后才是家族的茶，是稳边、治边、安边之茶。因此，这茶不仅是青藏高原各民族必需品，也是中华各民族交往交流交融的重要桥梁，被赋予特定内涵，也成为姜氏文化的内核。姜氏文化也是姜氏家族文化的核心部分，通过茶叶连接了民族关系、家国关系、家族关系，是姜氏茶叶发展的内在驱动力，主体包括以下三个层面：

姜氏文化之魂：家国一体的发展格局、质量为上的生产追求，习文经商、诚信

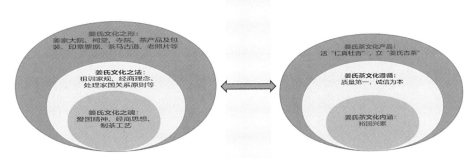

姜氏文化与姜氏茶文化图解

为本的经营追求，富而不豪、教书育人的价值追求。

姜氏文化之器：包括无形遗产和有形遗产。无形遗产，比如茶号商标、姜氏茶叶古法技艺文化遗存等。有形遗产，包括祠堂院落、族谱、匾额、印章绶带等，以及与姜氏茶叶相关之物，比如驿站老街、博物馆、茶马古道、寺院等。

姜氏文化之法：祖训"忠厚传家""裕国原从商贾富，兴家唯望子孙贤"。

姜氏文化是民族交流交往史中的经典案例，具有丰富的内容和可供借鉴的成功经验。至今仍保留着可体验的文化要素，自身构成一个内容丰富的文化产业链，成为姜氏茶叶产业发展的软实力，是形成一个成功的IP（Intellectual Property，知识产权）的活水源头（后台IP），从一个经得住考验的故事出发，然后考虑P的重要要素（符号性与形式感、故事性、情感入口、价值观），从"角色定位、塑造形象、表现故事、转换价值、传播利用"全面分析，接续历史，讲述姜氏文化的当代故事（前台IP）。

第三节 继承和创新：新时代姜氏藏茶发展之路

一、新时代、新成果

老祖宗智慧的传承毫无疑问是必要的，这本就是家族文化之"源"。但是，社会环境、经济发展、文化背景、科学技术及生活方式的巨大改变，同样也是不争的事实。因此，与时俱进、古为今用、宜用则用、宜新则新是家族文化传承发展的几个基本原则。

裕兴茶店

　　在新时代背景之下，中华优秀传统文化传承弘扬成为中华民族伟大复兴的重要力量。姜氏家族文化主动融入时代，再次挂起"裕国兴家"的匾额，挂出祖训，继续以振兴茶产业为己任，续写新时代新篇章。

　　1. 第十五代传承：中华地理标志优秀传承人

　　"兴家唯望子孙贤。"万姜红，作为姜家子孙，她说：儿时就在家乡的茶堆里长大，茶味流淌在血管里，就像祖先们的召唤声，她知道有一天她会回应他们的呼唤。当她在成都读完大学到北京工作之后，心中总挥之不去雅安山山水水的挂念，祖先祖训的声声呼唤。终如她的祖先们一样，勇敢担起振兴姜氏古茶、成为非遗藏茶第十五代传承人的使命。

　　秉承姜氏家族"忠厚传家，裕国兴家"之祖训，2015 年，万姜红在国家"大众创业、万众创新"的号召下，毅然转身，辞去了稳定的工作。花了几年工夫，独立创业不断地积累经验，为她能够推动家族事业、振兴家乡产业奠定了一定的基础。于2020年成立姜氏茶业（北京）股份有限公司，到现今已拥有三家自营公司，以及一家加盟公司，即姜氏茶业（北京）股份有限公司（自营）、西藏姜氏茶业有限公司（自营）、四川姜氏茶业有限公司（自营）和陕西姜氏古茶商贸有限公司（加盟商）。万姜红说："姜家祖先靠肩挑背扛都能占到整个川藏茶马古道茶生意1/3的市场份额，还远销到了印度等国。现在的营商环境这么好，我更应该有信心重振姜氏家族的辉煌！"

诚信为本。姜氏藏茶三百年的品牌和核心技术，是她的王牌和信心，姜氏古茶团队坚持匠心品质，古法制茶。姜氏茶叶经和茶、顺茶、调茶、团茶、陈茶五大工序32道工艺制成，全发酵并窖藏1－5年方可出品。姜氏古茶质量上乘、口感醇厚，越来越受大众的喜爱。

习文经商。姜氏古茶的辉煌不仅靠一流的技术，追根溯源姜氏古茶厚重的历史肌理和文化根基，持续三百年有一个更强大的力量，那就是姜氏家族文化

茶叶拼配体验区

和经商文化。万姜红说："讲好姜氏古茶的故事就是讲好中国故事，只有带着这样的情怀才能奉献出最好的姜氏古茶。"这正是姜氏"裕国兴家"经商精神的一脉相承。

"姜家三百年，迎来女掌门。"姜氏茶叶历经了风雨洗礼，但只要家国情怀的大爱在，诚信为本的精神在，忠厚传家的祖训在，独特的糯米醇香在，希望就一直会燃烧，等待着迎接辉煌。

2. 姜家大院：祖先的呵护与文物保护

我国古代的百科词典《广雅》载："院，垣也。"把有墙垣、被围合在房舍中间称为院。从考古发现看，其平面布局就是一个以"中"为方位的向心式院落。陕西扶风凤雏村发掘的一处西周院落遗址，距今已有三千多年的历史。

万（江）姜红第十五代传承人非遗传承创新先锋

万姜红第十五代传承人中华地理标志优秀公益传承人

县级文物保护单位碑

这里的房屋布局呈相当严整的四合院形式，是目前已知的四合院最早实例，有"中国第一四合院"之称。发展到后世就称为中国的院落，即宅和院为一体，它有着非常特殊的意义。对此建筑学家赵广超在《不只中国木建筑》中说："特别适合代代同堂者一享伦理亲和融融乐也，人丁旺盛者可随意顺序扩建。"大院既蕴含着深厚的中国传统文化，也表达着大院主人对家庭的期待，它带着祖辈遗愿代代相传。

姜家大院是姜氏祖先留下的遗产，是姜氏祖先对后辈的呵护。姜家大院曾是八个大院，即华兴号、裕兴店、又新店、全安隆、全顺号、上义顺、下义顺、姜祠堂。新中国成立后，有的土改时已分他姓，有的被转为他用，有的因新修建筑被拆除，华兴号、裕兴店、全安隆等处仍是姜家后人居住。唯有裕兴店保存较为完整。现在提到的姜家大院，人们特指的就是裕兴店。

姜家大院是川藏茶马古道上难得保存的清代豪宅旧址，保留着荥经一代边茶富商"裕国兴家"的故事，镌刻当年姜家主人的理想追求，彰显着荥经一代民族资本家的富足和经商理念，具有非常重要的文化价值。

2013年，姜家大院被国务院公布为全国重点文物保护单位，肯定了姜家大院的历史价值、艺术价值和科学价值。深深院落的背后是深厚的文化沉淀，是令人心醉的艺术氛围；楹联匾额上苍劲有力的墨宝，是祖先们沉甸甸的嘱托；

家族传承谱系

国家级文物保护单位

大院的角角落落诉说着姜氏家族习文经商、出仕为官、保家卫国的故事，这个院落和中国千千万万个曾经的大宅院一样，是一个居所，也是一个学堂，更是一个社会，过去影响着地方的教化与发展，现在仍然承担着中华传统文化的传承弘扬之使命。

3. 仁真杜吉：品牌的复兴

"仁真杜吉"是姜氏茶叶的表征符号，是姜氏先辈用茶叶质量和诚信经营的信誉认可，现在正以新的面貌再现，它记录了川茶的家国情怀，包含着一段段动人的故事。

享誉西藏的"仁真杜吉"品牌，是姜氏先辈用一个个脚印踏出来，用一杯杯的茶汤浸润过的。永吉公、永寿公学会多路藏语，深受藏胞上层人士和汉藏商人的喜爱和信任，经常不辞劳苦，爬雪山穿莽林，了解西藏人文地理、风俗习惯、气候变化，善辨茶叶性质，研究藏茶的独特配方，才生产出深受高原人民喜爱的茶。1939年禁止茶叶私营后，"仁真杜吉"茶暂时退出历史舞台，但却永远架起了汉藏之间友谊的桥梁。

2021年，"仁真杜吉"茶在布达拉宫发现，重新与世人见面。现在，这个已过百年的老品牌带着使命重回新时代。

茶叶陈列室

姜家大院爱国主义研学活动

二、新格局、新产业

1.新使命：守住初心，并肩同行

姜家先辈进入荥经，三百年间留下了很多宝贵的有形遗产和无形遗产。无论是列入全国重点文物保护单位的姜家大院，还是百年品牌"仁真杜吉"，都蕴含着最动人的"裕国兴家"之精神，这是一代巨商的家国理想追求，姜家先辈在川茶发展历史中应占重要的一席之地。这种追求不仅是留给姜家后人的遗产，更是留给时代的经商之道。

新时代，国家对文化遗产的保护和利用前所未有的重视，明确提出文化遗产是中华优秀传统文化的重要组成部分，是中华文明绵延传承的生动见证，也是连结民族情感、维系国家统一的重要基础，要"加大文物和文化遗产保护力度，加强城乡建设中历史文化保护传承"。由此，姜氏茶叶不单单是生产茶叶的企业，还肩负着深挖文化根脉、创新发展模式及传承弘扬利用文化遗产的重要使命。

中华文化在多元一体格局的形成过程中，正是通过各民族间不断进行交往交流交融，让中华文化扎根于中华大地，成为各民族赖以发展、中华文明得以延续的根脉。其中，各民族间的贸易是文化传播的一个重要途径。

姜家大院是茶马古道上一颗闪耀的明珠，姜氏是陕商的一个典型代表，"忠厚传家""习文经商""诚信为本"等祖训体现了陕商特点。姜氏先辈们把陕商文化和民族文化通过制茶贸易、生活习俗、社会交往等行动，刻写在茶马古道的沿途，使之成为一道风景。那时，姜家大院经常传来汉藏同胞们踏歌而舞的声音，至今姜家后辈和那些藏族亲戚后代依然是亲缘大家庭，连接着先辈和后辈，连接着汉族和藏族，连接着西藏与雅安。

2.新思路：协同发展，牵手同富

雅安位于四川版图几何中心，处于四川盆地与青藏高原的结合过渡地带，是连接中国经济"第四极"与地球"第三极"的重要桥梁，素有"川西咽喉""西藏门户""民族走廊"之称。千百年来，雅安与西藏山水相依、人文相亲、心灵相通，有着千丝万缕、血浓于水的密切联系。无论是南丝绸之路还是茶马古道，雅安都是通道上必经之地，对促进中华民族交往交流交融起着重大的作用。

新时代，中国已经历史性地解决了绝对贫困问题，正向第二个百年奋斗目标奋进，无论雅安还是西藏，协同建设、共同参与，推动共同富裕，实现人民对美好生活的追求是共同的目标。2022年11月，四川省委十二届二次全会审议通过的《决定》明确提出，"支持雅安建设川藏经济协作试验区"，这是新时代赋予雅安新的重大历史使命。

藏茶，自古是连接雅安与西藏最重要的桥梁之一。清朝年间姜氏先辈勇挑国家重任，新时代的姜氏后辈已经立下誓言，继承祖先遗训，重振姜氏茶叶昔日辉煌，连接巩固民族友谊。以姜氏古法引领健康藏茶健康饮理念推广，以"仁真杜吉"重建姜氏茶叶在藏族同胞中的美好回忆，在姜氏茶叶新园区开启协作发展之路。

3.新愿景：心怀家园，放眼世界

姜氏茶叶曾经冠冕南州，那时虽无现代机器，但仅从请"引"的数量已经看出其生产规模之大，销售市场也在西康、西藏成主角，并远销到海外，且有"仁真杜吉"品牌为首的品牌化和系列化的经营方式和组织形式，依靠陕商专业服务和质量管理，在繁荣之时已经实现了产业化经营。

现在姜氏后辈继承先辈经商经验，依托现代企业制度，敏察时代市场变化，以姜氏传承人的追求和现代企业家的精神，将再次开启姜氏茶叶产业化发展，主要措施如下：

激活价值链，坚守"裕国兴家"。产品是在设计、生产、销售、交货和售后服务方面所进行的各项活动的聚合体。守护信誉，激活商号资本。

延伸产业链，推动"三茶融合"。姜氏茶叶与时俱进，发挥三百年经营茶叶的经验优势，结合新时代新要求，传承守护文化遗产，进行创造性转化、创新性发展，跨越茶叶单品，走向系列发展。利用得天独厚的文化资源，发展文化新业态，如博物馆、展览室、数字虚拟技术、新媒体平台、创意产品等，传承弘扬中华优秀传统文化，不但延续了"裕国兴家"的家国情怀，同时推动实现文化资源的经济价值转化。

铸牢情感桥梁，促进民族团结。姜氏家族在三百年茶叶经商过程中，以商业诚信、茶叶品质、情感交融和藏族同胞建立了血浓于水的亲密关系，筑起一座世代相连的桥梁，成为建立姜氏茶业知名度和品牌影响力的重要社会资本。新时代，姜氏家族铭记"裕国兴家"祖训，重振家族茶叶，用新的方式推动地方发展，用实际行动促进民族团结。如"仁真杜吉"在西藏寻根，藏族亲戚来荥经寻亲，他们将小家连成大家，共同祭祀祖先、庆祝传统节日、家族联谊等，不但重新建立起贸易伙伴关系，且以茶为媒，在共同的文化和历史记忆中寻找认同感和归属感，共饮一杯茶，共建一个家园。

走出雅安，走向世界。姜氏茶叶无论是茶叶本身还是三百年历史，姜氏家族的先辈们在茶叶行业中可谓一代巨子，留下许多宝贵的遗产。在茶文化焕发活力的新时代，姜氏茶产业再次起步，它从历史上的茶叶供应方转向合作方，主动融入"川藏经济协作试验区"的建设，成为荥经县与拉萨市城关区《区域协同发展合作框架协议》的主要推动者。以万姜红为首的姜氏后人将以现代企业家精神，承载着姜氏先辈们的理想走出雅安，带着千年茶马古道的回响走向世界！

寻根——与布达拉
宫再续前缘

从小成长在姜院子茶香四溢的世界里，那份独特的芬芳伴随了我整个童年。外公家是我们那个小县城知名的茶商，他做的茶，香气扑鼻，那独一无二的香味让人心旷神怡。除了给家人饮用，他还会将部分茶叶拿到西藏销售，交换回来的不仅是货币，更有藏族朋友们赠予的精美饰品，这些饰品后来成了外婆珍藏的宝贝。外公是个"宠妻狂魔"，他的一生都在用各种方式向外婆表达爱意。外公一辈子言少情深，除了茶叶，他还对制药有着独特的见解，曾经自主研发的生肌化毒散，远近闻名。但在我看来，他最喜欢的时光，莫过于陪伴外婆，无论是打长牌还是简单地坐在一起，都是他最珍贵的幸福时刻。而外婆，一位坚强独立的女性，她在家里说一不二，平日里喜欢修桥补路，走庙子，一生行善。

　　在三舅经营的茶厂里，我和弟弟妹妹的童年充满了欢声笑语。茶厂成了我们的乐园，堆成山的茶包子是我们的秘密基地。我们在茶堆中捉迷藏，藏匿在那柔软的茶叶里，偶尔被成堆的茶叶包围，找寻出口的那份紧张和刺激，至今仍让我记忆犹新。那时的快乐简单而纯粹，就像外公做的茶，虽然过程复杂，但呈现出来的总是那么的纯净和真实。

　　外公用他的一生证明了什么是厚道。在茶行业里，他以诚信和品质赢得了尊重和信任。创业的岁月让我深刻理解到：成功绝非偶然，而是日积月累的诚信和努力的结果。外公虽然少言，但他的行为给了我最宝贵的启示——无论做人还是做事，厚道是根本。这份来自家族的财富，比任何物质财富都更让我珍视。

　　在我的生活轨迹中，茶似乎是一条永远绕不开的线。三舅，姜氏藏茶的第十四代传承人，自小就沉浸在茶叶的世界里，成为茶厂的灵魂人物。退休后，他最大的忧虑就是制茶技艺后继无人，这也成了他日夜思考的问题。而我，作为家族中的一员，虽然一开始并未将自己的未来与茶联系在一起，但终究没能逃脱这份"命中注定"的缘分。我从大学老师转型到科技企业家，一心扑在科研成果的转化上，从未想过有一天自己会投身于传统茶行业。但三舅的坚持，以及他和二舅、我妈妈联手对我的"软硬兼施"，让我开始重新审视这个选择。他们提出的"为国家保留好优秀的传统文化与技艺"，虽然听起来有些"高大上"，但不可否认，这的确触动了我。

初步的尝试，是将家里的茶送给身边的朋友们品鉴。我没有期待太多，只希望能得到一些真诚的反馈。然而，出乎意料的是，朋友们的反馈远比我想象中要积极。其中一位平日饮茶影响睡眠的朋友告诉我，她发现喝了我们家的茶后，不仅没有影响睡眠，反而睡得更加香甜。这样的反馈一次次地击中了我的心，让我开始认真考虑将这份家传的宝贝转化为可以分享给更多人的产品。

有的朋友说喝了我们的茶后身体舒适了，随着越来越多的正面反馈汇聚而来，这些声音如同一股温暖的春风，吹散了我心中的迷雾，坚定了我走向产业化道路的决心。那一刻，我明白了三舅一直在强调的不仅仅是传承，更是对家族、对这片土地深深的责任感。如果说制茶是一种艺术，那么将这份艺术传递给更多人，让人们得到身心的滋养，这便是我作为姜氏家族一员，新的使命。于是，我开始投身于市场调研，尝试理解不同消费者的需求和喜好，探索如何将传统茶文化以新的形式呈现给现代社会。我的旅程虽起于家族的期望，但最终目的是让更多人感受到姜氏藏茶的独特魅力，感受到中国传统文化的深厚底蕴。这条路，虽然充满挑战，但每一步都坚定而有力。

那段日子，我仿佛踏上了一条充满荆棘的道路，每一步都充满未知和挑战。我亲戚的茶厂，作为同为制茶世家兰氏家族第七代的承载，几乎承受了所有对传统茶业的厚望和责任。他身为矿业主，原本可以选择更为稳妥的道路，却因对茶的情怀，坚持走在这条充满艰辛的路上。他的彷徨和无助，在那个午后的谈话中，毫无保留地展现出来，他甚至提议我一起转战矿业，以寻找新的出路。然而，对我而言，茶不仅仅是生意，它更是一种文化，一种传承，也是一种对健康生活的追求。我鼓励他，咱们不仅要做茶，更要做好茶，这是一件积累福报、有益于可持续发展的善事。在这个基础上，我提出与他携手，相互鼓励，共同扶持，将这份珍贵的文化遗产传承下去。就这样，我不仅名义上，更是实际上踏入了茶行业的大门。

记得在公司的一次会议上，我满怀激情地说："我们的茶，将来是要位列名茶之中。因此，品质就是我们的生命，任何一点瑕疵，都可能万劫不复。"那场会议结束后，两名员工选择了离开，他们认为我不过是在痴人说梦，毕竟当时荥经的茶在市场上还未有任何名气。但我并没有因此而气馁。我深知，高品质的产品是赢得市场的基石。于是，我决定着手品牌建设，二舅以家中古老的宅院为灵感，创立了"川西姜家大院"品牌。这个名字不仅承载了我们家族的历史和记忆，更代表了我们对品质和文化的坚持。

"川西姜家大院"的茶，渐渐在茶友中传开了口碑，它们不仅仅是茶，更是一种文化的象征，一种对美好生活的向往。如今，依然有许多忠实的粉丝寻找着印有"川西姜家大院"标记的老茶，这成了我们最真切的骄傲和动力。从一开始的困难重重，到现在逐渐获得认可，每一步都见证了我们对品质的执着和对文化的热爱。这份旅程，虽然艰难，但每一次回首都充满了意义和价值。

2019年12月的那次京城推介会，对于"川西姜家大院"而言，无疑是一个历史性的时刻。正值"买川货·助脱贫——第二届四川扶贫标识产品暨特色优势农产品北京产销推介活动"，这个平台不仅为我们提供了展示的机会，也让"川西姜家大院"首次在京城这样的大舞台上亮相。在这次推介活动中，"川西姜家大院"的茶，获得了广泛好评。这一成绩，照亮了我前行的道路，也坚定了我返乡投资创业的决心。

我回到故乡，成立了四川姜氏茶业有限公司。同时，"川西姜家大院"也华丽转身为"姜氏古茶"，带着新时代传承人的使命，为乡村振兴和文化传承贡献力量。这不仅是对家族传统的继续，也是对未来的一份承诺，我们致力于将这份深藏四川深山的文化宝贝带给更多人，尤其是年轻一代。我在家谱和史料记载中，得知西藏布达拉宫、扎什伦布寺、哲蚌寺给姜家颁发的一块金字招牌——仁真杜吉。这块招牌不仅是家族荣耀的象征，更是一份重要的文化遗产。根据家中老人的说法，这块招牌可能被收藏在四川省博物馆中。因此，我希望能找到这块珍贵的招牌。后来，在相关人员的帮助下，经过十几天的努力，四川省博物馆答复称，在其数十万件藏品中，并未找到这块招牌。他们建议，既然这是西藏颁发的招牌，不妨到西藏自治区博物馆进行寻找。

就这样，寻根之旅的念头在我的心中生根发芽。对于我而言，这不仅仅是一次对家族历史的追寻，更是一次深入了解和传承文化的旅程。从京城到四川，再到西藏，这是一条连接过去与未来承载着家族记忆和文化使命的路。而我，作为新时代的传承人，正踏上这条道路，继续寻找、传承和发扬我们的珍贵文化遗产。

返乡创业，让我有机会深入地探索和理解姜家藏茶的历史文化，每一次的学习和交流都让我对祖先们肃然起敬。姜家的茶，不仅以其卓越的品质被誉为"古道明珠"，更承载着丰富的文化内涵，它是汉藏民族交流的纽带，是民族团结的桥梁。在历史的长河中，姜家的茶曾多次在汉藏之间的纠纷中扮演和事佬的角色，促进了不同民族之间的理解与和谐。

在那次翻找旧物的过程中，我无意间发现了一块珍贵的牌子，这是外公留给妈妈的遗物，牌子顶头上赫然写着"全安号"三个大字，那是外公的爷爷传予他的，也是代表着我们家族两百多年商业历史的商号。更加珍贵的是，这块牌子上用藏文刻着一行行富有深意的话语："姜家的茶是智慧与能量的象征，品质像金子一样恒久不变。"这句话对于我而言，不仅是对姜家茶质量的高度赞誉，更是对姜家数代人智慧和努力的肯定。它让我深刻地感受到，我们所承担的不仅是传承一门生意，更是继续传播一个有着深厚文化底蕴和历史意义的品牌。这块牌子，如同一盏明灯，照亮了我前行的道路，提醒我无论时代如何变迁，我们必须坚守那恒久不变的品质。如同金子一般，经得起时间的考验，闪耀着历史的光芒。这份责任和使命，激励我继续前进，在新的时代里，让姜家的茶散发出更加璀璨的光辉。

在翻阅家谱的过程中，我偶然间看到了一句描述，它如同一道光，照进了我的心灵深处："姜家大院经常会传来藏族同胞热情爽朗的笑声与锅庄……"这句话触动了我，激起了我对西藏深深的向往。我脑海中不断浮现出那些充满笑声和舞蹈的画面，仿佛已经置身其中，与他们一起分享那份快乐与无忧无虑。那一刻，我决定要亲自踏上西藏的土地，去体验和探索这份深厚的文化纽带。

我的第一次西藏之旅，心中充满了期待与不安。在这个关键时刻，我的合伙人，来自西南财大的金融学博士宋磊，推荐给我一个重要的人物——他导师的闺蜜刘萱。宋博士对萱姐的描述让我敬佩不已，她不仅两次援藏，更是毅然申请调藏，其为民族团结进步做出的贡献，让她荣获了国家授予的"全国民族团结进步模范"勋章，还被评为全国优秀共产党员，怀着一颗忐忑不安的心，我拨通了萱姐的电话，那时她正在外出差，并不在拉萨。尽管初次联系未能如愿以偿，但谁能想到，几年之后，她不仅成为我在西藏之行的重要引路人，更是我生命中重要的亦师亦友，一位难得的忘年交。

在联系萱姐的计划未能成行时，我转而寻求了另一位老乡的帮助——韩志宏先生。他曾在西藏工作多年，对于西藏有着深刻的了解和独特的情感。韩先生对我家族的历史文化有一定了解，得知我计划前往西藏寻根，他表示极大的鼓励与支持。他立刻帮我联系了拉萨方面的相关人员，确保我的西藏之旅能够顺利进行。就这样，借助韩先生的帮助，我的西藏寻根之旅得以成行。这次旅程不仅是一次对家族历史的探索，更是一次心灵的旅行，让我有机会深入了解那份穿越时空的文化纽带，体验与藏族同胞之间深厚的情感联系。这段经历，成为我一生中难忘的回忆，也为我未来的人生道路指明了方向。

到达拉萨的第二天，我便前往哲蚌寺。那天正值萨迦达瓦节，哲蚌寺内人潮涌动，热闹非凡。在人群中，我找到了一位懂古藏文的人，向他展示了祖传的古藏文牌子。他建议我寻找寺院中资历深的主持喇嘛，说他或许会知道些什么。按照指引，我上山又下山，反复三次，在一次次的徒劳和坚持中，我终于在主殿找到了主持。主持看到那块牌子后，表情中流露出了欣喜与怀念。他告诉我，很久以前哲蚌寺的厨房和库房里曾有大量仁真杜吉茶，那是制作酥油茶的上佳之选，但现在已经没有了。告别主持，步出哲蚌寺的主殿时，天空突然放晴，几滴雨水恰好落在我的脸上，瞬间洗净了一身的疲惫，我心中充满了无尽的感慨和新的力量。

为了更深入地探索仁真杜吉茶的踪迹，我与西藏自治区文物局文物处梁处长见面。梁处长，一个充满情怀的人，作为十八军进藏的后代，对西藏有着深厚的感情。了解了姜氏仁真杜吉茶的历史之后，他不仅向我赠送了布达拉宫的金文哈达，还深情地表示感谢，感谢我们家族为汉藏民族团结所做出的努力。那一刻，我感动得热泪盈眶。在他的帮助下，我们联系了西藏自治区博物馆和布达拉宫，却得知博物馆正在为庆祝西藏和平解放70周年闭馆装修，且由于藏品众多，寻找特定的金牌铜牌几乎是大海捞针。但梁处长并没有就此放弃，他带我参观了布达拉宫珍宝馆，那里收藏着许多珍贵文物。在参观过程中，他深情地对我说："如果你不坚持制作仁真杜吉茶，这门古老的技艺也将随之失传，西藏人民将再也无缘品尝到这份历史的馈赠。"这番话如同重锤敲击我的心灵，我深深地意识到，这不仅仅是对家族的一份承诺，更是对历史、对文化的一份责任，我必须将这份使命扛在肩上，让仁真杜吉的茶香再次飘荡在雪域高原之上。

2020年5月，成都这座城市见证了一个特殊而又难忘的时刻——姜氏古茶仁真杜吉的首次品鉴会。这不仅是一次简单的茶叶品鉴，更是姜氏家族三百年传承的文化与情感的集中展现。萱姐，作为特邀贵宾，她的到来为这次品鉴会增添了几分格外的期待。提前联系萱姐，希望她能为姜氏古茶赋诗一首，本是出于对她才华的敬仰。没承想，她不仅爽快地答应了，更是在品鉴会上带来了《姜氏古茶三章》。这首诗深情而震撼，让在场的每一位传承人心潮澎湃，泪水盈眶。萱姐用她的才华和情感，完美地诠释了姜氏古茶的历史沉淀与文化价值。这首诗后来还被西藏著名歌唱家桑姆谱成了歌曲，使得姜氏古茶的故事和精神得以在更广阔的舞台上流传，触动更多汉藏两地同胞的心。《姜氏古茶三章》不仅是对姜氏古茶历史和文化的赞颂，它更像是一首时代的颂歌，唤醒着每一个听众对于传统与创新，对于坚守与追求的深刻思考。它强调了对过去的尊重与怀念，同时也展望了未来的希望与梦想，寄托了对国家繁荣和家族兴旺的美好愿景。

在那个特别的下午，成都成为姜氏古茶故事的起点，一个文化传承与情感交流的平台，让每一位参与者都深深地感受到茶的温度，以及那份穿越时间与空间的连接。这次品鉴会和萱姐的《姜氏古茶三章》，无疑为姜氏家族，乃至整个茶文化的传承，注入了新的生命力和广阔的视野。

姜氏古茶三章

文 / 萱歌

一

你是日出的红晕，你是星辰的静谧，

你是南方丝绸之路上汉藏民族倔强的眼神与并不遥远的身躯，你是从天上降落的千年翠绿的雨滴。

二

千百年来，你在春天杀青，你用四季揉捻，经过风雨，经过寒冬，经过花儿盛开的峡谷，沿着崎岖的川藏古道，无数次翻越一座又一座雪山，用血与泪书写生命的疼痛与悲喜。

三

仁真杜吉，佛坐莲花，三百年传承，三百年光华。

你是祖辈灵魂深处历经沧桑的信念，你是中华茶叶的历史脉络。

如今，你又一次从荥经古老悠久的姜家大院出发

为了十五代人的执着坚守

为了新时代的呼唤

为了我们共同的梦想

——裕国兴家!

在那次品鉴会上,除了萱姐的诗歌赋予了姜氏古茶深远的文化内涵,会场还汇聚了众多茶行业的专家和爱茶人士。

西藏,这片神秘而又神圣的土地,以其独特的魅力深深吸引着我们。正如萱姐所言,一旦踏入这片土地,心便再难平静,似乎每个人的内心都被西藏深深地触动着。我在寻根的名义下,频繁地往返于这片雪域高原,一次又一次地讲述着姜氏古茶仁真杜吉的故事,与许多藏族朋友结下了不解之缘。

与萱姐共度的那一年,是我最快意人生的一年,她说是西藏把我打开了。她是我的人生导师,前进道路上的明灯,也是姜氏古茶文化宣传大使,她的生命力是如此旺盛,她的存在仿佛是一股源源不断的能量,激励着我不断向前。作为西藏雪域萱歌的创始人,她用自己的智慧和才华,编织着属于这片土地的不朽诗歌。我们的友情,如同西藏的山川一样深厚而宽广。我们时而沉浸在诗词歌赋的美妙世界,时而畅饮高歌,享受着彼此间的陪伴和理解。萱姐为我们这段特殊的友谊赋予了诗歌的美好,她所写的《初见》中那句"一杯酒醉到一个消失的世界……"让我终生难忘,在那些诗酒为伴的日子里,无论是白酒、红酒还是啤酒,我都毫无保留地献给了西藏,献给了这段难忘的经历。萱姐豪迈的一句"我干了,你随意!"不仅成为我们交流中的一个小小的趣话,也逐渐成了我的生活态度。在西藏,每一次相遇和离别,每一次饮酒和歌唱,都不仅仅是简单的生活片段,它们构成了我生命中最宝贵的记忆。

初见

文 / 萱歌

初见的时候

我是你飘过的细雨

在想像的云中停留

纯净的湖水荡起胸中的恍惚

忽明忽灭的梦里

太阳被吹得金黄

一杯酒醉到一个消失的世界

鸟群飞入黄昏

寒风摇动着最后的夕阳

你的笑容越来越近

越来越明亮

眼眸深处

落满雪花的苍茫

仿佛有一个似曾相识的归途

我不忍走近

……

在那个充满了茶香与友情的午后，几位茶友聚集在余梅老师的慈颂空间，这里不仅是品茶的圣地，也是心灵交流的港湾。空间里弥漫着淡淡的茶香，每一缕茶气似乎都在讲述着不同的故事，营造出一种宁静而温馨的氛围。时任西藏自治区政府副秘书长的旦增伦珠在那天的聚会上，给我们讲起了姜氏古茶仁真杜吉对西藏人民的影响力，他说，在西藏民间流传着这样一句谚语："如果你没有喝到仁真杜吉，就说明你的福报还没有到。"这句话让我深感震撼，我从未想到，一款茶叶能拥有如此深远的文化影响力和情感链接。仁真杜吉不仅是一种饮品，更是西藏人民心中的一份精神寄托，一种对美好生活的期盼。

再有一次，我们几位朋友聚餐，分享美食与茶的双重盛宴。聚会结束后，一位先生走过来，自我介绍说他是来自林芝的旦增，询问我是否可以将小茶罐里剩下的两枚茶饼赠给他。他的请求让我感到有些意外，直到他分享了背后的故事，我才真正理解了他的用意。他说，在他家里曾有用兽皮包裹的仁真杜吉茶，这些茶砖外包着竹木黄棉纸，不仅是珍贵的饮品，更是家族传承的象征。他回忆，煮完酥油茶后，用那棉纸轻轻擦拭奶锅，锅底便会变得非常干净，这个细节让他至今难忘。

这些经历，如同一道道光，照亮了我对西藏、对仁真杜吉茶的理解。在这片神奇的土地上，小小的茶叶承载着丰富的文化意义和深厚的情感价值，它不仅仅是一种物质的享受，更是一种精神的滋养，一种文化的传承。每一次品茶、每一段故事，都让我更加深刻地感受到了西藏的魅力，以及仁真杜吉在藏族同胞心中不可替代的地位。

2020年8月，正值雪顿节，这是西藏最为盛大的节日之一，也是仁真杜吉回归西藏的日子。拉萨洲际酒店的大厅里灯光璀璨，空气中弥漫着阵阵茶香。原计划40个座位的茶席，最终却迎来了70多位热情的参与者，这场活动的吸引力远远超出了我们的预期。在活动上，我展示了一块祖传的古藏文牌子，这块牌子不仅是姜氏家族的宝贵文物，更是连接过去与未来的桥梁。我向在场的每一位嘉宾发出请求，希望他们能协助我找寻有关仁真杜吉的更多线索，以便更好地传承和推广这一非物质文化遗产。我的请求得到了热烈的响应。西藏自治区档案馆的天明馆长，联系了茶马古道上的档案专家，希望能从历史文献的角度为仁真杜吉的寻根之旅提供线索。西藏自治区文物局文物处梁处长帮我联系了布达拉宫管理处研究专家，并且提供了一条重要线索，他在布达拉宫管理处工作时，似乎见过与仁真杜吉茶相关的史料或文物。

这次品鉴会不仅仅是一次茶文化的交流，每一位参与者，无论是主动提供帮助的专家还是热情参与的茶友们，都成为这场文化传承之旅重要的一部分。仁真杜吉茶的故事，再次在雪域高原上展开了新的篇章。而所有这些，都将成为我们共同记忆中最宝贵的财富。

在雪顿节这个西藏文化中充满喜庆与团聚的日子，拉萨这座城市充满了独特的节日气氛。在这样一个特别的时刻，我、萱姐和桑姆老师在拉萨的一间温馨的甜茶馆中相聚，共同享受着这座城市的宁静与美好。那天阳光明媚，甜茶馆里弥漫着甜茶与藏面的香气，当我们正在品尝着仁真杜吉茶时，位老同志走进了我们的视线。他彬彬有礼地询问是否可以加入我们，一起品尝这杯茶。我们自然是热情地欢迎他，没想到这一邀请，竟然带来了意想不到的惊喜。随后，他的几位朋友——西藏大学的教授们也加入了我们，这个小小的茶桌围坐着各具智慧与故事的人们，聊天声、笑声充盈在这间小小的茶馆里。我分享了关于姜氏古茶的历史，当提及西藏邦达昌是姜家最大的经销商时，那位老同志眼中闪烁的光芒和急切的动作，透露出一个令人惊喜的身份——他是邦达昌的后人。他从书包中取出一堆茶，其中蕴含着许多故事和历史。我邀请他们一同品尝仁真杜吉茶，他们非常高兴，而且还向我们讲述了很多关于拉萨乃至西藏的历史。这位贡扎曲旺老先生，邦达昌的第五代传人，他的话语充满了鼓励和期望："传承和弘扬中华文化这条路不容易，一定要坚持下去。"他表达了对家族过往马帮贸易历史的自豪，同时也流露出一丝遗憾，因为他们家族已经没有人继续从事这项传统的工作。这次偶遇，不仅仅是一次简单的茶叙，它是文化、历史与现代生活交汇的奇妙瞬间。我们在品尝着茶的同时，也在相互分享着各自的故事和智慧，这些交流让我们更加深刻地理解了文化传承的重要性和价值。对我而言，这不仅是一次难忘的经历，也是一次深刻的启示，激励我继续在仁真杜吉茶的寻根之路上坚定前行。

雪顿节期间的西藏，不仅弥漫着节日的喜悦，还充满了神秘与神圣。在这样一个特殊的日子，我有幸见到了藏传佛教中的两位重要活佛——帕洛活佛和热振活佛。六世帕洛活佛，他不仅在音乐、绘画、书法等领域造诣深厚，更是藏传佛教直贡噶举派"米拉日巴道歌"的第四十二代传人。能够亲耳聆听他吟唱道歌，那种直达心灵深处的声音，让人震撼，仿佛能洗涤心灵的尘埃，让人在这一刻达到了一种超脱的境界。对于仁真杜吉茶，帕洛活佛并不陌生，他认为这是一款充满能量的茶，能够在精神上给人带来正面的影响。他的赞赏和支持，对于仁真杜吉茶的推广具有无法估量的价值。他主动表示愿意帮助推介这一茶品，这对我们来说是莫大的荣幸。

而与七世热振活佛的第一次见面，则是在成都杜甫草堂的一间茶室，这位活佛对茶有着深厚的爱好。我向他介绍了仁真杜吉茶的历史文化，并邀请他到姜家大院考察。没想到，他欣然接受了邀请，表示将于次日就来访。热振活佛的到访，对姜家大院来说是一次非凡的荣耀。他与姜氏家族的两代传承人进行了深入的交流。我表哥姜世民，尽管双目失明，但当他紧紧握住热振活佛的手时，激动地表示他能感受到面前有一尊庄严的佛像。这一刻，不仅仅是肉眼所能看到的交流，更是心灵与心灵之间的深刻感应。

也许是上天的眷顾，2021年3月，刚过完年，我在北京接到梁处长的电话，他的声音透过电话线传来，带着难掩的兴奋："我有个好消息告诉你，经过布达拉宫文物专家几个月的努力，我们找到了仁真杜吉茶，一共两块，至少上百年的历史。你知道，布达拉宫的馆藏文物数不胜数，能够发现这样的民俗文物实属不易。"我当时几乎无法相信自己的耳朵，心中的激动让我几乎语无伦次，只能反复地说："太好了，太好了！"梁处长的建议像一把钥匙，打开了我心中的宝藏。他邀请我有空去看看这份难得的发现，我答应了，心想着等到六七月份，等气候更为宜人时，我会踏上这段令人激动的旅程。

一周后，我与萱姐及她的闺蜜王淑，在北京重逢。我们围坐一处，煮着仁真杜吉，我兴奋地分享着布达拉宫文物专家找到上百年历史的仁真杜吉茶的消息。萱姐听后，感慨道："这两年的努力终于有了回报。"她询问我计划何时前往布达拉宫，我告诉她打算在六七月份去。然而，王淑姐突然严肃地批评了我，说我应该即刻启程……这种直接而坦率的方式虽让我一时有些难以接受，但我深知这是真朋友的珍贵——她们总能在我迷茫时指出方向，在我犹豫时给予推动。王淑姐要求我立刻行动起来，制定方案，撰写申请，必须在下个月就启动"布达拉宫仁真杜吉寻根"活动。正是因为有了这样一群真诚而又直接的朋友，我才能在人生的路上越走越远，越走越稳。在王淑姐和萱姐的帮助下，我们夜以继日地准备着寻根活动和纪念册《茶源续传承，情亲千里近》。每一个细节，每一份材料，我们都精心打磨，只为了这次寻根之旅能够顺利而意义非凡。她们的付出让我深刻感受到友情的力量和珍贵。

最终，在所有准备就绪后，我们启程了。带着对历史的敬畏，对文化的尊重，以及对友情的感激，踏上了寻找仁真杜吉的旅程。这一路上，不仅是对仁真杜吉茶历史的探索，更是一次深刻的自我发现之旅，每一步都凝聚着我们对这份文化传承的热爱和对未来的无限憧憬。

2021年4月，布达拉宫贝叶经馆举办了"见证历史携手共进——非遗藏茶姜氏古茶'仁真杜吉'寻根交流会"。这不仅是一次简单的交流会，而是一次深刻的文化寻根和历史见证，吸引了西藏自治区文物局、布达拉宫管理处、荥经县的领导，以及众多文化、历史、茶文化爱好者共同参与，见证这一刻的到来。布达拉宫管理处在活动安排中的寄语，仿佛是时间的回声，激荡人心："千里寻根，回望沧桑历史，布达拉宫现存上百年历史的藏茶明珠'仁真杜吉'，见证了在千年川藏茶马古道上，汉藏民族交往交流交融血浓于水的珍贵历史。"这段话不仅仅折射出一段历史，更昭示了一个时代的变迁和中华民族共同体意识的深刻内涵。活动的高潮部分是百年仁真杜吉文物茶的揭幕仪式。这两块上百年历史的仁真杜吉，被精心地放置在藏式实木托盘里，用红布遮盖，等待着揭幕的那一刻。我与西藏自治区文物局刘局长、布达拉宫管理处格桑书记一起步上前台，共同揭开这层红布。当红布缓缓揭开的瞬间，仿佛也揭开了时间的尘埃，展现在我们眼前的，是用竹木黄纸包裹着的仁真杜吉。我轻轻地揭开了黄纸的一角，黑褐色的茶砖呈现出来，其整块茶砖的细腻程度令人惊叹，它不仅是高品质藏茶的象征，更是千年茶文化、茶马古道精神的传承。这一刻，仿佛时间在此凝固，让人深刻感受到那份跨越时空的联结和传承。此次活动不仅是对仁真杜吉茶文化的致敬，更是对汉藏民族团结历史的再现和对未来的展望。它标志着传承了十五代的非遗藏茶"仁真杜吉"将继续继承和弘扬姜氏古茶"裕国兴家"的精神和茶马古道的精神，为促进各民族交往交流交融、铸牢中华民族共同体意识，为建设社会主义新西藏做出新的、更大的贡献。这是一次携手共进的开始，是对过去的致敬，更是对未来的期待与承诺。

在这个充满历史意义的揭幕仪式上，布达拉宫管理处的觉单处长与我之间发生的一段对话，成为一个温馨而又有深意的插曲。觉单处长开玩笑似的提问——我作为姜氏古茶第十五代传承人为何姓万——引出了我对于传承的深思。我回答道："如果仅仅是家族血脉的继承，那确实轮不到我这样一个外孙女。但传承不是继承，它是对中华优秀文化的传承，是对千年茶马古道精神的传承。传承的，是一份责任，一份使命，更是一种文化力量。"觉单处长听后，转头向周围的人说："你们也可以去学习制茶，成为传承人。"这句话不仅仅是对制茶技艺的推广，更是对文化传承可能性的开拓。它启发我们，每个人都可以是文化的传承者，每个人的努力都能为文化的传递做出贡献。这一刻，我心中有了一个更大的愿景：如果我们能将仁真杜吉茶的制作技艺传授给藏族同胞，利用西藏墨脱、林芝、易贡等地的高品质茶叶，进行就地制作和销售，那么不仅能够保留和传承这一非物质文化遗产，还能带动当地的经济发展，提供就业机会，助力新西藏的建设。通过这次交流会和揭幕仪式，我们不仅见证了历史，更是开启了一段新的旅程，向着将文化传承和经济发展相结合的目标迈进。这是一次心灵的触动，也是对未来的期许，让我们携手共进，在新时代的征程上书写更加辉煌的篇章。

在此次深具意义的交流中，我向格桑书记提出了关于仁真杜吉茶为何珍藏于布达拉宫百年之久的疑问。格桑书记的回答既是一个历史的缩影，也是对文化价值深刻的认知。他解释说，布达拉宫所收藏的茶叶在过去确实是经过层层筛选的，只有极品的茶叶才有资格被珍藏于宫中，而大部分则分发至各大寺庙。仁真杜吉茶之所以能被保存百年，正是因为它的卓越品质和深厚的文化价值。格桑书记指出，这些珍藏的茶叶不仅是物质的传承，更是汉藏民族交往交流的历史见证，它们在新时代的意义远远超出了茶叶本身，成为铸牢中华民族共同体意识的重要纽带。这一点启发我们，仁真杜吉茶的价值不仅在于其作为一种饮料的品质，更在于它所承载的深厚文化意义和民族团结的象征。受此启发，我们与布达拉宫管理处达成了一项战略合作协议，旨在共同挖掘和整理仁真杜吉茶文化，进一步推广其深远的文化价值。此外，我们还计划开发联名款系列产品，以现代的方式继承和发扬仁真杜吉茶的传统精髓。这不仅是对仁真杜吉茶文化的一种保护和传承，也是为了让更多人了解和认识这一独特文化，促进文化多样性的传播与交流。

签约仪式在贝叶经馆举行，布达拉宫全体管理层共同参与了这一历史时刻。这不仅是一份协议的签署，更是一个新篇章的开启——通过合作与共同努力，我们将携手将仁真杜吉茶的优秀文化传递给未来，让它在新时代焕发新的光彩，为促进民族团结、传承中华优秀文化做出新的更大贡献。

与布达拉宫共同开发联名款产品的日子，我常驻西藏。2021年，正值中国共产党成立100周年和西藏和平解放70周年，姜氏古茶作为高品质藏茶的代表及汉藏民族团结的象征，成为庆典活动的指定用茶。

2021年5月，四川国际茶博会在成都盛大举行，吸引了无数茶文化爱好者的目光。在这一重要的茶文化盛会上，姜氏古茶携手布达拉宫，首次向公众展示了寻根纪念款茶，现场煮上仁真杜吉茶，其独有的茶香立即四溢开来，那沁人心脾的茶香吸引了众多参观者驻足品尝。五世温根活佛亲临现场，为这次寻根纪念款茶进行祈福开光，其神圣的仪式为活动增添了一份庄严和神秘，让参与的每一个人都深深感受到了藏茶文化的深厚底蕴和独特魅力。其中，包括享有"茶院士"之誉的专家刘仲华。当他踏入我们的展馆，并被仁真杜吉茶独特的香气吸引时，他好奇地询问这是什么茶。在品尝了我们的藏茶后，他留下了"这茶很好，很干净"的评价。当时我对这样的评价感到困惑，直到三舅告诉我，对于黑茶而言，"干净"是最高的赞誉之一，它意味着在整个茶叶的采摘、加工、陈化过程中，保持了极致的纯净和无污染，这使我感到无比的骄傲和荣幸。茶博会期间，我们还荣幸地接待了四川茶业集团的颜董事长及其领导班子。作为四川茶业的领头羊，颜董事长的到访不仅是对我们的极大鼓励，更是对姜氏古茶深厚文化底蕴的认可。他的鼓励让我们深感责任重大，"你能做别人做不到的事，一定要坚持下去。"

这次茶博会不仅是姜氏古茶的一次展示，更是我们文化传承之路上的一次重要里程碑。我们很幸运，在明确了使命，选择了正确方向之后，能够收获如此多的正面反馈和支持，这些都极大地增强了我们的信心和决心。未来，我们将继续秉承姜氏古茶的传统精神，不断探索和创新，让更多人了解和喜爱这一独特的茶文化，为中华茶文化的传承与发展贡献自己的力量。

2021年9月，布达拉宫管理处的考察团在格桑书记的带领下莅临姜家大院进行

279

了深入的考察交流。他们，作为文物保护的专家，对六百年历史悠久的明清古宅的妥善保护和姜氏古茶三百年十五代人的坚守与传承给予了高度赞赏，并就古宅的保护与利用提出了宝贵的建议。参观了布达拉宫藏茶古法生产基地，目睹了仁真杜吉茶加工过程的考察团成员们，深切感受到这杯承载着民族团结精神的茶来之不易。考察团与姜氏茶业共同签字颁发了一块寓意深远的牌匾"茶源续传承，情亲千里近"，彰显了姜氏古茶对文化传承的不懈追求和对民族团结的深刻理解。

在姜氏茶业团队和布达拉宫文创公司的共同努力下，联名款产品迅速面市。产品设计以布达拉宫红宫的颜色为基调，融合了汉藏文化的设计元素，展现了深厚的文化底蕴和现代审美的完美结合。这两款产品通过在双流机场、春熙路、天府广场等地的大型广告牌推介，迅速成为雅安藏茶的高端代表，引起了广泛关注。

姜氏古茶与布达拉宫的联名款产品取得了成功，获得了消费者的一致好评。这不仅为双方的合作奠定了坚实的基础，也为未来进一步开发更多产品提供了无限的可能。

在开发产品的过程中，需要多次与布达拉宫沟通汇报，我和邬婷在布达拉宫里面的时间越来越多，每一处建筑、每一块石砖都见证着我们的执着。为了更加深入地了解布达拉宫的历史与文化，我们踏进了神秘而庄严的布达拉宫地宫。在那里，我们深切地感受到了布达拉宫作为世界上独一无二、依山而建的千年宫殿的雄伟与神圣，同时也是世界物质文化遗产和非物质文化遗产的重要体现。地宫的结构展示了先人们非凡的智慧和科学的建筑理念，令人叹为观止。我们还参观了曾经用来储存仁真杜吉茶的仓库。这个约6米高、500平方米大的空间，曾经堆满了珍贵的藏茶，令人惊叹不已。站在这样一个充满历史气息的地方，可以想象当年仁真杜吉茶在此码放的壮观景象，如同穿越时空的对话，让人肃然起敬。

在新冠疫情席卷全球、企业面临前所未有压力的艰难时刻，我的家人伸出了援手，希望通过他们多年珍藏的宝贝帮助我渡过难关。老爸将他几十年如一日收藏的邮票和纪念币拿了出来，这些见证了历史变迁的珍品，每一枚都承载着特定时代的记忆和情感。而老妈则小心翼翼地拿出了一个古老的首饰盒，是她从外婆那里传承下来的嫁妆，盒子里装满了用珍珠、玛瑙、琥珀、珊瑚、绿松等各种宝石镶嵌而成的藏族饰品，每一件都是艺术与历史的结晶。特别引人注目的是一件用东印度公司1840年发行的货币制成的首饰挂件，这件具有深远历史的物件不仅印证了其年代久远，更是鸦片战争前后英国企图向西藏倾销印度茶，以此控制我国边疆地区历史的见证。在那一刻，我深受触动，我意识到这些不仅仅是家族的财富，更是国家文化遗产的一部分，它们应该被更多人所了解。因此，我决定将这批具有特殊历史含义的文物捐献给荥经县博物馆，让它们在"丝路茶马，古道传奇"场馆中展出，与公众分享这一段段儿乎被遗忘的历史。这些文物的展出，不仅丰富了人们对茶马互市、茶土贸易历史的认识，也成为我们民族文化自信的有力证明。

当老妈得知这件事后，她满含深情地表扬了我的决定，她说我展现出了非凡的大局意识，不仅保留了家族记忆，更是为传承和弘扬我国的优秀文化做出了贡献。现在，这批珍贵的文物已经被送往布达拉宫，将在珍宝馆的茶马古道主题展区长期展出，让更多的人能够近距离感受到那段辉煌历史的魅力，理解茶马古道不仅仅是一条商贸之路，更是一条经济、文化、民族交融的生命线。这一切的努力，都是为了让这段珍贵的历史永久传承下去，成为连接过去与未来的桥梁。

在荥经县委、县政府和县博物馆的鼎力支持下，2022年4月，姜氏茶业启动了一项意义非凡的项目——姜家大院的修复与打造。这座位于四川省雅安市荥经县的古宅，不仅是全国重点文物保护单位，更是茶马古道公兴店的原址，占地面积达1800平方米，是一座保存相当完好的明清民居豪宅。姜家大院的历史可以追溯到明朝中期，其坐北朝南的布局，"七星抱月式"设计，充分展现了明清豪宅的风范。院落内现存有三个天井和一个龙门，这些天井紧密相连，形成了一个既封闭又独立的建筑群体，通过一道大门连接内外，既保证了私密性，也体现了当时建筑的精巧设计。姜家大院的建筑美在于它的穿斗木结构，这种结构简单而明确，凸显了建筑师巧夺天工的设计理念。而门窗、屋脊及柱墩上的雕工更是精美绝伦，浓缩了荥经地区边茶富商的文化修养和对生活的热爱。这些建筑细节不仅展示了工匠们的精湛技艺，更体现了古人对于家居环境的精神追求，如"正堂宽敞出贵人，堂屋有量不出灾"的哲学思想。姜家大院不仅是一处建筑艺术的珍宝，其背后更承载着浓厚的文化内涵和历史价值。曾经，这里是享誉西藏两百多年的仁真杜吉茶的发源地，在其辉煌时期，荥经县城共有八个姜家人院，十一个商号（公兴号，裕兴号，华兴号，全安号，全隆号，全安隆，上义顺，下义顺，全顺号，蔚兴生，蔚生号），见证了姜氏古茶的辉煌。

今天，作为姜氏古茶的传承人，我们秉承"让文物活起来"的指示精神，致力于将姜家大院打造成一个充满文化品位的中华茶文化体验空间。我们希望通过这一努力，让更多人走进姜家大院，不仅能够欣赏到古代建筑的美，体验传统茶文化的魅力，更能切身感受到那段历史的厚重，传承和弘扬中华优秀传统文化。

2022年6月端午节前夕，我接到一个重要任务，荥经县创办天府旅游名县，将会在荥经县博物馆颛顼广场举办盛大的文化活动，姜氏古茶作为博物馆"丝路茶马，古道传奇"的重要呈现，需要演绎一场"博物馆奇妙夜"的穿越剧，让来到荥经的游客拥有一次独一无二的文化体验。姜氏古茶的团队迅速行动起来，决定将姜家历史上真实发生的故事作为舞台剧的创作原型，以此向观众展现一段生动的历史旅程。舞台剧的背景设定在鸦片战争时期，那是一个清政府耗费巨资打仗并支付赔款的时代，社会动荡不安，人民生活负担沉重，姜家的茶业也因此遭受重创。剧中，姜家面临着前所未有的危机：茶园荒废，商路不畅，甚至家中也时常遭受劫掠，家族积蓄耗尽，负债累累。在社会秩序逐渐恢复之际，姜家的家长姜先兆站出来，肩负起重振家族事业的重任。他根据家族成员的特点，决定派遣大儿子永昌和侄子永吉前往西藏协商债务解决方案。两人踏上了一段充满艰辛的川藏之旅，用双脚丈量这条被称为"天路"的茶马古道，历经千辛万苦，最终赢得了藏人的信任和支持，为姜家赢得了重生的机会。这场舞台剧不仅讲述了一段关于坚守与重生的故事，更深刻体现了姜家先祖坚守诚信、勇于担当的精神。作为剧中姜先兆的扮演者，我在专业话剧导师的指导下，深入体会到了先祖们在困境中不失信念，勇往直前的勇气。演出过程中，我用松香粘贴胡须，演完后撕除胡须的痛苦，仿佛也成了体验先辈坚毅精神的一部分。这段经历让我深刻理解到，无论在历史还是现实中，取得成就的背后总是伴随着艰辛与付出。正如外公所言："要想人前显贵，必在人后受罪。"只有肩负起重任，才能赢得他人的尊重。

通过这场"博物馆奇妙夜"的穿越剧，我们不仅向观众展示了姜家丰富的历史文化，更传递了一种跨越时空的精神力量：那就是无论遇到多大的困难，只要坚守信念，勇于面对，就一定能够迎难而上，开创美好的未来。

在天府旅游名县活动取得圆满成功之际，雅安市委书记李酂同志亲临姜家大院进行考察指导，他对荥经深厚的历史文化底蕴进行了高度概括与赞扬，将之总结为"六古"，即古寺、古树、古董、古道、古院、古茶。这不仅是对荥经文化价值的肯定，也是对姜氏古茶及其传承人的巨大鼓励。李书记的言辞中充满了期望，他勉励姜氏古茶的传承人们继续坚持文化与技艺的传承，并强调了对姜家大院这一全国重点文物保护单位的保护与利用，让文物真正"活起来"。

在博物馆中，孙明经先生拍摄的关于茶马古道的老照片令人印象深刻。孙明经，作为中国电影界的奠基人，他的作品不仅记录了历史，更是见证了时代与文化的交融。有幸在北京拜访了他耄耋之年的哲嗣——孙建三老先生。尽管年事已高，孙叔叔仍然精神抖擞，他那矍铄的目光中仿佛蕴含着无尽的故事与智慧。在与他的交谈中，我被茶马古道的厚重历史所震撼，这条古老的商道见证了汉藏文化的交往、交流、交融，更见证了姜氏家族在历史长河中的卓越贡献。孙叔叔向我讲述茶马古道的由来，听完他的讲述，我知道了茶马古道原是茶马贾道，姜氏家族曾经参与茶税救国。他说我是孙明经先生照片里拍摄过的人，说我是真正的茶家子。他的话让我感受到了一种责任和使命。当他表示愿意将孙明经先生拍摄的茶马古道相关照片交给我时，我深感荣幸和振奋。这不仅是对我个人的极大信任，更是对姜氏家族历史责任和文化使命的认可。我深知，这些珍贵的照片在我的手中不仅是历史的见证，更是一个强有力的媒介，能够促进汉藏民族团结，为中华民族的繁荣和发展做出更大贡献。得到孙叔叔如此重要的信任与支持，我更加坚定了将姜氏古茶文化发扬光大的决心，同时也让我意识到，作为传承人，我们有责任将这段珍贵的历史和文化传递给下一代，让更多的人了解和珍视这一跨越时空的文化遗产。

2022年8月，我荣幸地被评为中华地理标志优秀文化公益传承人，这不仅是对个人努力的认可，更是对姜氏家族三百年来文化传承的高度肯定。在中华社会文化发展基金会的颁奖典礼上，丁耀秘书长将证书交到我的手中，他的话语充满了赞赏和鼓励，称赞我们家族能够历经三百年十五代的风雨变迁，至今仍保留着如此丰富的文物遗产，确实堪称一大奇迹。地标办李涛主任则从更广阔的视角，向我们阐释了弘扬地标文化的深远意义。他指出，地理标志不仅是一个地区文化和产品质量的标识，更是全球范围内通用的文化语言。了解和研究全球地标文化的起源与发展，是推动中华地理标志文化产品走向世界的关键。在李主任的指导和启发下，姜氏茶业开始着眼于国际市场，按照国际标准逐步建立和完善企业标准与团体标准，成功获得了GAP认证、HACCP认证和欧盟有机认证等多项国际一流的认证，同时也积极开展茶叶衍生品的研发和技术储备。

得益于这一系列的努力和成绩，姜家大院被全面提升和打造成为中华地理标志优秀文化的国际交流中心及爱国主义教育培训基地。这里不仅成为展示中华茶文化魅力的窗口，也成为连接中国与世界文化交流的一座桥梁。各个年龄层的学习考察团络绎不绝，从幼儿园小朋友到高中生，从普通老百姓到院士，纷纷来到这里，深入体验和学习中华茶文化的精髓。

姜家大院不仅为参观者提供了一个亲身体验中华茶文化的平台，更重要的是，它成为传承和弘扬中国传统文化、促进文化自信的重要场所。在这里，每一位参观者都能感受到中国茶文化的深厚底蕴和独特魅力，激发起对中华优秀传统文化的热爱和自豪感。姜家大院的每一砖每一瓦，都诉说着中华民族坚韧不拔、勇往直前的精神，引领着每一位走进这里的人，一同走向更加辉煌的未来。

2022年11月20日上午，四川荥经姜家大院内人潮涌动，欢声笑语充满着整个空间，标志着姜氏古茶旗舰店暨中华地理标志优秀传统文化国际交流中心的盛大开幕。这一天，不仅是姜氏古茶迈向新时代的开始，更是中华优秀传统文化传承与国际交流的一件文化盛事。开幕式上，来自商务部、西藏自治区、雅安市文旅局、雅安市驻京办、荥经县各级政府的领导，以及学术界的专家学者、企业界的杰出代表等近50位嘉宾齐聚一堂，共同见证了这一时刻。其中，最重量级的嘉宾是西南民族大学博士生导师格勒教授，作为新中国第一位人类学博士、第一位藏族博士，格勒教授不仅是人类学研究领域的权威，也是茶马古道研究的专家。他的到来，无疑为开幕式增添了极高的学术价值和深刻的文化意义。格勒教授在会上发表了热情洋溢的讲话，他高度评价了姜氏古茶在茶马古道沿线为促进民族团结、保障边疆稳定所做出的杰出贡献，并寄予厚望，希望姜氏古茶在继续振兴民族品牌的同时，能够持续服务于民族团结的伟大事业，助力藏族同胞的幸福生活。他的话语充满了对姜氏古茶未来发展的期待和对中华优秀传统文化传承的坚定信心。

在格勒教授的倡议下，一支由汉藏两地的茶马古道研究专家组成的课题组应运而生，开启了姜氏藏茶与布达拉宫传奇故事的专题研究。这一研究项目不仅是对姜氏古茶历史文化价值的深入挖掘，也是对茶马古道这一重要文化遗产研究的重大贡献。

开幕式的成功举办，标志着姜家大院正式步入了一个新的发展阶段，它不仅将继续作为姜氏古茶的旗舰展示窗口，更将成为中华地理标志优秀传统文化的国际交流中心，为促进世界各民族文化的相互理解和尊重，推动人类文明的进步与和谐发展贡献力量。

2023年3月，春风和煦，万物复苏之际，北京外交人员服务局组织了一场别开生面的春季茶话会。在这个充满文化氛围的活动中，姜氏古茶应邀参加，成为当日的文化使者。我和同事邬婷受邀共同分享了我们对茶文化、茶艺茶道，以及健康饮茶的知识。这次茶话会不仅是一场简单的交流活动，更是一个文化的盛宴。我们向在场的外交人员细致地介绍了姜氏古茶的丰富历史和文化背景，讲述了从采摘到制茶再到品鉴的每一个细节，以及这一过程中所蕴含的深厚文化意义和对品质的坚持。通过生动的叙述和精心准备的茶艺表演，我们向外交官们展示了中华茶文化的博大精深和独特魅力。外交人员对姜氏古茶的产品及其背后悠久的历史文化表现出了浓厚的兴趣和高度的赞赏。他们认为，姜氏古茶不仅仅是茶叶，它所承载的文化价值和精神内涵，在国际文化交流中也有较为重要的意义。这次活动架起了一座文化交流的桥梁，让各国外交官深刻感受到了中华茶文化的魅力，也为姜氏古茶赢得了认可和尊重。更加意义深远的是，这次茶话会悄然间埋下了外交定制使节茶的种子。通过与外交官的交流，我们意识到将中华茶文化通过姜氏古茶的独特方式推向世界的可能性，未来通过定制化的使节茶，为不同国家的外交使节提供具有特殊文化意义和高品质的茶叶，不仅能够进一步展现中华茶文化的独特魅力，还能够作为一种文化的使者，促进不同国家和文化之间的相互理解和尊重，推动全球文化的交流与融合。

2023年5月1日，是姜家大院一个值得铭记的日子，四川省委书记莅临姜家大院进行考察指导。王书记非常重视对文化遗产的保护与利用，特别强调了文物古迹在传承和发展中的重要性。通过现代的传播方式，让更多人了解和感受到中华茶文化的独特魅力和深远意义。王书记还特别指出，要紧密结合当前市场的需求，研究并推出满足广大消费者多元化口味需求的产品，创新茶叶产品，以满足不同消费者的偏好，尤其是年轻一代的口味需求。受王书记的指导和启发，我们后来创立了姜氏调茶社。这一全新的尝试不仅传承了姜氏古茶的传统精髓，同时也融入了现代创新元素，通过精心的茶叶拼配，推出了一系列既符合传统品质义迎合现代口味的茶饮产品。姜氏调茶社很快就受到了年轻人的广泛欢迎和喜爱，成为连接传统与现代，传承与创新的文化桥梁。

2023年5月18日，北京联合国大楼内充满了庄严而喜庆的氛围，为庆祝"国际茶日"，联合国粮农组织与联合国邮政管理局共同主办了一场特别的邮票预发行活动。这不仅是对茶文化的全球性庆祝，更是对茶叶可持续发展重要性的国际认可。姜氏古茶，作为中国高品质茶叶的代表，荣幸受邀参与其中，并在品茶环节中担当重要角色，向来自世界各地的嘉宾展示了中国茶文化的深邃与魅力。文康农（Carlos Watson）先生，作为联合国粮农组织驻中国和朝鲜代表，在活动中发表了意义深远的致辞。他强调，"国际茶日"的庆祝活动不仅促进了茶叶的可持续生产、消费和贸易，而且为确保茶产业在减少极端贫困、抗击饥饿和保护自然资源方面的作用提供了一个全球性的合作平台。这份致辞，不仅展现了国际社会对茶文化价值的高度认可，更强调了茶叶产业对全球可持续发展的贡献。来自中国农业农村部国际合作司的倪洪兴一级巡视员也发表了热情洋溢的讲话，表达了中国作为茶叶生产和消费大国愿意分享茶文化、茶产业发展经验，为全球茶产业健康发展贡献中国智慧和中国力量的坚定立场。这份来自东道国的承诺，彰显了中国在全球茶产业中的领导地位，更是中国对国际茶文化交流与合作的积极贡献。

此次活动还吸引了多国驻华大使及农业参赞等重要嘉宾的参与，体现了茶文化在全球范围内的广泛影响力和各国对茶产业发展的重视。而"国际茶日"邮票的发行，更是将茶文化的美好寓意和全球茶叶的多样性永久地印刻于世人心中。邮票上展现的来自世界各地的茶叶、茶壶和茶道，不仅是对茶的起源地中国的致敬，也是全球茶文化共融共享的象征。

通过此次活动，姜氏古茶深知自己肩负的责任与使命。我们将继续秉承"平等、包容、互鉴、分享"的茶文化，竭尽所能为世界献上一杯来自中国的健康好茶。这不仅是对全球消费者的承诺，更是我们为促进国际交流合作、推动世界经济繁荣所做出的努力。在未来的日子里，姜氏古茶将继续携手全球合作伙伴，共同书写茶文化的新篇章，为构建人类命运共同体贡献出自己的一份力量。

2023年7月30日，经过一年多的精心策划，多次沟通，终于迎来了"历史开启未来"——布达拉宫·姜氏古茶"仁真杜吉"联名产品发布会，此次活动在拉萨布达拉宫隆重举行，以布达拉宫文创联名产品为契机，为深化汉藏文化、经济交流与合作开启创新发展新篇章，为铸牢中华民族共同体意识做出积极努力。

布达拉宫管理处格桑顿珠书记介绍了馆藏"仁真杜吉"藏茶与布达拉宫的历史渊源。他说：布达拉宫始建于公元7世纪，被誉为高原圣殿，其建筑本身和殿内藏品有着极高的人文和历史价值。在布达拉宫浩渺馆藏之中，有着宫藏上百年的藏茶"仁真杜吉"。据史料记载和考证，产自四川省雅安市荥经县的姜家大院，经茶马古道辗转而来，承载了千年川藏茶马古道上的汉藏民族间世代团结的真挚情感，"仁真杜吉"藏茶是汉藏民族交往交流交融，血浓于水的珍贵历史见证。2021年4月，西藏和平解放70周年之际，荥经县政府及非遗藏茶姜氏古茶"仁真杜吉"第十五代传承人万姜红女士一行，秉承着以茶为媒促进汉藏民族交往交流交融，以情为本铸牢中华民族共同体意识的价值目标，千里寻根，来到布达拉宫，在西藏自治区文物局的关心和支持下，布达拉宫管理处从挖掘、整理、宣传西藏自古以来各民族交往交流交融历史事实出发，举办了非遗藏茶姜氏古茶"仁真杜吉"寻根交流会，并与姜氏古茶签订了战略合作协议，开展基于布达拉宫馆藏的藏茶文化研究和"仁真杜吉"非遗藏茶的文化传承研究合作，围绕"仁真杜吉"非遗藏茶文化的衍生内容，开发双方联名的文创产品。"茶源续传承，情亲千里近"。经过两年多的交流交融，布达拉宫与姜氏古茶的合作终于开花结果，今天，就是在场嘉宾共同见证历史的时刻。祝愿布达拉宫与姜氏古茶"仁真杜吉"联名产品发布会圆满成功！

荥经县委有关领导表示：今天，我们在此举办"历史开启未来"——布达拉宫·姜氏古茶"仁真杜吉"联名产品发布会活动，是新时代的呼唤。这是一场寻根之旅，雅安荥经天然的地理优势，雨雾充沛、山高林茂、云蒸霞蔚，孕养了姜氏古茶的天然有机原叶；商贸的繁荣在地域与地域之间，催生出一条后来闻名中外的茶马古道，也是中国西南民族经济文化交流的走廊，其中的川藏线，更孕育着一颗茶界的传世明珠——姜氏古茶。这是一场深化合作之旅。通过这次活动，将进一步深化两地在川藏经济协作建设、农业、教育、文化、旅游等方面交流合作。这是一场续写友情之旅。一千三百多年前，川藏茶马古道把荥经与西藏连在了一起；二百多年前，"仁真杜吉"茶叶把荥经与布达拉宫连在了一起；三年前，"茶马古道"文旅发展联盟把荥经与15个县区政府、33家文化和旅游部门连在了一起，一份战略合作框架协议又把荥经与拉萨城关区紧紧联在了一起。现在，川藏经济协作再次把荥经与拉萨紧紧联系在了一起，我们将重走这条茶马古道，以茶为媒，深化荥经与西藏文商旅产业共生互融，再次续写茶马古道的商贸合作。

在这个充满意义的发布会上，我内心的激动难以言表。站在历史与未来的交汇点上，作为"仁真杜吉"这一茶马古道明珠的新时代传承人，我深感责任重大。我们不仅要守护这 传统的精髓，更要以创新的精神让这一传统产业焕发新的活力。"仁真杜吉"，一个凝聚了三百年历史与十五代人情感的品牌，不仅代表着一种茶，更是汉藏文化交流与融合的历史实证。我们致力于通过文化的力量，深入挖掘和展现姜家藏茶与西藏深厚的情缘，将这段跨越世纪的友谊讲述给世界。产业的发展是我们传承的基石。我们整合了雅安荥经的天赋资源——高山老川茶树种，以一芽一叶的春茶为原料，匠心独运，追求卓越。我们的目标是引领中国藏茶高质量发展的新潮流，让世界见证中国茶叶的卓越品质。在科技的赋能下，我们坚持零农残的原则，确保每一杯"仁真杜吉"都是对健康的承诺，将一杯好茶奉献给每一位藏族同胞及世界各地的茶友。我们相信，姜氏古茶与布达拉宫的共同努力将使这一拥有三百年历史的"仁真杜吉"品牌走向世界，让更多人了解并喜爱这一独特的藏茶文化。

布达拉宫文创公司总经理云丹平措表示，姜氏古茶"仁真杜吉"是布达拉宫的文物茶，它是历史的见证。布达拉宫与姜氏古茶联名产品的发布，将谱写新时代汉藏交流合作新篇章。在这次活动上，姜氏家族以最诚挚的敬意，向布达拉宫赠送了一款装在金丝楠木盒中的典藏茶，象征着两家的深厚友谊和对未来合作的美好期许。金丝楠木，以其质地坚硬、香气独特、耐腐蚀等特性被视为珍贵的材料，其盒中的"仁真杜吉"藏茶，更是蕴含了数百年的历史与文化，承载着世代相传的情感与智慧。

这次联名产品的发布，是对"仁真杜吉"品牌与布达拉宫文化的共同致敬，也是两者合作的一个重要里程碑。通过这个合作，我们期待将藏茶的独特魅力介绍给更多的人，随着这一系列联名产品的推向市场，我们相信，布达拉宫与姜氏古茶的合作不仅会在历史的长河中留下浓墨重彩的一笔，更会为促进民族团结，铸牢中华民族共同体意识做出更大的贡献！

由萱歌作词，桑姆作曲的《古道茶韵》歌曲一直萦绕在活动现场。这首歌深情讲述了三百年来，姜氏古茶十五代人传承坚守的历史和对未来的向往，深受汉藏同胞喜爱。

姜氏古茶传承故事

我是姜雨谦，记忆中外公姜大源是一位充满人生智慧和有丰富生活经验的长者，他的一生深深植根于茶叶和我们家族的传统之中。小时候，我经常围坐在外公身边，听他讲述那些发生在茶马古道上的故事。这些故事不仅仅是关于茶叶的买卖，更多的是关于人性、信任和尊重。

　　外公告诉我，茶马古道不仅是一条商贸之路，它更是一条文化和信仰交流的桥梁。在那个时代，茶叶是连接我们与远方藏族兄弟的重要纽带。通过茶叶交易，我们的祖先学会了如何与不同文化的人们沟通和交往，如何以诚相待，以礼相迎。

　　外公经常强调，"做人要厚道，要优先考虑别人的利益"。这句话对我影响深远。他解释说，在茶马古道上，无论是面对艰难的自然条件还是与商队的交易，只有当你首先考虑到他人的需求和利益时，才能建立起真正的信任和尊重。这种信任和尊重是任何长久合作关系的基石。外公通过这些故事教会我的，不仅仅是如何做一名本分的人，更重要的是如何成为一个受人尊敬的人。

　　外公的这些教诲，深深影响了我的生活和工作方式。在姜氏古茶的经营过程中，我始终将这些原则放在心上，不仅致力于推广我们的茶文化，更重视通过我们的工作促进人与人之间的理解和尊重，建立起更加和谐的社会关系。这些原则成为我作为姜氏古茶第十五代传承人的核心信念，也是我努力向年轻一代传达的价值观。

　　通过维护这些原则，我相信我们不仅能够传承和发扬我们丰富的茶文化，还能促进更广泛的社会和文化交流，搭建起更多理解和尊重的桥梁。这正是外公希望我能实现的，也是我作为他的孙子，一直努力追求的目标。

外公走后，妈妈姜美光说她以前会提出许多问题，她对外公作为一个茶商还亲自背茶的行为感到好奇。而外公的回答通过我妈妈的传递深深地影响了我们一家人。外公说："人只有自己负重，才能服众。"这句话简单却意味深长。外公的话告诉我们，作为一名茶商，不仅要了解茶叶的种植和制作过程，还需要亲身经历茶叶的运输过程，才能真正理解并解决在运输过程中可能出现的各种问题。

外公与其他背夫一同背茶，亲自踏上茶马古道，体验他们的生活和工作，与他们一起感受行路的艰辛。这种经历让他更加贴近那些辛苦背负重担的人们，了解到运输过程中可能对茶叶品质造成的损害，并从源头上思考解决方案。

通过这样的亲身经历，外公不仅赢得了背夫们的尊敬和信任。更重要的是，他能够确保即使是经过几千公里的长途跋涉，姜氏古茶依然能够以最佳的品质呈现给远方的消费者。这种对品质的执着追求和对消费者深深的尊重，构成了姜氏古茶的核心。

我的妈妈姜美光和姐姐万姜红从小就被这种精神所熏陶，而我也同样受到了深刻的影响。我们学会了，无论是在生产还是销售过程中，都必须亲力亲为，贴近实际，这样才能不断提高产品的品质，确保我们的茶叶能够以最好的状态呈现给每一位消费者。这不仅是对产品质量的追求，更是一种对生活、对消费者负责的态度。这种态度已经成为姜氏古茶传承至今的重要精神财富，激励着我们不断前行。

我有过几年在国外工作的经历，阿尔及利亚位于非洲的北部，地中海西南部，大西洋东部，与欧洲的西班牙隔海相望，是一个充满神秘色彩和文化底蕴的国家。

到阿尔及利亚工作时，因为自己从小就有喝茶的习惯，所以我带去了一些自家的茶叶。当带去的茶叶快要喝完时，我开始寻找补充。我去了阿尔及尔最大的超市，希望能找到一些好茶。然而，让人震惊的是，我发现超市里销售的茶叶几乎全部来自斯里兰卡、大吉岭、日本等地，却几乎看不到来自中国的茶叶。作为世界茶文化的发源地，中国拥有如此丰富多样的茶叶和深厚的茶文化，我难以置信在这样一个国家的市场上，我们中国的茶叶竟没有购买的渠道。

这次经历让我深刻反思。虽然，中国茶叶在国内享有极高的声誉，而且我们对茶的种类和品质都有严格的要求。但是，在国际市场上，我们的影响力还远远不够。中国茶的文化和品牌在全球的推广显然还有很长的路要走。这不仅是对茶叶的推广，更是对中国文化的传播。这次经历也让我意识到，作为姜氏古茶的一分子，我们有责任也有使命，将我们深爱的中国茶文化带到世界各地，让更多人了解和喜爱中国茶。

从那以后，我更加积极地参与到姜氏古茶的国际化进程中，探索更多将中国茶及其文化推向国际市场的途径。我希望有一天，在世界的每一个角落，人们都能轻松享受到来自中国的优质茶叶，体验到中国茶文化的独特魅力。这次阿尔及利亚的经历，虽然让我感到震惊，但也激发了我更大的动力和决心。

一、茶艺

回国以后，在一次聚会上，我和姐姐万姜红与舅舅姜建光坐在一起，谈论着我们家族的过去、现在和未来。舅舅深情地讲述了我们家族的茶叶传承历史，他的眼神中既有对历史的尊重，也有对未来的忧虑。

舅舅告诉我们，我们家族自明清以来，已经有十四代人在从事茶叶生产和经营，但到了他这一代，面临着一个严峻的问题——传承的危机。舅舅的话语中透露出一种无奈和期盼，他说他希望第十五代能有人继续这份事业，维系家族的传统和荣誉。如果我们不去接手，家族数百年来的传承可能就此中断。

那一刻，我和姐姐对视一眼，我们都看到了彼此眼中的决心。那种感觉很难用言语完全表达，那是对家族历史的尊重，对祖辈的感激，也是对自己使命的认识。我们知道，这不仅仅是一份事业，更是一份责任，一份对家族传承的承诺。

随后，我和姐姐都做出了决定，我放弃了在北京的工作和国外发展的渠道，回到四川，投入到家族的茶业中。姐姐负责对外的业务和品牌推广，她在北京与西藏和四川之间穿梭，与外界沟通，为家族的茶业开拓新的市场。而我则更多地专注于收茶、制茶，保持和提升我们茶叶的品质，确保家族的传统技艺得以保留和发扬。

回到四川后，我每天都沉浸在茶园和茶厂之间，亲自参与到每一个环节中，亲力亲为从采摘到制茶，每一步都投入了极大的精力。在我看来，这不仅仅是工作，更是一种生活方式的选择，是对家族传统的尊重和延续。

那段时间，虽然充满了挑战和不确定性，但我们团队团结一致，共同面对困难，共同为姜氏茶业贡献力量。通过我们的努力，我们不仅成功地保留和修缮了姜家大院，还将它带入一个新的时代，使之焕发出新的生机和活力。这是一个令人自豪和感动的时刻，也是我们家族历史上的一个重要转折点。

当我回想起在阿尔及利亚找不到中国茶的经历，深深觉得这不仅是一个个人遭遇，而是反映了中国茶在国际市场上存在的一些根本性问题。这次经历促使我进行深思和总结，我认为存在以下几个关键原因：

（一）质量体系的差异

中国茶叶企业在面向国际市场，尤其是欧盟市场时，确实遇到了质量体系方面的挑战。欧盟的食品安全和质量标准被认为是全球最为严格的标准之一，对农药残留、重金属含量、微生物污染等方面有着非常细致和严格的限制。对中国茶叶企业来说，满足这些标准需要在生产、加工、检测、管理等多个环节进行大量的改进和升级。

1. 农药残留限制

欧盟对于食品中农药残留有着极为严格的规定，其允许的残留限量往往远低于其他国家和地区。例如，对于常见的农药如DDT和六六六，欧盟的限量标准远低于国际平均水平。对于中国茶企而言，这意味着必须采用更为安全、环保的农药，并严格控制使用量，以确保茶叶产品能够满足欧盟的进口要求。姜氏茶业为此设立了独立检测部门，由原料进厂开始进行快速农残检测，并在生产过程中送样到国家专业机构进行复检，确认达标后才进行拼配，以及后续加工。生产完毕后，会进行一次最终检测，合格才能成为基茶。大宗交易时，还会有第四次出仓检测。在这样的一套流程下，出品的茶叶检测报告涵盖整个从鲜叶、生产、加工、包装过程，确保透明化以及未来的可追溯性。

2. 重金属含量控制

在重金属含量方面，欧盟同样设定了严格的标准，尤其是对铅、镉、汞等有害金属的含量限制。这对于一些中国茶叶生产区来说是一大挑战，因为工业污染等环境因素可能导致土壤和水源中的重金属含量超标，进而影响茶叶的安全性。因此，需要实施土壤和水质的定期检测，采取有效措施避免重金属污染，保证茶叶的质量安全。姜氏茶业在申领GAP、HACCP等证书的过程中多次从多方位混合样品检测，这样有效地在抽样过程中将大面积的茶山土壤和水检测到位。

3. 微生物污染控制

对于微生物污染，欧盟也有着严格的标准和要求。比如，针对大肠杆菌和沙门氏菌等有害微生物的存在，欧盟要求进口的食品必须达到几乎零的标准。姜氏茶业需要在茶叶的生产、加工、包装过程中实施严格的卫生控制措施，确保产品不受微生物污染，以符合欧盟市场的要求。为此，专门成立了龙藏生物科技有限公司，用于微生物的检测与研究。

（二）标准的不统一

国际市场上的标准与中国的标准不同，标准的制定与推广至关重要。一个被国际市场广泛认可和采用的标准，是中国茶走向世界的关键。我们不仅要提升自身产品的质量，还要积极参与到国际标准的制定中去，推动中国茶标准的国际化。而将中国茶标准推向国际化，对于提升中国茶在全球市场的竞争力至关重要。以姜氏茶业牵头并参与制定的T/FDSA 037《精制藏茶严道古茶》团体标准为例，要实现这一标准的国际化需要经过一系列细致而系统的步骤，具体如下：

1. 标准国内统一与优化

完善与优化：首先，需要确保这个标准在国内得到广泛的认可和应用，对标准进行进一步的完善和优化，确保其科学性、先进性和适用性。

实践验证：通过多个茶叶企业的实践应用，收集反馈，根据实际情况对标准进行调整和完善。

2. 国际标准化组织的接洽与沟通

国际组织接洽：积极与国际标准化组织（如ISO、Codex等）进行接洽和沟通，介绍标准的特点和优势。

建立合作：寻找国际伙伴，尤其是茶叶重要消费国和生产国中的行业协会或标准机构，建立合作关系，共同推动标准的国际认可。

3. 参与国际标准的制定

国际会议参与：积极参与国际标准化组织的会议和活动，为中国茶标准的国际化争取发言权和影响力。

标准提案：在适当的时机，向国际标准化组织提交标准提案，申请开展国际标准的制定或修订工作。

4. 国际化推广与宣传

国际交流：通过国际茶叶展览会、研讨会等活动，展示标准的内容和实施成果，增强国际市场的认识和接受度。

宣传资料：制作多语言的标准宣传资料，通过网络、专业期刊等多种渠道进行广泛宣传。

5. 获得国际认证

申请认证：与国际认证机构合作，为遵循该标准的产品申请国际认证标志，如欧盟有机认证、USDA有机认证等，提升产品在国际市场的信誉度和竞争力。

6. 持续跟踪与反馈

跟踪实施情况：持续跟踪标准在国际市场的应用情况，收集使用者的反馈。

定期评审更新：根据国际市场的发展和需求，定期对标准进行评审和更新，保持其国际领先地位和适用性。

姜氏古茶计划通过以上一系列的步骤，可以逐步推动T/FDSA 037《精制藏茶严道古茶》等中国茶叶标准的国际化进程，从而提升中国茶叶在全球市场的认可度和竞争力。

（三）文化背景的差异

中国茶文化的深度和复杂度，在国际市场上的传播确实面临挑战。举例来说，龙井茶是中国绿茶中极为著名的一种，它代表了中国茶的高品质和深厚文化。在中国，消费者不仅知道龙井茶来自杭州西湖区，还可能对其背后的故事、不同的采摘季节（如明前龙井和雨前龙井），甚至不同产地（比如西湖龙井和其他地区龙井茶）有着深入的了解。他们对茶叶的鉴赏不限于口感，更包括对其文化、历史的认知和欣赏。

相较之下，国际市场上的消费者对中国茶的了解多停留在表层。同样以龙井茶为例，他们可能知道这是一款高品质的中国绿茶，但对于它的详细分类、产地之间的差异，以及茶背后的文化和故事了解不多。这种差异造成了国际消费者在品鉴中国茶时，可能更多关注其基本的品质和味道，而忽视了深层的文化价值。

为了桥接这一差异，推广中国茶时需要采取以下策略：

1. 文化推广

通过举办茶文化交流活动、茶艺表演、茶叶展览等，向国际消费者宣传关于中国茶的历史、种类和文化背景等方面的知识。为此，姜氏古茶已参与多次国际推广。例如，"亚洲杯"足球赛期间，在卡塔尔首都多哈的推广演绎。

2. 故事营销

利用品牌和产品的包装、网站、社交媒体等渠道，讲述姜氏古茶的独特故事和产地文化，如介绍姜家大院的历史故事、荥经生态等，使消费者在品尝茶叶的同时，也能感受到其中蕴含的文化和情感。例如，姜氏古茶推出的"使节茶"，在讲述中国茶故事的同时富含丰富的中国元素，以及"一带一路"元素，以形成有国际共识的元素符号。

3. 互动体验

在国际市场上设置体验场所，或参加国际相关展会，让消费者亲自体验茶叶冲泡过程，通过亲身体验加深对中国茶文化的理解和喜爱。例如，2023年5月21日，姜氏古茶受邀参加了联合国的国际茶日活动。

4. 多语言内容

制作多种语言的宣传材料和在线内容，包括视频、博客、社交媒体帖子等，让不同国家的消费者都能方便地获取关于中国茶文化的知识。

（四）品牌价值的建立

品牌的建立和推广，是让世界认识中国茶的重要途径。一个国际品牌的诞生需要品质的支撑，品牌的背后是对品质的承诺。同时，品牌还需要诉说文化，将文化的力量转化为品牌的价值，让消费者不仅认可产品的品质，更认同品牌背后的文化和故事。中国茶要走向世界，就需要打造出具有国际影响力的品牌，让更多人认识、认同和喜爱中国茶。

基于这些思考，我和团队成员积极探索如何改善这些状况，从提高产品质量、参与标准的制定、传播中国茶文化，到打造具有国际竞争力的品牌，我们致力于将姜氏古茶和中国茶文化带向国际，让世界见证中国茶的魅力。这是一条充满挑战的道路，但我坚信，只要我们坚持不懈，中国茶终将在世界茶市场上占据更多的地位。

二、茶意

2020年7月14日下午，在成都举办的品鉴会上，对我来说，不仅仅是一个简单的活动，而是一次深刻的文化和情感的交流。萱姐那句诗词："如今，你又一次从荥经古老悠久的姜家大院出发，为了十五代人的执着坚守，为了新时代的呼唤，为了我们共同的梦想——裕国兴家！"这句话如同一把钥匙，打开了我内心深处的情感阀门，让我和舅舅在那一刻无法控制自己的泪水。

是的，那是来自文化和传承的力量，一种深植于内心的力量，让我们即使面对困难和挑战，也能感受到无穷的动力和希望。那一刻，我仿佛看到了先辈们在茶马古道上的艰辛历程，他们为了民族团结的荣耀、为了文化的传承而不懈努力的身影。

慢慢地，我开始更加清晰地意识到，茶不仅仅是中国人的一种生活必需品，它更是独属于我们民族的一种文化浪漫。从"柴米油盐酱醋茶"的生活所需，到"琴棋书画诗酒茶"的精神追求，茶文化贯穿了中国人从物质到精神的全方位生活。它不仅代表了先辈们的奋斗和智慧，也寄托了我们对于美好生活的向往和追求。

那一刻，传承的种子绽放成了我内心中传承的花，成为我不断前行的动力。我希望能将这朵传承的花继续培养，让它开出更多的花朵，结出更丰硕的果实。我渴望能将我们中国茶文化的美好和深邃，通过姜氏古茶这个平台，分享到世界每一个角落，让更多的年轻人加入我们的行列，共同推动中国茶文化的全球传播。

这条路虽然不易，但我坚信，只要我们怀揣着对文化的热爱和对传承的责任，我们就能够克服一切困难，让中国茶在世界舞台上放光芒。这是一个激动人心的时代，也是一个充满可能的时代，我期待着与更多志同道合的人一起，书写中国茶文化走向世界的新篇章。

2021年3月，在布达拉宫发现我们家族一百多年前的茶砖那一刻，深深触动了我内心最深处的情感。那是一种复杂而深刻的情绪，难以用简单的言语来表达。在那一瞬间，时间仿佛凝固，历史和现实交织在一起，我感受到了一种跨越时间和空间的连接。

我深深地被先辈们对匠心品质的坚持和品德传承的意义所打动。他们的坚持不仅是对产品质量的追求，更是一种对家族荣誉和文化责任的担当。这种坚持让姜氏古茶不再仅是一种饮品，而是承载着民族共进的情感、文化精神和历史使命的象征。

那一刻，我被激动、激荡、激昂、感慨、感动和感恩的情绪所淹没，泪水不自主地流了下来。我想象着未来，无论是三十代、五十代，还是更远的后代，他们在继续传承姜氏古茶时，是否也能感受到这份光荣和自豪。这个想象让我下定了决心：姜氏古茶将是我余生要坚守的事业。

我决心要守正创新，既要坚守我们家族对茶的传统工艺和严格的品质控制，又要勇于创新，不断学习国内外的先进经验，吸取每一次尝试和失败中的教训。我知道，前路充满了挑战和困难，但我不会畏惧，不会退缩，我要奋力前行。

我梦想着将来有一天，通过我们的努力，让中国茶更好地走向世界，让世界各地的人们都能感受到中国茶的魅力，感受到中国茶文化的深厚和独特。我希望，通过姜氏古茶，让更多人了解中国，爱上中国茶，让我们的茶文化在全球范围内绽放光彩。

这份使命感和责任感，成为我不断前进的动力。我相信，只要我们不忘初心，秉承先辈的遗志，姜氏古茶和中国茶文化的未来一定会更加辉煌。

从布达拉宫寻根活动之后，我们团队经历了一系列重要事件，这些事件不仅是对姜氏古茶传统与创新的探索，也是对姜氏家族文化传承的深化。以下是对这些事件的简要介绍：

1. 姜家大院的修缮与重新营业

姜家大院的修缮和重新营业是一项庞大的工程。修缮过程中既要保证历史建筑的原汁原味，又要满足现代安全和便利的需求，这对团队来说是一大挑战。通过和荥经博物馆的多次沟通与合作，姜氏古茶成功地将姜家大院修缮为一个非遗与文旅相结合的样板，集茶文化展示、茶艺体验、茶拼配体验、文化交流为一体的综合性文化场所。这不仅让更多人有机会近距离感受茶马古道的文化魅力，也为姜氏古茶的传承和发展注入了新的活力。

2. 川藏经济协作产业园的建设

建设川藏经济协作产业园，是对姜氏古茶深化川藏茶文化交流的一次重要尝试。这一项目旨在促进川藏两地经济的互联互通，加强茶文化的交流合作。项目的实施过程中，我们面临了诸多挑战，包括地理环境的恶劣、交通的不便等。但通过团队的共同努力和当地政府的支持，产业园最终顺利建成，为促进地区经济发展和茶文化传播提供了新平台。

3. 布达拉宫藏茶古法生产车间的落成

布达拉宫藏茶古法生产车间的建设，是为了更好地保护和传承藏茶的古法制作技艺。这一项目的挑战在于如何将古老的制茶技艺与现代生产设施相结合，确保茶叶的传统风味得以保留。经过不懈努力，车间最终落成，并成功生产出既保持了传统风味又符合现代标准的高品质藏茶，实现了传统与现代的完美融合。

4. 洁净化包装车间的建设

建立洁净化包装车间，是姜氏古茶提升产品品质和安全性的重要举措。这一过程中，最大的挑战是如何确保生产环境的严格控制和产品质量的稳定。通过建立严格的质量控制体系，姜氏古茶成功提升了产品的品质和竞争力。

经过两年的沉淀，我们得到了中华地理标志的认可，这意味着姜氏古茶可以成为优秀传统文化的代表，让我们在国际交流与传播中华优秀传统文化方面迈出了重要一步。地标的优势主要体现在三个方面：

一是品牌影响力提升。作为中华地理标志的姜氏古茶文化产业示范园，无疑增强了品牌的影响力和认可度，有助于提升消费者对其产品和文化的信任感。

二是文化传承与创新。地标的认可不仅是对姜氏古茶悠久历史和深厚文化底蕴的认可，也鼓励企业在传承中进行创新。姜氏古茶计划推出更多面向年轻人的健康茶饮，融合古宅和古茶的元素，展现新国潮。

三是促进文化和商业的融合发展。地标的认可有助于促进文化和商业的融合发展，姜氏古茶通过将传统茶文化与现代消费需求相结合，探索新的商业模式和产品线，扩大市场影响力。

2023年7月30日，对于我们姜氏古茶团队而言，确实是一个令人激动的历史性时刻。在这一天，"姜氏古茶·仁真杜吉"这款具有深厚历史和文化价值的非遗藏茶在布达拉宫联名发布，这不仅是对千年茶马古道文化传承的一次致敬，也标志着一个全新的开始。

这次能够与布达拉宫推出联名产品，是一个非常难得的荣誉。布达拉宫作为世界文化遗产，它在藏族同胞心中有着不可替代的地位。我们能够得到布达拉宫的认可和支持，一方面是因为姜氏古茶"仁真杜吉"这款布达拉宫文物茶本身所蕴含的深厚历史和文化价值，它见证了汉藏之间的经济文化交流历史，承载了沿途各族人民的友好情感。另一方面，我认为更重要的是我们对于茶的匠心精神和品质的坚守。多年来，无论是在茶叶的采摘还是加工过程中，我们姜氏家族都严格要求，坚持使用传统工艺，努力保留茶叶的原始风味和内在品质。我们相信，每一片茶叶都不仅仅是一种饮品，更是一种文化的传递和情感的交流。这种对品质的追求和对传统的尊重，是我们能够持续得到布达拉宫认可的重要原因。

我好几位在西藏的哥哥姐姐都说，这次"仁真杜吉"重回布达拉宫，对于许多在西藏生活了几十年的人来说，是一次前所未有的盛举。它不仅仅是一次产品的发布，更是一次深具意义的文化交流和情感联结。我们通过这款茶，向世界展示了汉藏文化的深厚基础和独特魅力，也展现了汉藏民族之间长久以来的友好关系和相互尊重。

未来，我们希望能够通过更多这样的合作，继续推动和弘扬民族文化的交流。我们相信，通过对传统的传承和对品质的坚持，一定能够让更多人了解并爱上姜氏古茶"仁真杜吉"这份独特的文化遗产。同时，这也是对我们家族多代人坚守和努力的最好回报。

在布达拉宫联名发布仪式过后，我带着团队的小伙伴在布达拉宫内进行了为期两个月的自费公益活动。我们设立了茶点，向来访布达拉宫的游客与当地的藏族同胞免费提供姜氏古茶"仁真杜吉"，有超过40万人品尝到了我们的茶，这些来自多地区多民族的同胞给了我们一致好评，让我们兴奋不已，我们希望通过这样的方式，让更多人了解并体验到这一传统藏茶的独特魅力。

有一天，天空万里无云，阳光照耀在布达拉宫的金顶上，显得格外祥和。我们的活动吸引了许多人前来品茶。其中，有一位来自西藏牧区的藏族女士，穿着传统的藏族服饰，她的面庞给人一种和蔼可亲的感觉，同时又刻着岁月的痕迹。当她拿起茶杯，细细品尝姜氏古茶"仁真杜吉"时，我注意到她的眼神逐渐变得柔和，似乎在这一刻找到了久违的安宁。她的同行者向她解释，她所喝的正是姜氏古茶"仁真杜吉"。听到这里，她突然跪下，双手合十，并向我们表示了深深的敬意和感激。她的行为不是对我们个人的敬仰，而是对姜氏古茶"仁真杜吉"这一茶文化象征的尊重，也是对我们坚持传承和推广藏茶文化所表达的支持和认可。

那一刻，我被深深地触动了。她看不懂藏语文字，也不能用汉语交流，但是在她的举止中，我看到了藏族同胞对于传统文化的虔诚和敬重，也意识到了我们所做的一切努力的意义远远超过了商业价值。我们所坚持的，不仅是茶叶本身的品质和传承，更是对这份悠久文化的尊重和守护。

这位牧区女士的举动，不仅让我更加坚定了在公益活动和文化传承方面继续前行的决心，也让我意识到，无论是在西藏还是在世界的任何地方，真诚地去传播和分享我们的文化，都能够触动人心，跨越语言和地域的界限。这是一次深刻的文化交流，也是一次心灵的碰撞。

另外，姜氏古茶中华地理标志优秀传统文化国际交流中心的成立，标志着姜氏古茶在促进中华优秀传统文化国际交流方面迈出了重要的一步。这能够吸引更多国际消费者和文化学者的注意，同时还有助于增强中国茶文化在国际上的影响力。依托中华地理标志的影响力和国际交流中心的平台，姜氏古茶有望进一步开拓国际市场，将中国茶文化及其产品推广到全世界。

姜氏古茶文化产业园获得中华地理标志认可，不仅提升了品牌的影响力和市场竞争力，也为传统文化的传承与创新，以及国际化发展，提供了新的机遇。

2024年的卡塔尔亚洲杯，对于姜氏古茶而言，不仅是一个展示中国茶文化的国际舞台，也是一次跨文化交流的宝贵经历。携带着姜氏古茶参与这一盛事，得到了中国驻卡塔尔大使馆的大力支持，这本身就是对我们文化传承行动的一种认可。

在卡塔尔，我们设立了一个简约而充满东方美学的展位，展示了"姜氏古茶·仁真杜吉"系列产品。当地和来自世界各地的人们对这个充满神秘色彩的展位产生了浓厚兴趣。我们向他们讲述茶马古道的历史，姜家大院的故事，以及布达拉宫与我们茶叶之间千丝万缕的联系。这些故事背后蕴含的深厚文化底蕴和人文情怀，让许多人为之动容。

最让人难忘的是，当卡塔尔当地人民以及来自世界各地的游客品尝到姜氏古茶后，他们的脸上露出了惊喜的表情。茶的香气，口感以及背后的故事，让他们感受到了中国茶文化的魅力。而茶马古道不仅是一条古老的商贸之路，更是一条文化和友谊的桥梁，它连接不同的民族和文化。

在那几天的活动中，虽然我带去的茶叶数量有限，但是参观者对我们的茶叶表现出了极高的兴趣和喜爱，他们纷纷询问购买渠道，希望能将这份独特的文化记忆带回家。最终，我们带去的茶叶都被抢购一空，这不仅是对姜氏古茶品质的认可，也是对中国茶文化的喜爱和尊重。

这次经历对我来说是非常宝贵的，它证明了无论在世界的哪个角落，真诚的文化传递都能够打破信仰和语言的界限，引发共鸣。这也坚定了我继续推广中国茶文化，让世界了解更多中国故事的决心。

三、未来

2024年，我尝试在黑茶拼配上扩大范围。我们致力于将传统黑茶与各种花类、果类和植物类原料进行复配，创造出既符合现代年轻人口味又能满足他们对健康饮品需求的茶饮产品。这一尝试不仅是对传统茶饮文化的一种延续，也是对新茶饮市场趋势的一种响应。

1. 拼配茶的创新点

满足多样化需求：通过与不同的花、果、植物进行拼配，姜氏古茶可以针对消费者不同的口味和健康需求推出多样化的产品，满足年轻人群对茶饮品种多样性的追求。

健康理念的融入：现代人越来越注重健康生活方式，通过引入具有健康益处的植物，如具有消炎作用的金银花、可以缓解压力的薰衣草等，姜氏古茶拼配系列不仅仅是一种饮品，更是一种健康生活的体现。

文化与时尚的结合：拼配茶将传统茶文化与现代审美结合，通过包装和品牌故事的讲述，使其成为年轻一代表达个性和品位的一种方式。

2. 未来展望

品牌年轻化：通过拼配茶系列，姜氏古茶有望吸引更多年轻消费者，实现品牌年轻化，增强品牌的市场竞争力。

文化传播：拼配茶作为一种创新的茶饮形式，能够成为传播中国茶文化、特别是黑茶文化到全世界的新途径。通过国际茶展、线上社交媒体等渠道，姜氏古茶可以让更多人了解并体验到这一独特的中国茶文化。

姜氏古茶在拼配茶的探索上，不仅是对传统茶文化的一种创新尝试，也是对未来茶饮市场发展趋势的一种预见。通过不断地创新和尝试，姜氏古茶有望开辟出一片新的市场蓝海，为中国茶文化的传播和发展做出新的贡献。

持续创新发展：未来，姜氏古茶将继续探索更多的拼配可能性，结合科技手段，如通过大数据分析消费者偏好，开发出更多符合市场需求的产品，推动传统茶文化与现代消费需求的融合。

产品与文化的深度融合：姜氏古茶将继续探索产品与文化的深度融合路径，推出更多富有创意和文化内涵的茶饮产品，满足年轻一代消费者的需求，同时传承和弘扬中国茶文化。

数字化和网络化发展：面对互联网时代，姜氏古茶有望利用数字化和网络化手段，扩大品牌影响力，通过社交媒体、电子商务等渠道，让更多消费者了解并接触到姜氏古茶及其文化。

《布达拉宫·姜氏古茶》

初稿研讨会发言辑要

按：2024年4月25－26日，《布达拉宫·姜氏古茶》初稿研讨会在四川雅安荣经姜家大院隆重举行。此次研讨会邀请到中央统战部领导、西藏自治区、雅安市政府、荣经县政府领导，专家、学者、各界代表近150人，共同为这部即将问世的著作提出建设性意见和建议。现将研讨会发言要点辑录于后，以反映本书的编纂过程及所表达的主要思想。

万姜红在研讨会上致辞

会议主持：万姜红（姜氏古茶第十五代非遗传承人、国家级非物质文化遗产项目"南路边茶制作技艺"代表性传承人、姜氏茶业股份有限公司董事长）

首先，欢迎各位领导、嘉宾光临荣经姜家大院。我先简单介绍一下课题组情况，再请我们姜氏家族93岁的族长姜伦德先生致欢迎词。

2021年4月，我们从姜家大院出发，到布达拉宫千里寻根，共同见证了布达拉宫文物茶——姜氏古茶"仁真杜吉"重现人间。如今已经过去三年多了，我们与布达拉宫签署了战略合作协议，共同挖掘双方交往交流交融的历史，共同开发联名产品，共同完成"姜氏藏茶与布达拉宫"的课题研究。

这三年来，姜氏茶业在各级政府的关怀和支持下，与布达拉宫的战略合作内容一一落地，今天，算是取得了一点阶段性的成果。这中间，我的感受主要是两点，一是信任，二是感谢！

我这辈子最幸福的事就是能够得到信任。首先，得到了家族的信任，然后得到各级政府的信任，得到创业伙伴的信任，得到合作伙伴的信任，得到朋友们的信任，今天在场的很多是我多年的朋友。这些信任，也是一份份沉甸甸的责任。它督促我要更加努力地工作，要更加规范自己的言行，从而不辜负每一份信任。

第二就是感谢。感谢姜氏家族族长、族人对我的信任，把这份重任交给我这个外孙女！感谢荥经县政府、雅安市政府、四川省政府、布达拉宫管理处、西藏自治区文物局、西藏自治区政府对我的信任；感谢我的创业伙伴张建军、宋磊、龙红成、姜雨谦、邬婷、吴洲对我的信任；感谢我的合作伙伴，布达拉宫文创，外交人员服务局，中华地理标志，荣泰、百茶、西安姜氏茶业等伙伴对我的信任；感谢到场的嘉宾、朋友一直以来对我的信任。最后，感谢格勒老师带队的课题组成员这三年来的付出，感谢孙建三先生把孙明经先生1939年考察茶马古道的照片授权给我们。下面有请荥经姜氏家族族长姜伦德先生致欢迎词！

姜伦德（中）在研讨会上致词

姜伦德（荥经姜氏家族族长）：

今天是个好日子，欣欣向荣，艳阳高照。有朋自远方来，不亦乐乎，我代表荥经姜氏族人热情地欢迎各位光临。

姜氏自清乾隆中期从洪雅止戈坝来到荥经，始以铸银为业，在嘉庆中期转产藏茶，到1949年，在荥经共修了八个大院，先后兴办了华兴号、裕兴号、全安隆、上义顺、下义顺等共15个茶店。生产的茶在西藏很受欢迎，因治愈了藏族民众的"火症"而颇受欢迎。因此，哲蚌寺、扎什伦布寺、布达拉宫联合赠予姜家"仁真杜吉"

品牌，姜家与西藏的政治、经济、文化结下了不解之缘。1939年，西康省政府主席刘文辉成立了康藏茶业股份有限公司，把裕兴茶店设为其第一制造厂，因此"仁真杜吉"品牌只能流传在汉藏交融的历史中。现在十五世万姜红、姜雨谦姐弟创办姜氏古茶，我为万姜红和雨谦高兴，希望他们成功，为弘扬姜氏古茶，事业更上一层楼。最后，感谢诸位不远千里来到荥经支持姜氏古茶，谢谢！

格勒教授在研讨会上发言

格勒（课题组组长、中央民族大学、西南民族大学博士生导师）：

尊敬的来自北京、拉萨、四川的各位领导，以及各位专家学者，大家好！在此，我代表我们的团队，向大家汇报我们在过去一年里的一项重要工作——撰写并完成了《布达拉宫·姜氏古茶》这本书。现在每位在座的朋友桌上应该都有一本。

首先，我要感谢大家在过去的几天里提出的宝贵意见，它们为我们提供了深入思考的机会。我站在这里，主要是想分享这本书背后的故事和它所承载的历史与文化价值。

在阳光灿烂的今天，我们相聚在姜家大院，这座拥有1800平方米的古建筑，见证了明清两代的历史变迁。2002年，我带着一支由100多人组成的团队，从成都出发，沿着茶马古道跋涉至拉萨。在那次考察中，我深感遗憾的是，像姜家大院这样的古老茶店，已经越来越少见了。这不仅仅是一座建筑，更是一段历史的见证，一种文化的传承。

姜家并不只有这一个大院，实际上，他们曾经拥有过八个这样的大院。可以想象，当年的姜家是多么的富裕和繁荣。他们的兴衰历程，就像一部生动的历史长卷，展现了汉藏民族间深厚的历史渊源和文化交流。

在姜家大院，我们见证了不同民族间的和谐共处。在那个特殊的时代背景下，刘文辉虽然对茶厂有着严格的控制，但藏族人民依然不远千里来到这里，与姜家建立了深厚的友谊。姜家把藏族客人当作家人一样热情款待，这种民族间的相互尊重和友谊，正是我们中华民族五千多年历史得以延续的重要原因之一。

我们这本书，旨在记录和传承这段历史，展现汉藏民族间的交流交往交融。通过深入挖掘历史资料，梳理姜家的过去、现在和未来，展现了他们在历史长河中不断发展壮大的过程。同时，我们也关注到了经济上的互相依存、家族传承的重要性，以及民族团结的基石——信任。

在这个过程中，我们深刻认识到，无论是国家还是民族，都需要有一个清晰的脉络和坚定的信仰。姜家的祖训"裕国兴家"，正是他们信仰的体现。他们不仅致力于发展茶叶事业，更是将国家利益放在首位，为国家的发展和繁荣贡献自己的力量。

最后，我想借此机会感谢各位领导和专家学者的支持与帮助。我们希望通过这次会议，能够进一步提高这本书的质量。我们相信，在大家的共同努力下，《布达拉宫·姜氏古茶》一定能够成为一部具有历史价值和文化意义的佳作。谢谢大家！

陈书谦在研讨会上发言

陈书谦（课题组成员、中国国际茶文化研究会常务理事、学术委员、四川省茶叶流通协会原秘书长）：

各位专家、新老朋友们：大家好！我非常荣幸能够参与今天这个活动，特别是加入格勒老师领衔的课题组，共同研究茶马古道和荥经古城的相关内容。茶马古道是千百年来中华民族交往交流交融生动、真实的历史见证，其深厚的文化底蕴和丰富的历史故事值得我们深入挖掘。特别是姜氏古茶的传承，更是体现了我们中华民族多元一体的文化特色。茶马古道历史源远流长，虽然其概念提出仅三十余年，但它的实际存在已有千年之久。这条古道承载了太多的人文景观和历史故事。按照课题，我负责撰写茶马古道的相关章节，将从茶马古道的起源开始，深入探讨其历史背景和形成过程。特别是从唐代茶马互市，以茶易马开始，我们可以看到一个清晰的起点和脉络。同时，我也会关注茶马古道的主要线路，包括川青道、川藏道和滇藏道等，它们共同构成了这条重要的历史通道。此外，还会重点关注茶马古道上的重要节点城市，如荥经古城、雅安、康定等。这些城市不仅是茶马古道上的重要交通枢纽，也是文化交流和民族融合的见证者。通过介绍这些城市的历史和文化，我们可以更好地理解茶马古道在中华民族历史中的地位和作用。虽然由于篇幅有限，无法在本书中详尽地展现茶马古道的全部内容，只是希望通过本书能够引发更多人对茶马古道的关注和了解，共同挖掘其深厚的文化底蕴和历史价值。最后，我要感谢格勒老师的指导和课题组的支持。我相信通过我们的共同努力，一定能够完成这项有意义的工作。谢谢大家！

周安勇在研讨会上发言

周安勇（课题组成员、四川商史学会会员、姜氏古茶文化顾问）：

按照分工，我负责撰写《"仁真杜吉"诞生之地——荥经》《姜氏古茶"仁真杜吉"的前世今生》及《"仁真杜吉"生产基地——姜家大院》三章内容。现就这三章的结构与主要内容向大家做简要汇报，并请提出宝贵的修改和完善意见。

关于《"仁真杜吉"诞生之地——荥经》一章，我突出了茶、文、旅的结合，对荥经的文化旅游资源进行了较为详细的介绍。我认为，在介绍荥经地理位置与战略地位时，应突出其"藏彝锁钥"和"颛顼帝故里"的特点，同时结合"家在清风雅雨间"的印章来描绘其区位与物候特征。

关于《姜氏古茶"仁真杜吉"的前世今生》一章，重点梳理了姜氏茶业的历史与传承谱系，并分析了在这一谱系传承中关联的重要人物和重大事件。也尝试通过讲述木家锅庄与姜家的故事来阐述汉藏友谊的深厚内涵。在介绍姜氏古茶技艺时，我选择了茶山概况、桤木叶拼配茶治疗马虚汗（火症）的故事、糯香特点，以及三款天花板茶等方面，以凸显姜氏古茶的品质和独特性。

关于《"仁真杜吉"生产基地——姜家大院》一章，主要从区位环境、文化坐标、建筑魅力，以及与乔家大院的比较对照等方面进行描述。我认为，姜家大院不仅是一个具有独特建筑风格的建筑群，更是一个承载着深厚历史文化内涵的文化地标。通过与乔家大院的比较，我们可以更好地理解姜家大院在茶马古道文化中的重要地位和价值。

在综合意见方面，我建议对二、三章及其他章节中的交叉重叠和缺失内容进行进一步的修改和完善。同时，对于族谱中的记载与族人口述内容，应以已经考证清楚的内容为准，避免使用不准确或未经证实的信息。

最后，我衷心感谢各位领导、专家的指导和支持。我将虚心接受大家的意见和建议，努力将课题做好。同时，我也将积极向课题组老师请教和学习，与大家共同努力，为高质量地完成此书贡献力量。谢谢大家！

多吉平措在研讨会上发言

多吉平措（课题组成员、布达拉宫管理处副研究员）：

我有幸负责撰写本书的第五章——布达拉宫与姜氏古茶"仁真杜吉"。本章将分为两个小节进行阐述。

第一节将聚焦于布达拉宫的膳食房，即伙房的组织架构。通过深入挖掘和整理历史文献，我力求还原布达拉宫膳食房的历史面貌。这一节将详细描述在不同时期，膳食房的日常运作、人员职责、职务品级和组织架构。以一天和一年为时间线索，我们将探讨布达拉宫的日常活动、奉茶传统，以及每年年初至12月底的重要庆典。

在布达拉宫的茶文化中，酥油茶占据了举足轻重的地位。第二节将深入探讨酥油茶的来源及其在布达拉宫中的重要地位，为后续的川茶与布达拉宫的关联提供背景铺垫。这一节将分为三个小节，首先探讨川茶如何经康定这一汉藏交流的重要节点传入布达拉宫。康定作为中转站、集散中心和流动站，在汉藏商品交流中扮演着重要角色。此外，我们还将从锅庄这一角度，引申出"仁真杜吉"品牌背后的故事和与关键人物的关联。接下来，我们将深入解读"仁真杜吉"的历史背景、含义及其由来，以及它在布达拉宫茶文化中的独特地位。尽管面临诸多挑战，我仍尽力通过有限的线索和自身能力，梳理出这段历史的脉络。

我相信大家对于"仁真杜吉"的来源和深层含义等方面充满好奇。在我的研究中，我尝试对这些问题进行了解读，但深知其中仍有不足之处。因此，我衷心希望各位领导和专家能提出宝贵的意见和建议，帮助我进一步完善这部作品。

第三节将聚焦于"仁真杜吉"与布达拉宫发现的文物茶之间的紧密联系。我们将通过现代视角解读文物背后的精彩故事。尽管任务艰巨，但我们将努力挖掘有限的材料，让文物真正焕发生机。同时，我们将紧紧围绕铸牢中华民族共同体意识这一主题，将其融入这项工作中。目前，关于"仁真杜吉"茶的研究尚处于起步阶段，未来仍有大量工作需要我们去完成。正如姜氏古茶一样，"仁真杜吉"茶也散发着浓郁的茶香，值得我们细细品味，感受其背后所蕴含的深厚文化底蕴。

感谢各位领导、专家和朋友们对本次讨论会的支持和关注，期待与您共同探讨和完善这部作品。

窦存芳在研讨会上发言

窦存芳（课题组成员、四川农业大学藏茶文化研究中心教授）：

今日，我们因姜家大院、姜氏古茶及深厚的文化而聚首一堂。关于文化，我个人的理解是它具备三大核心特质：记忆、储存与唤醒。然而，每个时代唤醒文化的方式都各具特色。在新时代，我们致力于通过产业化和活态化的方式，去保存、记忆和利用文化。

我的章节将重点探讨在新时代背景下，如何传承姜氏古茶及其背后约三百年的文化积淀，包括文化资本、记忆资本和社会资本等。同时，我也将探讨如何将这些丰富的文化资源转化为现代经济所需的资源。我的学术背景为我提供了跨学科的视角，使我从不同的领域和角度去理解和研究文化。在格勒老师的指导下，我得以四处考察、学习，积累了丰富的经验。

虽然我的章节结构尚存不足，但我将根据格勒老师、课题组及各位专家的建议，努力探索更为活态、更为有效的方法和路径，以记住并传承这份宝贵的文化遗产。我们希望通过经济手段，不仅推动经济发展，更能将文化遗产和中华优秀传统文化以微观的视角进行记忆、唤醒和活化利用。这是我编写这一章节的主要线索和目标。

感谢大家的支持与鼓励，期待与各位共同探索、共创辉煌。

斯塔在研讨会上发言

斯塔（西藏办原副主任）：

尊敬的四川省领导、宗教界的朋友、课题组组长先生、万姜红董事长，以及公司的各位朋友，在这美丽的荥经，我们齐聚一堂，置身于历史悠久的姜家大院，共同参与《布达拉宫·姜氏古茶》一书的初稿研讨会。我深感荣幸，也觉得这次活动意义非凡。

刚才，课题组的专家们为我们概述了各章节的核心内容，听后我深受启发。中国作为一个多民族国家，处理好民族关系对于国家的长治久安和民族的繁荣昌盛至关重要。习近平总书记强调，悠久的历史是各民族共同书写的，灿烂的文化是各民族共同创造的，伟大的民族精神是各民族共同培育的，中华民族多元一体是先人们留给我们的丰厚遗产，也是我国发展的巨大优势。通过《布达拉宫·姜氏古茶》这本书，从一个著名藏茶品牌的产生、形成及社会影响的独特视角，客观反映了内地省份和青藏高原各民族交流交往交融的历史事实，深刻阐释了总书记四个"与共"的重要论断。

在新时代，铸牢中华民族共同体意识已成为民族工作的核心任务。我衷心希望以格勒博士为主编的团队能够继续完善这部作品，让读者深刻感受到中国56个民族血肉相连和休戚与共的命运。这本书将成为落实习近平总书记关于"铸牢中华民族共同体意识"重要思想的实际行动，也将成为传承历史、立意当代、启迪未来的精品之作。

同时，我要向四川姜氏茶业有限公司表示衷心的感谢。作为民营企业，你们在追求经济效益的同时，还积极承担社会责任。通过撰写《布达拉宫·姜氏古茶》一书，并举办此次研讨会，为历史留下了宝贵印记，为落实总书记的重要思想做出了实际行动。我钦佩你们的努力和贡献，并期待姜氏茶业在新时代创造新的辉煌。

此外，我要感谢雅安市统战部、荥经县统战部的领导们亲临现场，这体现了统战部门对民营企业家的关心和重视。三民主义、民主党派、民营经济和民族宗教是民族工作和民营企业工作的交汇点，我希望统战部门在未来能够继续给予支持。

金志国在研讨会上发言

金志国（《中国西藏》杂志社原社长）：

这是我第一次踏足荥经，但格勒博士很早就向我介绍了今天的研讨会。荥经，这座坐落于茶马古道上的重镇，以其秀美的风光和博大精深的文化，深深吸引了我。茶马古道文化的研究与探索，始终是中国西部文化文明史中不可或缺的一部分。这条历经千年的古道，见证了许多传奇故事。而姜氏古茶，就在这条充满艰辛的古道上，以坚韧不拔的精神，将茶这一各族人民生活中不可或缺的有形物质和茶文化传递到了雪域高原的布达拉宫，以及遥远的国境边关。这一切，都为中华各民族的交往交流交融做出了巨大的贡献。

提及此，我不禁想起了西藏高原的牦牛。西藏博物馆的专家们曾对牦牛的精神进行了深入解读：牦牛精神，便是尽命！而在茶马古道上，历代行商走贩们所展现出的精进、尽命的精神，与牦牛精神相得益彰。正是有了这种精神，茶马古道才得以历经千年而不衰。

　　我衷心希望姜氏古茶能够继承先辈的精神，专注于做好茶，以茶为媒，传承姜氏古茶的品质，继续发扬坚韧不拔的精神，为各民族人民的交流团结，在新的时代里书写新的篇章，做出新的贡献。感谢大家的倾听，让我们共同期待姜氏古茶在未来的辉煌。

普智在研讨会上发言

普智（布达拉宫管理处副处长）：

　　尊敬的各位老师、专家、传承者，以及在座的朋友们，大家好。我很荣幸能来到姜家大院，与各位共同见证这次讨论会的召开。我受觉单处长的委托，谨代表布达拉宫管理处党委，热烈祝贺《布达拉宫·姜氏古茶》讨论会的召开。

　　布达拉宫珍藏有众多文物，过去的研究多集中在佛教造像和唐卡上。姜氏传承人在寻根过程中，发现了布达拉宫内的"仁真杜吉"砖茶，为我们提供了新的合作机会。近年来，布达拉宫也在筹备以"铸牢中华民族共同体意识和民族团结进步"为主题的文物精品展，今年筹备工作已经进入深化阶段。目前，我们将此展定于今年九月在珍宝馆内举办，我诚挚地邀请各位嘉宾参加。展览期间的重要内容之一就是结合布达拉宫珍藏的"仁真杜吉"茶，讲述茶马古道民族团结的故事。

　　今天，我很高兴看到讨论稿的初稿。在古朴的姜家大院参加这次会议，我深感荣幸。虽然我对茶马古道的研究尚浅，但我带着学习的态度，期待这本书早日问世。作为布达拉宫的文物研究者，我将积极助力推动这项工作，并预祝这次讨论会圆满成功。谢谢大家！

史呷在研讨会上发言

史呷（荥经县县委原常委、统战部部长）：

尊敬的斯塔部长，格勒教授，各位嘉宾，来自海内外的各位朋友，大家中午好！人间芳菲四月天，在这草长莺飞的时节，荥经欢迎大家的到来。非常感谢姜氏古茶的邀请，非常荣幸受荥经县政府的安排和县长的委托，和各位领导各位嘉宾共聚一堂。

我非常荣幸能在这里，与各位领导和嘉宾共同见证姜氏古茶的历史与传承。作为一个彝族人，我深感自豪，因为我们的文化和历史是如此丰富和独特。我从小在自格哒嘎胡子里长大，那里的黑茶，虽然没有今天的高档，但却是我童年的味道。

荥经，这片古老而神秘的土地，拥有悠久的历史、灿烂的文化和丰富的物产。各位专家可能已经研究得非常透彻，但我想强调的是，荥经是一颗镶嵌在华夏大地上的璀璨黑宝石。这里的黑，既代表了我们的黑砂和黑茶，也象征着我们深厚的历史和文化。荥经不仅有两宝——大熊猫和珙桐，还有丰富的石材资源和美食文化。我们期待着各位专家能品尝到荥经的独特美味，感受到这片土地的魅力和活力。

三百年前，姜氏古茶从这里起步，通过背夫们一步一个脚印的努力，走出了大山，成为连接关内外的重要纽带。这段历史，不仅见证了茶马古道的辉煌，也传承了民族团结的精神。2021年，在西藏布达拉宫和西藏各界人士的关心下，在布达拉宫里面发现了百年前的"仁真杜吉"茶，这让我们对历史有了更深的认识和敬意。2023年，格勒教授在他的家里成立了课题组，对书稿进行讨论和整理。我相信，在格勒教授和各位专家的共同努力下，这本书一定会成为一部传承民族团结、弘扬历史文化的巨著。茶与马，是荥经与关外交流的重要媒介。虽然我们有着不同的语言、不同的风俗，但我们的心是相通的。姜家与康定的联姻，就是我们深厚友谊和密切往来的生动写照。这种友谊和往来，不仅让我们更加了解彼此，也让我们更加珍惜这份难得的缘分。"为天地立心，为生民请命，为往圣继绝学，为万世开太平"，是流淌在每个华夏儿女血液里面的，姜家把它凝聚成了四个字"裕国兴家"。裕国兴家无疑是最好的传承和最好的发扬。这本书也将是一部继往开来的巨著。三百年上下，我们的先辈给我们树立起了非常好的榜样，我们之间沟通、交流、交往，互相认识、了解。

最后，我想表达我的坚定信念：在格勒教授的带领下，在中央省市的关心支持下，这部巨著一定会大放异彩，为我们荣经的文化事业和民族团结事业做出重要贡献。同时，我也承诺，荣经县政府将竭尽全力为课题组提供优质的服务和支持。

最后，祝愿各位专家身体健康、万事如意、扎西德勒！荣经永远欢迎大家！谢谢大家！

Nancy. Levine 在研讨会上发言

Nancy. Levine（美国加州大学教授）：

大家好！我是Nancy Levine，加州大学洛杉矶分校人类学系教授。非常荣幸受邀参加这次与藏族生活紧密相连的讨论会，特别是关于藏茶的重要学术著作。尽管我不懂中文，但在众多朋友的帮助下，我有幸在过去的三十多年里，深入四川的木里、西藏的阿里、四川的石渠色达、甘孜等县，以及青海的果洛、玉树等地。在这些地方，我观察到无论是藏族农民还是牧民，藏茶都是他们日常生活中不可或缺的一部分。他们在品尝藏茶时，常常搭配黄油和糌粑，这使他们能够在艰苦的高原环境中，维持高强度的工作和生活。

值得注意的是，尽管藏族地区并不产茶，但他们却依赖于汉族同胞生产和供应藏茶。在新中国成立，特别是改革开放以来，中国政府在关心藏族人民生活方面做出了巨大努力。他们不仅解决了藏族人民的基本生活问题，还推动了当地经济的发展。如今，藏族人民的生活水平显著提高，藏茶的生产和供应也得到了充分保障。

我了解到，我们所在的姜家大院与西藏的布达拉宫合作，生产着深受藏族人民喜爱的藏茶品牌——仁真杜吉。这一优质的藏茶正广泛销往各个藏族地区。在过去的三十多年里，我多次深入藏族地区考察，亲眼见证了中国政府在交通、经济、教育以及基础设施等方面所取得的显著成就。昔日的艰险茶马古道，如今已被高速公路和铁路运输所取代，这为藏族人民积极参与商业活动、实现致富提供了有力支持。

这一切重大变革的背后，都离不开国家的高度重视和大力支持。同时，我也了解到你们研究的藏茶有着几百年的历史。在政府的关怀下，藏茶的生产和销售逐渐得到恢复和发展。这不仅有助于改善西藏人民的生活水平，更是在保护和传承古老的藏族文化、藏茶生产工艺方面发挥了重要作用。这些行动也在维护藏族的语言和宗教信仰方面发挥了积极作用，我相信这将得到全体藏族人民的衷心拥护和爱戴。

在未来的日子里，我期待再次踏上西藏高原进行考察，并带着这里生产的"仁真杜吉"茶作为珍贵礼物送给我的藏族朋友们。最后，我要衷心感谢格勒教授邀请我参加此次研讨会，也感谢大家的聆听。

王斌元在研讨会上发言

王斌元（四川省政协常委、民族宗教委员会兼职副主任）：

亲爱的朋友们，首先请允许我阐明两点。其一，我并非专家，但我与藏族同胞和藏茶之间，已结下了长达数十年的深厚情谊。其二，我对斯塔部长的高瞻远瞩和深刻指示深感敬佩。在这里，我将分享一些我对他刚才讲话精神的学习体会。

众所周知，茶马古道不仅是世界著名的商贸古道，更是一条文化交流的大道，一个民族团结的象征。数千百年来，这条古道上演绎了无数动人的历史故事，其中最为耀眼的就是"仁真杜吉"的事迹。姜氏古茶以这一事件为核心，整理出版这段历史，这无疑是一项重大的文化壮举。以格勒博士为组长的专家们，他们认真负责、严谨求证，为我们展现了这段历史的真实面貌，令人肃然起敬。

虽然我刚拿到这本书，还没来得及仔细阅读，但我深知，做茶并非易事，而制作古法藏茶更是难上加难。因为这不仅关乎我们每个人的饮茶体验，更关系到非遗文化的传承和民族团结的大局。因此，我衷心希望姜氏古茶能够坚守初心，以真情和实料制作出健康的茶、友谊的茶、团结的茶。同时，我也希望我们能够通过"仁真杜吉"的故事，为这杯茶赋予更加深厚的民族团结意义。

最后，我祝愿姜氏古茶越做越好，祝愿我们民族团结进步的大道越走越宽广，祝愿在座的各位朋友幸福满溢。谢谢大家！

韦刚在研讨会上发言

韦刚（中央统战部七局原副局长）：

尊敬的姜氏古茶传承人，尊贵的各位嘉宾，各位专家学者，大家中午好！我很荣幸能够来到现场参与《布达拉宫·姜氏古茶》一书的初稿研讨会。我衷心希望这本书能够早日面世，让更多的人了解这一段汉藏民族交流交往交融的珍贵历史。

当我走进姜家大院，心中充满了感慨。我想分享一些我对姜氏古茶前世今生的一些感想。无论时代如何变迁，品质的保障与独特性始终是食品、饮品能够传承百年的关键，也是受到后人和市场追捧的根本原因。

今天我们聚集在这里，正是为了赞美姜氏古茶的品质、品位和它的独特性。我注意到，姜氏古茶现在生产"仁真杜吉"茶，这是我第一次看到这样的茶。虽然它目前看起来是一种小众的产品，但我要强调的是，小众并不意味着没有市场。想当年，我们在布达拉宫发掘出来的那一类古茶，就证明了小众产品的生命力。

结合我个人的经历，比如，在当今的日本，尽管工业化和现代化水平都很高，但那些能够传承数百年的家庭作坊仍然占有一席之地。他们可能只为传承一碗面，或者一颗螺丝，但正是这种对品质的坚守，让他们能够在激烈的市场竞争中立于不败之地。

因此，我希望姜氏古茶的传承人能够保持定力，拥有长远的眼光。在茶叶市场日益内卷的今天，我们要坚持古茶的品质和品位，用当年先辈们开拓茶马古道的精神，在荆棘丛林、高山峡谷中走出一条属于自己的营销之路。我们要保持姜氏古茶这副对联所表达的宏伟理想："新边茶和康藏，复荣经荣中华。"

最后，我祝愿本次研讨会圆满成功，祝愿我们的新书早日面世。让我们共同努力，让更多的人了解并喜爱姜氏古茶，让这段汉藏民族交流的历史得以传承和发扬光大。谢谢大家！

喜绕尼玛在研讨会上发言

喜绕尼玛（中央民族大学教授、博士生导师、原副校长）：

非常荣幸能够受到格勒博士、课题组以及姜家传人的邀请，参与这次盛会。看到这么多熟悉的面孔和新朋友，我感到非常兴奋。作为一个对茶文化有着浓厚兴趣的研究者，我对于这次关于藏茶的聚会特别期待。

藏茶，对我来说，不仅仅是一种饮品，更是一种文化的象征，一种情感的寄托。每当我看到藏茶，我仿佛能听到那悠扬的牧歌，感受到母亲般的呼唤。这种情感是如此深厚，让我无法抗拒。

然而，我们也必须认识到，无论是个人还是整体，我们的历史都是短暂的。人生百年，转瞬即逝。风沙掠过之后，留下的历史都是艺术之光，在这有限的时间里，我们留下的东西才是最重要的。因此，我们需要更多的机会去研究、去记录我们的过去。我要感谢姜氏古茶和布达拉宫，它们让我们有了更多的机会去关注这个话题，去深入了解我们的文化和历史。

在翻阅书稿的过程中，我深深地感受到了这份家国情怀和为民族奔走，为国家出力献策的决心。历史是公平的，但记忆往往是模糊的，是选择性的，是排他的，但是最后真相总会浮现。正如今日我们看到的姜氏古茶和布达拉宫都生动鲜活，它不会埋没那些为国家和民族付出的人。这些传奇故事，这些珍贵的心灵建设，都通过藏茶得以传承。书稿的主题是"裕国兴家"，这四个字凝聚了我们的期望和追求，它体现了各

附录三　《布达拉宫·姜氏古茶》初稿研讨会发言辑要

民族之间的交往交流和交融，展示了我们的生存智慧和厚重文化。在这样的政策导向下，我们更应该珍惜这份共同体意识，推动各民族之间的团结和发展。

从初稿中，我们看到了历史上多元情感上的相互接近，看到了经济上相互依存的关系，看到了文化上的相互亲近和共同意识，以及政治上不断追求团结统一的努力。这些都是铸牢中华民族共同体意识的重要组成部分。

在此，我要为姜氏古茶点赞，为他们的贡献和付出表示敬意。同时，我也希望这部书稿能够早日问世，让更多的人了解我们的文化和历史。

最后，我想提一下关于书稿的一些建议。我认为可以加大一些人物的分量，比如姜家的第十三代传人姜郁文先生。他在历史上的贡献和事迹是值得我们去深入挖掘和记录的。例如：他在1918年和康定充家锅庄的充宝为了康藏关系到北京请愿，他们受到当时北洋政府的总统徐世昌接见。而徐世昌接见他们以后，听他们汇报对康藏的形势有了更深的了解。在当时的乱世下，他们不断地上书，要求政府出面解决康藏纠纷，同时他们还提到了，不能因为纠纷问题就将老百姓放在水深火热中置于不管，甚至将书信寄到了北洋政府。通过他的故事，我们可以更好地理解那个时代的历史背景和人物风貌。

这是一次难得的聚会，让我们有机会共同探讨我们的文化和历史。我相信在大家的共同努力下，我们一定能够传承和发扬好我们的茶文化，为推动中华民族的发展做出更大的贡献。谢谢大家！

刘志扬在研讨会上发言

刘志扬（中山大学教授、博士生导师）：

非常荣幸能够参加此次关于《布达拉宫·姜氏古茶》初稿的研讨会，我想分享一些自己对此的初步看法。相较于在各地广泛销售的茶叶，边销茶拥有其独特之处。从它在雅安荥经的诞生开始，边销茶就不仅具有经济上的商品属性，更承载着深厚的政治意义和文化价值。在某种程度上，这两种属性甚至超越了其商品属性本身，成为促进汉藏两族友谊的重要纽带。

多年来，我一直致力于藏茶文化的研究，并发表了一系列相关论文，涉及云南紧茶、四川南路边茶、西路边茶，以及印度茶叶在西藏和青藏高原的销售和影响等方面。这次，在尊敬的格勒老师的带领下，我有幸来到姜家大院，聆听边销茶的代表——拥有近三百年历史的姜氏古茶的故事。这次经历无疑将对我今后的边销茶研究产生深远影响。

在我目前进行的南路边茶茶商、茶号和集市的研究中，我发现关于南路边茶茶商和茶号的资料相当分散，但线索繁多。而姜氏古茶的传承脉络却清晰可见，这无疑为我下一步的研究提供了一个宝贵的切入点。

历史上，茶叶在民族间和政权间的关系中，一直扮演着促进和谐、和平与友谊的重要角色。它是汉藏两族互助互惠、唇齿相依、休戚与共的具体体现，也是两族资源共享、分工协作的结晶和对美好生活的追求。因此，茶叶成为最有意义的记忆载体和共享的符号。姜氏古茶所积淀的丰厚历史记忆，由传说和故事汇成，已经成为各民族共享的中华文化符号。同时，姜氏古茶的故事也折射出汉藏两族对中华民族共同体的情感认同、价值认同和文化认同，充分展现了两种文化、两个民族交流交融的过程。最后，我想引用姜氏古茶传承人万姜红董事长的话作为结尾："让我们一起借助姜氏古茶这一载体，传承和发扬光大藏茶文化，讲好藏茶的中国故事，挖掘藏茶中蕴含的汉藏两族交往交流交融的历史事实。"谢谢大家！

杨勇在研讨会上发言

杨勇（甘肃省民族宗教研究中心副主任、二级研究员）：

首先，我要对格勒老师和窦存芳老师的热情邀请表示衷心的感谢。正是有了你们的引荐，我才有机会参加这次盛会，与各位一同探讨和分享关于姜氏古茶的深厚历史和文化。同时，我也要向姜家大院主人表达我诚挚的谢意，是你们的精心筹办，让我们得以在此相聚，共享这一美好时光。

我来自甘肃省民族研究所，是甘南州人。西北茶叶的历史悠久。茶叶在汉藏之间的交流中扮演着举足轻重的角色。从唐代到宋代，茶叶一直是藏族地区不可或缺的生活必需品。茶叶对藏族文化产生了深远的影响，甚至可以说，茶叶在藏族文化中具有崇高的地位。

在明代，天水秦州卫茶马司的成立，为茶叶贸易的发展奠定了坚实的基础。茶马司不仅是茶叶交易的重要场所，更是藏族与汉族文化交流的桥梁。在茶马司的推动下，砖茶等优质茶叶源源不断地运往藏族地区，满足了当地人民的生活需求。

随着经济的发展和生活的改善，藏族地区的茶叶种类日益丰富。然而，老一辈的藏族人民仍然钟爱传统的藏茶，尤其是松潘大茶。在参加雅安藏茶研究会成立大会时，我深受启发。看到那里精致的藏茶制作工艺，我不禁想起了甘南牧区人民喝的松潘大茶。尽管两者在外观上有所差异，但它们都承载着深厚的文化底蕴和历史记忆。

今天，在姜家大院举办的这次活动上，我再次感受到了茶叶的魅力和历史底蕴。得知姜氏茶叶与布达拉宫有着三百多年的渊源关系，我深感震撼。布达拉宫作为藏族人民的圣地，与姜氏茶叶的结合，无疑为茶叶文化注入了更为丰富的内涵。

在此，我要对姜家表示由衷的敬意。在茶叶历史上，政府对茶叶的管理一直非常严格。然而，姜氏茶叶却能在这样的环境下蓬勃发展，传承至今，实属不易。这充分体现了姜家对茶叶文化的执着追求和坚守。

此外，我还要对课题组的辛勤工作表示衷心的感谢。你们书写的初稿结构严谨、图文并茂、资料翔实，为我们展示了茶叶文化的丰富内涵和深厚底蕴。特别是书中对西北地区的关注和提及，让我倍感亲切和温暖。我相信，在各位专家的共同努力下，这本书将成为一部茶叶文化的经典之作。

最后，我要再次感谢格勒老师、窦存芳老师以及陈书谦老师等课题组成员的热情支持和帮助。你们的严谨治学、深厚学识和无私奉献精神让我深受感动和启发。同时，我也要向姜家表示最诚挚的感谢，是你们的精心筹办让我们得以相聚在这里，共同见证和传承茶叶文化的辉煌历史。

谢谢大家！

后记

本书编委会

2021年，布达拉宫收藏已逾百年的姜家藏茶"仁真杜吉"重见天日，这一振奋人心的消息立刻引起社会各界的关注：何为"仁真杜吉"？布达拉宫为何会选择"仁真杜吉"？"仁真杜吉"是如何产生及制作的？布达拉宫与姜家藏茶结缘的故事及意义……为解答这些尘封已久的秘密，本书应运而生。

格勒的第一章描述了藏茶的渊源、品种及文化内涵，突显了藏茶在凝结中华民族共同体时发挥的重要作用；陈书谦的第二章详细描绘了川茶入藏曲折艰辛的漫漫长路和遍布路网的各个闪光点；周安勇的第三章、第四章深入剖析了出产"仁真杜吉"的天时地利及姜氏一族数百年代代相传的砥砺前行，尤其介绍了姜氏茶业从种植、采摘、制茶到销售各环节的现代化管理和运作；多吉平措的第五章展现了住在布达拉宫的各色人等鲜为人知的生活细节，并探讨了古藏文"仁真杜吉"的确切含义；周安勇、海帆的第六章通过茶马古道上仅存的标志性建筑，发掘了制茶人的精神世界和中国传统文化之精髓；窦存芳的第七章则以现代化的科学理论回望仁真杜吉这一古老品牌的成长成功之路。而附录中，姜氏古茶的第十五代传承人万姜红、姜雨谦姐弟则详尽叙述了他们对祖辈、对仁真杜吉的情感、追寻和认识，以及守正创新的种种经历。由陈美洁记录整理的《布达拉宫·姜氏古茶》初稿研讨会发言辑要，全面反映了社会各界乃至中外有关学者对本书的重视、建议和期待。

如今，姜氏古茶不但与布达拉宫再续前缘，而且以其零农残的高超品质成为入驻各外交使馆的使节茶。这意味着姜氏古茶对内是民族团结的纽带，对外则是中国茶的典型代表之一。

本书目前对布达拉宫与姜氏古茶的谱写仅仅是一个开始，我们期待今后继续奏响更多更华丽更高昂的乐章。

感谢雅安市非物质文化遗产、茶马古道研究保护中心、西藏布达拉宫文化创意产业有限公司、四川姜氏茶业有限公司。

参考文献

雅安市档案馆：《百年雅安档案珍赏》，四川师范大学电子出版社，2021年。

汤勇、潘敏：《本土建造：甘孜州传统民居遗韵》，四川美术出版社，2018年。

（清）查骞著，林超点校：《边藏风土记》，中国藏学出版社，1991年。

王建平：《茶具清雅：中国茶具艺术与鉴赏》，光明日报出版社，1999年。

窦存芳、陈书谦、张勇：《茶马古道与藏茶文化探源》，中国农业出版社，2018年。

李韶东：《茶马古道上的陕商》，四川美术出版社，2021年。

焦虎三、焦好雨：四川《茶马古道"锅庄文化"文史调查与研究辑要》，交通大学出版社，2019年。

［加］贝剑铭著,朱慧颖译：《茶在中国：一部宗教与文化史》，中国工人出版社，2019年。

杨绍淮：《川茶与茶马古道》，巴蜀书社，2017年。

吴丰培：《川藏游踪汇编》，四川民族出版社，1985年。

张花氏：《东坡茶》，四川辞书出版社，2019年。

龚伯勋：《锅庄旧事》，四川出版集团、四川民族出版社，2011年。

陈来：《古代宗教与伦理：儒家思想的根源》，生活·读书·新知三联书店，1996年。

国民参政会川康建设视察团：《国民参政会川康建设视察团报告书》，中华民国二十八年八月。

汉源县志办公室：《汉源县志》（民国），2006年。

327

达仓宗巴·班觉桑布著，陈庆英译：《汉藏史集》（汉文版），西藏人民出版社，1986年。

[日]中野孤山著，郭举昆译：《横跨中国大陆——游蜀杂俎》，中华书局，2007年。

王其钧：《华夏营造中国古代建筑史》，中国建筑工业出版社，2005年。

李允鉌：《华夏意匠：中国古建筑设计原理分析》，天津大学出版社，2005年。

中国政协四川省雅安市委员会：《回忆西康1939－1955》，2006年。

中国政协四川省雅安市委员会：《回忆西康1939－1955》（续集），2015年。

格勒：《康巴史话》，四川美术出版社，2014年。

中国人民政治协商会议甘孜藏族自治州康定县委员会：《康定县文史资料选辑》第1辑、第2辑。

四川省康定县志编纂委员会：《康定县志》，四川辞书出版社，1995年。

赵心愚、秦和平：《康区藏族社会历史调查资料辑要》，四川出版集团、四川民族出版社，2004年。

中国第二历史档案馆、中国藏学研究中心：《康藏纠纷档案选编》，中国藏学出版社，2007年。

格勒、张江华：《李有义与藏学研究：李有义教授九十诞辰纪念文集》，中国藏学出版社，2003年。

李贵平：《历史光影里的茶马古道》，中国文史出版社，2019年。

梁思成：《梁思成全集》，中国建筑工业出版社，2001年。

顾希佳：《礼仪与中国文化》，人民出版社，2001年。

泸定县政协文史资料工作委员会：《泸定县文史资料选辑》（1－7）合订本，2003年。

[英]艾伦·麦克法兰、艾丽斯著，扈喜林译，周重林校：《绿色黄金：茶叶帝国》，社会科学文献出版社，2016年。

雅安地区文物管理所：《牦牛道考古研究》，1995年。

陈书谦、窦存芳、郭磊：《蒙顶山茶文化口述史》，中国农业出版社，2019年。

李家光、陈书谦：《蒙山茶文化说史话典》，中国文史出版社，2013年。

傅德华、杨忠：《民国报刊中的蒙顶山茶》，复旦大学出版社，2019年。

任乃强：《民国川边游踪之泸定考察记》，中国藏学出版社，2010年。

中国藏学研究中心、中国第二历史档案馆：《民国时期西藏及藏区经济开发建设档案选编》，中国藏学出版社，2005年。

中国民族图书馆：《民国时期西康资料汇编》，国家图书馆出版社，2018年。

陈志刚：《明清川藏茶道的市场与社会》，兰州大学出版社，2017年。

《南路边茶史料》编辑组：《南路边茶史料》，四川大学出版社，1991年。

田茂旺：《清代民国时期南路边茶商营贸易研究》，民族出版社，2021年。

四川省民族研究所、《清末川滇边务档案史料》编辑组：《清末川滇边务档案史料》（上、中、下），中华书局，1989年。

任乃强：《任乃强藏学文集》，中国藏学出版社，2009年。

贾大泉、陈一石：《四川茶业史》，巴蜀书社，1989年。

王云、杨文华、李春华：《四川茶事考》，四川出版集团、四川科学技术出版社，2004年。

四川省建设委员会、四川省勘察设计协会、四川省土木建筑学会：《四川古建筑》，四川科学技术出版社，1992年。

李红兵：《四川南路边茶》，中国方正出版社，2007年。

中国政协天全县委员会：《天全本土文化丛书》，2009年。

天全县地方志工作办公室：《天全州志》，开明出版社，2016年。

任乃强：《西康图经》，西藏古籍出版社，2000年。

贺觉非著，林超校：《西康纪事诗本事注》，西藏人民出版社，1988年。

冯有志：《西康史拾遗》，巴蜀书社，2015年。

多杰才旦：《西藏封建农奴制社会形态》，中国藏学出版社，2005年。

朱晓明、张云、周源、王小彬：《西藏通史·当代卷上》，中国藏学出版社，2014年。

陈书谦：《雅安藏茶的传承与发展》，四川师范大学出版社，2010年。

曹宏：《雅安史迹名胜探实》，中国国际文化出版社，2004年。

中国人民政治协商会议雨城区委员会文史资料编辑委员会：《雅安文史资料汇集（1－11辑）》，2008年。

《雅安市志》编纂委员会：《雅安市志》（雨城区），四川人民出版社，1996年。

王赛时、张书学：《汉唐流风·中国古代生活习俗面面观》，山东友谊出版社，2000年。

（清）劳世沅重修，荥经县地方志编纂委员会办公室整理：《荥经县志》，2014年重印版。

荥经县地方志编纂委员会办公室：《荥经县志》（民国），2015年重印版。

（清）朱启宇著，荥经县地方志工作办公室整理：《荥经县乡土志》，2018年。

四川省荥经茶厂茶业志编写组：《荥经县茶业志》，1986年。

李朝贵、李耕冬著：《藏茶》，四川出版集团、四川民族出版社，2007年。

格勒：《藏学、人类学论文集》（汉文卷），中国藏学出版社，2008年。

格勒：《藏族早期历史与文化》，商务印书馆，2006年。

藏族简史编写组：《藏族简史》，西藏人民出版社，2009年。

孙明经摄，孙建三著：《中国百年影像档案，孙明经纪实摄影研究，1939茶马贾道》，浙江摄影出版社，2020年。

丁世良、赵放：《中国地方志民俗资料汇编·西南卷》（上、下全两册），书目文献出版社，1991年。

彭从凯：《中国古代茶法概述》，中国文史出版社，2012年。

梁思成等摄，林洙编：《中国古建筑图典》（全四卷），北京出版社，1999年。

王川：《中国近现代西南区域典籍选目提要》，中国社会科学出版社，2015年。

楼庆西：《中国小品建筑十讲》，生活·读书·新知三联书店，2004年。

陈书谦、窦存芳、郭磊：《中国藏茶文化口述史》，中国农业出版社，2023年。

李浩：《周文画传》，上海社会科学出版社，2007年。

张新斌、张顺朝：《颛顼帝喾与华夏文明》，河南人民出版社，2004年。